U0143742

Competing For The Future

競爭大未來

掌控產業、創造未來的突破策略

蓋瑞．哈默爾，普哈拉 著
顧淑馨 譯

競爭大未來

目錄

序

司徒達賢

策略代表經營重點的選擇，經由成功的策略運作，企業可以在未來世界裡，享有更爲開闊的空間。因此從策略的觀點看，經營未來，比強化當前的效率更爲重要。

策略管理最基本的課題是：本企業未來的顧客是誰？我們能爲這些顧客提供什麼功能或服務？我們憑什麼專長或競爭武器來爲顧客提供比其他競爭者更好的服務？而在進行此一思考時，策略家應深切認識，未來的顧客與今天是不一樣的，所謂的功能或服務，是需要費心創造的，而本身的專長或競爭武器是必須一點一滴地去累積的。

競爭於未來

由於科技不斷突破，社會結構迅速變化，因此未來的產業與現在的產業必然大不相同，產業中的遊戲規則也大異其趣。有遠見的策略家不僅應瞭解與掌握這些趨勢，而且還必須更進一步地採取前瞻性的作法，開創未來，主宰未來。他應憑藉著時機與核心資源的掌握，積極參與決定未來的產業架構、需求的滿足方式，以及產業標準。如此方有可能成爲下一世代的產業領導者。

而且成功的策略家，不應將自己的角色僅僅局限在因應環境趨勢，滿足顧客需求而已。具有高度策略企圖心的企業，應設法創造時代，領導顧客需求。易言之，其產品與服務之創新程度與水準，應超乎一般顧客的預期之上。

想達到此一境界，企業規模與科技能力勢必要在某一水準之上。除此之外，高度的策略企圖心也是必要條件。企業必須有方法、有步驟地去瞭解產業趨勢，描繪未來經營環境之圖像；必須長期地累積專長與資源，集中資源於策略的重點，而且善於利用外力以不斷壯大自己。

在心態上，策略家或企業的高階主管必須打破舊有的思想框架，忘卻過去的成功模式，才能以開放的心懷去思考、去接受完全不同的經營架構，也才有策略創新的可能。而組織上的彈性與人事上的活絡，以及運用遠大的策略理想做爲激勵員工的工具，也是必要的。

以上觀點，是蓋瑞．哈默爾（Gary Hamel）與普哈拉（C. K. Prahalad）兩位著名策略學者一九九四年的鉅著《競爭大未來》（Competing For The Future）中主要強調的內容。除了提出這些重要觀念外，本書最難能可貴的是詳細列舉了許多先進國家成功企業的案例，使這些觀念對讀者而言，更爲生動活潑，更具有說服力。

本書中譯本在信、達、雅方面皆屬上乘，相信本書對我國企業界的策略思考與策略作爲必然產生深遠的影響，故樂爲序，並向大家鄭重推荐。

謹識於國立政治大學企業管理研究所

導讀

世界與臺灣已處於一個變化迅速且複雜的大潮流之中。對於未來的企業經濟環境，坊間有許多出版物，討論未來企業經營的趨勢，敘述市場的整合與全球化、新資訊科技的衝擊、競爭程度的升級，高談全球競爭策略、策略聯盟。但是對於建議企業應如何去因應，以追逐這人類歷史空前未有的商機，一般這類型書籍卻談論甚少，如果有也不太具體。我們對於臺灣的企業如何在國際化與全球化的趨勢下，爭取世界市場的一席之地，也有「立足臺灣，放眼世界」這類口號，但至於臺灣的企業應如何抓住各種機會，以建立全球市場利基，則似乎缺乏整體計畫與方向。大多數企業所憑藉的，只是傳統的苦幹精神和大膽摸索嘗試，臺灣的企業家努力於吸收管理新知，對再造工程、組織學習、網絡組織等理論，趨之若鶩，企圖由管理先知之理論，尋找現實經營管理的秘方。

策略觀點識未來

如果我們把空間接遠，其實競爭於全世界的多國企業經理人，也與其他臺灣的同業一樣，緊張地學習各種尖端管理新知，企圖將各種新管理觀念試驗在其單位或公司裡，以改善績效。有些單位或公司發現新管理秘方的確能立竿見影，但也有的認爲無效而繼續等待下一個秘方。管理新知與秘方常像流行服飾，一陣流行後，有的變成企業經營的一部分，有的卻與企業格格不入。許多企業一直在試驗管理秘方，一直在借管理新知與秘方來肯定自己。

問題在哪裡?企業經營需要一個策略的觀點，一個告訴企業如何認清自己與周遭環境的觀點。唯有認清自己與環境，企業才能判斷在動盪環境中，如何安身立命、如何因應發展。當相對於這策略觀點，一個管理秘方有意義時，這管理秘方才能發揮作用。再造工程若不與策略觀點銜接，再造工程會因下得太輕而藥力不夠，或下錯地方，不足以除去沈疴；或因下得太重而癱瘓組織。坊間提供企業建立一個適當策略觀點的書不多，而《競爭大未來》這書算是其中最新的一本。

本書的作者爲當今最出名的策略管理教授之中的一對搭檔，他們在哈佛企管評論合寫了一系列有關策略管理的文章，深爲世界各階層的讀者喜愛，其中之「策略企圖心」一文發表時，還被新加坡總理吳作棟在公開場合引用，以說明新加坡的成就，也是基於旺盛的策略企圖心。本書將作者過去合作研究與顧問的心得，以完整的方式展現，可代表這兩位策略管理教授的智慧精華。

這本書告訴企業，如果要在未來闖出一些名堂，就需要一個有用的策略觀點。由於未來市場的特徵因全球化、資訊化、通訊化的衝擊，競爭更加激烈，未來企業的競爭將不和現在一樣，但成功的酬賞也更龐大。因此企業需要新的經營觀念、新的策略觀念。現有舊的經營觀念與策略觀念，無論曾給企業帶來成功與否，都應考慮被拋棄。作者的訊息很革命式：欲競爭未來，企業必要時要革自己的命，經理人則需革自己的心！

主動創造未來

因爲未來將不是過去的延續；未來需靠企業主主動去影響、去形成、去創造。企業若只延續過去的經營秘訣，則落後者永遠落後，領先者永遠領先。但由於環境速變的本質，領先與落後的地位往往可一夕改變，這時延續過去的成功秘訣將可能是致命毒藥，因此企業應主動應變。基本上，作者的信念是：主動創造環境的改變，而不是應變，或不變（或「處變不驚，莊敬自強」）。企業應努力學習新事務和新觀點，也努力去忘掉不合未來的事務或觀點（作者用了一個在策略理論裡不太新但對國人可能很新的觀念「忘卻：unlearn」）。基本上作者企圖提出一個企業經營新的典範（paradigm）：只求穩定、短視、心胸狹窄、故步自封、志得意滿的企業將無法生存於未來；未來成功的企業必是追求突破、心胸寬廣、挑戰自我、超越自己、勉爲其難、虛心學習。企業不應是回應環境，企業欲在未來建立霸業，應是創造未來！

如何決勝未來?有何較具體的方法?作者在本書提出他們的看法，並詳細解釋，用豐富的案例說明。基本上作者認爲企業（一）、要有先見之明，即先知先覺，見市場有未萌，見商機於人所未見；（二）、要建立一策略大綱，即策略架構；（三）、要有旺盛的企圖心，要能知其不可而爲之，這樣才能以小搏大，可望從產業的追隨者成爲未來盟主；（四）、由於需以小搏大，也由於未來之競爭高手如雲，故企業要能善用資源，四兩撥千斤；（五）、要動作快，主動出擊，先發制敵，要學習快，不怕犯錯，以迅速掌握新市場成功的關鍵因素；（六）、未來的市場占有率之爭的前哨戰，將是核心專長之爭，因此企業要注重核心專長的發展、取得與部署。

萬卷莫敵本書

本書談全球策略，談科技管理，也談策略聯盟。在許多方面，本書整合了當前策略與管理理論新觀念（像管理視框managerial frame、無結構問題nonstructured problems、綜效synergy、忘卻學習unlearn），使這些新觀念能以相互聯接而以整體的方式呈現。本書也將許多觀念進一步闡釋，例如彼得杜拉克曾說，企業經營就是創造一位顧客；本書作者則擴大爲，爲創造顧客企業需創造顧客需要，和爲滿足這需要的（對本企業有利的）經營環境；例如策略資源論的觀點，也被發展成核心專長的概念。本書也駁斥現行的一些策略觀念，例如認爲不要太重視產品與市場占有率，要重視的是產品所提供的功能和核心專長的占有率；例如說遠景無用，不如先見之明較能指意；例如說現行策略分析術太重視過去與歷史資料，不如多看未來。

如果你未曾讀過任何一本介紹策略管理理論的書，而有意吸收較主流的策略管理觀念，這本書是一很好的選擇。但因本書整合了許多當前先進的策略管理觀念，雖然深入淺出，你可能需慢慢吸收，所幸作者舉了許多家喻戶曉的公司的案例，對掌握作者立論的主旨應不難。如果你曾涉獵各種管理新知，如再造工程或組織學習，你會發現，讀了本書後，回過頭來看那些管理新知會有進一層的認識。如果你曾對策略管理的理論有初步認識，這本書將幫助你弄通許多複雜的觀念，傳統的策略觀念如使命、遠景、競爭、競爭優勢、組織資源在本書都有嶄新的闡釋。如果你讀本書的目的，只想找一些能幫你思考企業的未來點子，本書的論點相當有結構，雖是觀念重於實際作法，但逐步解說，你也可能依樣畫出你所需的葫蘆。

（本文作者爲政大企管系教授）

前言

各位手中的這本書，是經過一段長達十七年特殊情誼所產生的結晶。一九七七年，我們一個還在密西根大學攻讀國際企業博士學位（蓋瑞），另一個則是剛上任不久的策略學助理教授（普哈拉）。我們初識是在一場研討會上。當時任助理教授的普哈拉，正跨所向一羣主修國際企業的博士班學生發表演講。到現在我們還記得，那天下午研討會才開始不久，就變成我們兩個唇槍舌劍的激辯場面。誰也不甘示弱，都想駁倒對方。在場的人都以爲我倆會就此結下樑子，要合作是痴人說夢。然而相互欣賞的種子就在此時種下，最後更建立了深厚的友誼。後來我們又辯論過幾次，每次主題都不同，但激辯的程度卻不相上下。於是兩人很快便發現，除了都好發學術性議論之外，彼此還有不少英雄所見略同之處。我們都認爲，商學院的學院派研究必須具有實際管理上的意義才有價值，我們都十分關切大企業能否維持競爭力，也覺得在現有理論的世界之外，有關管理與競爭尚有廣袤的天地有待耕耘。這些共同的興趣形成我倆日後合作無間的基礎。兩人一起作研究，一起寫書，並共同擔任企業顧問。

揭開以小搏大的面紗

我們開始積極合作，是始於普哈拉擔任美國某著名大企業的顧問期間。由此，我們展開了第一次的研究合作。雖然那家公司不肯透露研究結果，但自其中得到的幾個觀念卻成爲我們第一篇發表於《哈佛商業評論》（Havard Business Review）的專文骨幹。專文的題目是：「貴公司當真有全球性策略嗎？」（Do You Really Have a Global Strategy?）。我們在研究與顧問工作中陸續接觸到其他公司，促使我們對於小公司尤其是日本公司，如何能面對財大勢大的大企業卻能以小博大，深感好奇。資源不足的公司是如何向企業巨人挑戰，而且居然能夠成功？業界領袖又爲何無法抗拒外行的後生小子改寫產業遊戲規則？我們目睹歷史一再重演：卓然有成的公司，不敵條件遠遠不及的對手。現有理論強調市場實力與市場占有率的好處，可是卻與我們的觀察心得相矛盾，要如何解釋？有什麼理論能說明佳能爲何能自全錄手中拿下如此大的江山？本田爲什麼能在諸多方面超越底特律的汽車王國？新力跟ＲＣＡ的消長又是怎麼一回事？

我們發現，大、小企業的資源效益（effectiveness），有顯著差異，這是無法歸諸於行事效率的差距，或人事成本、資本等制度上的因素。靜態的比較成本結構，無法參透有些公司爲何能夠不斷發明新的作法，善用有限的資源，獲取最大效益。我們不免要問，資源效益差別如此之大，原因何在？

顯然，勇於挑戰現狀的業者，不會受到短視近利的驅使。檢討它們過去的投資、結盟、國際擴張策略及新產品發表活動，我們發現，挑戰成功的公司都有一致的行動目標，而且這個目標是以公司的未來觀爲前提。我們與這些公司的主管訪談時，他們常提出不同凡響的遠大目標，比正統的策略「計畫」範圍往往超出許多。他們爲什麼有那麼大的魄力？他們如何通過「現實的考驗」？有太多的公司創意都在現實這一關被扼殺。而這種令人難以想望的目標，又如何能讓公司上下全體都能接受，都相信它實際可行？

後來居上的挑戰者常能夠創造全新的競爭優勢，並完全改寫舊有的競爭規則。企業的應變能力是建立在速度優勢上，速度則有賴管理與供應方面的優勢；供應與管理要做得好，又需要品質的優勢爲後盾。吸引我們的不是個別單項的優勢；因爲用傳統的競爭優勢觀念就能對此分析得一清二楚，我們最感好奇的是建立優勢的過程。爲什麼有些公司不斷求新求變，有些公司卻老大守成？推動革新的動力在哪裡？

我們看到有些公司，在最終的產品尚未成形前，就立志鎖定特定的技術領域，如光學媒介、金融工程、迷你化等。公司的高階主管也把競爭看成是一場建立專長的競賽，而不只是爭取短暫的市場占有率。爲什麼他們肯如此地全心地投入？對於還要十數年才可能出現的市場，有什麼商業理由能說服別人全力投入？是什麼道理使這些主管在理智與情感上都能如此執著？高階主管是如何選擇爲未來而培養的專長?

縮短理論與實務距離

我們不得不承認，有些管理人員就是比較「有先見之明」。有些人能夠想像出目前不存在的產品、服務及整個產業，並且把夢想付諸實現。這類主管似乎不太花心思於如何在現有「競爭空間」中爲公司定位，反而著重於如何開創新的競爭境界。有些公司，即總是在後面苦苦追趕的企業，則更在意於如何維護過去，較少展望將來。他們把現有產業結構視爲當然，很少向成規慣例挑戰。然而，先見之明是自哪裡培養出來的?對尚不存在的市場又如何去想像呢?

現有的策略及組織理論雖可作爲探討這些問題的基礎，但無法提供完整的答案。這些理論可協助我們瞭解現存產業的架構，卻無法解答需要哪些條件，才能根本地改變某個產業使之對我有利。這些理論可說明領導企業轉型的領袖具備了哪些特質，卻不能指出怎樣的領導階層才能建立起有根據且高人一等的未來觀，更甭說實現這未來觀了。這些理論對相對的競爭優勢雖提供追蹤比較的工具，如何培養專長以建立競爭優勢卻著墨甚少。

理論與實際觀察心得之間的差距，促成了本書的誕生。此書寫作之時，正值企業紛紛解散策略部門，顧問公司忙著改進作業效率而疏於策略規畫，眾多公司急於縮減規模而忽略開創明日的市場與產業。現在說企業策略已身處危機之中似乎也不爲過。本書旨在擴大策略的觀念，使它更能充分地涵蓋新出現的競爭現實，亦即企業競爭的目標已不僅止於組織轉型，更擴大到產業轉型；企業逐步地改進已不足以應對變局；企業若無法預見未來就無法享受未來的果實。我們希望拉近理論與實際的差距，也希望爲策略恢復一些它已失去的光彩。

不過本書探討的雖是策略，是「如何思考」的問題，但也藉用了不少世界各地企業設法克服資源不足、建立世界級領導地位的經驗。書中更著重於能夠逃避盛極而衰的命運，重建產業領導地位第二春、第三春的企業。但是在書中作爲例證的公司，不見得在每一方面均合於「卓越」的標準，也沒有一家公司完全實踐了我們對策略、競爭與組織的主張，不過有些公司的作法的確比較接近理想。我們相信，任何企業只要誠心採納本書所提供的行動綱領，都會有力爭上游的潛力。

《競爭大未來》不是供人消遣玩賞，也不是純供學術探討之用。凡是不滿於因循傳統，凡是認爲求勝的最佳方法在於改寫遊戲規則，凡是不怕向定律挑戰，凡是寧可多建樹少破壞，凡是胸懷大志不僅以個人事業爲念，凡是一心一意要搶得未來先機的諸位，本書正是爲各位而寫。

第1章 掌握未來

在一九八〇年代初期領先產業界的公司，很少在十年後依然穩居龍頭地位。IBM、飛利浦、環球航空、德州儀器、全錄、波音、賓士汽車、花旗銀行、施樂百、迪吉多、汎美航空等，紛紛因爲一波波科技、人口或法規的改變，及反傳統競爭者在生產力與品質上長足的進步，而使原本贏家的地位有所動搖。

請看看貴公司：看看最近全面推動的大手筆計畫，看看令高階主管頭痛的問題，看看公司用來衡量成長進步的標準與目標，看看開創新事業的過程紀錄；看看同事們的表情，想想他們的夢想與恐懼。想想未來，思考貴公司塑造未來以及在未來數年、數十年不斷更上一層樓的能力。

然後請捫心自問：高階主管對於本行業十年後會有何種新面貌，是否有相當一致且明確的看法？主管們的「車前燈」是否照得比競爭對手更遠？他們對於未來的看法是否清楚地反應在公司當前的優先要務中？這些看法就企業競爭而言是否具獨到之處？

請自問：在樹立本業的競爭規則上，本公司具有多少影響力？公司是否經常開創新的經營方式、開發新的能力、建立新的顧客滿意標準？在本業內它經常是首開先例還是總是追隨在後？它是否有意向產業現狀挑戰，還是只在乎維持現狀？

請自問：高階管理階層對於不墨守成規的新對手會對公司形成什麼危險，是否有充分的警覺？對現有經營模式的潛在威脅是否有普遍認知？高級主管對於重新建構目前產業模式的急切性是否感觸敏銳？最高經營階層是否對重新規定（regenerating）核心策略與改造（reengineering）核心流程同樣重視？

請自問：本公司對於追求成長及新事業的發展，是否與追求效率及精簡規模同樣積極？我們對於下一個一千萬、一億或十億美元的營收成長可能來源，是否跟如何再減少一千萬、一億或十億美元的開支，有同樣清楚的認識？

請自問：公司在改進工作方面所做的努力（改良品質、精簡時間、改善顧客服務等），有百分之幾是著重於創造本行業的新競爭優勢，而有百分之幾僅是用於追趕同業的競爭對手？又，對手們是否努力拿我們公司當學習對象，如同我們學習他們一般？

請自問：推動我們改進及轉型計畫的是哪一股力量，是公司本身對未來機會的看法，抑或受對手的行動所刺激？我們的轉型計畫多半是主動出擊或僅是被動反應？

請自問：自己是比較屬於維持日常業務運行不輟的維修工程師，還是屬於構思未來整體事業發展的建築師？花費在延續過去上的精力是否多於用在創造未來？是否常自日常工作的例行公事中抬起頭來，看看地平線的那一端是一番如何的景象？

最後請自問：我的公司是希望多於焦慮，還是焦慮多於希望？對於事業成長及開創並善加利用新事業的良機頗具信心，還是連對維持傳統本業的競爭力都沒有把握？對公司與個人的未來是感到樂觀還是不安？

這不是在玩文字遊戲。請拿支筆，爲自己公司打分數。

和競爭對手相比，我們的高階主管對未來有何看法？

□因循被動 □有特色具遠見

以下哪一項議題占去高階主管較多的注意力？

□改造企業核心流程　□重新訂定企業核心策略

在同業競爭對手心目中，本公司是創造者還是追隨者？

□多半是追隨別人的遊戲規則　□主要在創造遊戲規則

本公司較長於改進作業效率還是開創新事業？

□改進作業效率　□開創新事業

在建立優勢方面，本公司著重於追趕對手或自創新競爭優勢的比例如何？

□追趕別人的時候多　□自創優勢的時候多

主導公司轉型的因素是？

□多半受競爭對手驅動　□多半受本身的遠見驅動

身為高階主管，對於日常營運的維修工程師或設計未來的建築師，我較偏重哪個角色？

□工程師　□建築師

員工心態上，希望與焦慮的比重如何？

□焦慮多　□希望多

如果答案比較偏中間或上方，那麼貴公司可能在保持過去上耗費過多時間，對創造未來的投入卻嫌不足。

我們經常對高階經理人提出以下三項問題：

1.你花多少時間在外界事務上，而非內部問題上？例如用於瞭解某項新科技的含義，相對於爭辯公司的間接費用應如何分攤。

2.用於向外看的時間中，有多少時間是用在思考未來五年到十年的世界會如何改變，有多少是用在擔憂如何爭取到下一筆大訂單，或如何應對競爭對手的調價行動？

3.在向外和向前看時，有多少時間是用於和同事磋商，以建立深植人心且經得起考驗的遠景上？而非花費在鞏固個人的偏見上？

我們所得的答案通常都符合我們所提的「四○／三○／二○」定律。根據筆者的經驗，高階主管約有四○%的時間用於前瞻未來，其中有三○%是用在思考未來的三五年上，僅有不到二○%的時間，是用於建立集體共識（其餘八○%的時間都耗費在考慮本身所主管的事業前途上），因此高階經理人平均用在建立企業整體遠景上的時間不及三%（四○%乘三○%乘二○%）；某些企業甚至不到一%。經驗告訴我們，最高經營階層若想對未來建立獨到的看法，就必須願意連續數個月，投入二○%到五○%的時間建立集體共識，並且在未來逐漸開展之際，不斷檢討闡釋並作調整。

經理人須投入相當大且持續的精神與腦力，才能好好回答以下問題：公司必須建立何種核心專長？必須率先想到什麼產品概念？必須建立怎樣的企業聯盟？有哪些未成熟的研發計畫必須加以保護?應追求制定哪些長期的政府法規?很多企業對這類問題都太不重視。

這些問題之所以不受重視，不是因爲高階經理人懶惰，其實他們多半都很拚命。壓力、筋疲力竭和揮之不去的時差適應問題，已不止是偶發的職業傷害，而已成爲眾多高階主管生活的一部分。使高高在上者不願碰觸這些問題的，甚至也不是因爲這是高難度且耗費時日的工作。沒有人願回答這些問題，其實是因爲主管不願對自己或員工承認，他們無法完全掌控公司的未來。他們不願承認自己今天的知識經驗，也就是他們晉升高位所依恃的後盾，到了明天可能變得一文不值，甚至是錯誤的示範。這些問題無人理會，是因爲它們直接挑戰以下的幾點假設：最高主管的確掌握著全局，的確比公司其他人更具遠見，而且對公司的方向已有清楚明確且不容置疑的看法。結果是，緊急事件占去了優先要務的時間；主管對未來多半不曾深思熟慮；行動力而非思考力與想像力變成衡量領導力的唯一標準。

如果高階主管關心的不是未來，那他們專注的是什麼呢?兩件事：重組（restructuring）及改造企業。縮減規模及改造核心流程固然有其必要，也相當重要，但著眼點多半偏向於維持事業現狀，而非開創明日產業。重組及改造無法取代想像及創造未來，也無法保證不重新訂定核心策略公司仍能維持往日榮景。企業縱使重組改造成功，若未能開創未來的市場，到頭來仍不免身陷泥淖，在毛利與利潤持續下跌的昨日事業中企圖保持領先。

重組企業不足以盡全功

近年來眾多公司所發生令人遺憾的人事變動，反映出曾一度獨領風騷的產業領袖，對於產業加快腳步的變動適應不良。幾十年來，施樂百（Sears）、通用汽車（General Motors）、IBM、西屋（Westinghouse）、福斯汽車（Volkswagen）及其他市場大將所遭遇的產業變化，即使不能說速度如牛步，也多少是過去直線的延伸，變化不大。施樂百所依恃的是，一代又一代的美國鄉下人，他們始終認爲借重該公司的產品型錄，爲打扮自己與裝飾住宅最方便的途徑。通用汽車信心滿滿，相信年輕一代的顧客只要收入增加，就會像他們的長輩一樣，把雪佛蘭（Chevy）換成奧斯摩比（Oldsmobile），把別克（Buick）換成凱迪拉克（Cadillac）。IBM預期，只要大公司的資料處理中心不斷添購新設備，且其獨家的作業系統可常保既有客戶不受競爭者的侵略，則營收便會永遠成長。這些企業的高階主管常掛在嘴邊的口號是「穩札穩打」。經營企業的人只是經理人而非領袖人物，只是維修工程師而非建築師。

然而在一九八〇年代初期領先產業界的公司，很少在十年後依然穩居龍頭地位，絲毫不受影響。IBM、飛利浦（Philips）、戴頓哈德遜（Dayton-Hudson）、環球航空（TWA）、德州儀器（Texas Instruments）、全錄（Xerox）、波音（Boeing）、賓士汽車（Daimler-Benz）、索羅門兄弟公司（Salomon Brothers）、花旗銀行（Citicorp）、美國商業銀行（Bank of America）、施樂百、迪吉多（Digital Equipment Corp; DEC）、西屋、杜邦（DuPont）、汎美航空（Pan Am）等，紛紛因爲一波波科技、人口或法規的改變，及反傳統競爭者在生產力與品質上長足的進步，而使原本贏家的地位有所動搖。經此種種因素的打擊，鮮有公司還能夠掌控本身的命運。有太多的例子顯示，產業大勢變換的速度快於高階管理階層調整基本理念及應變的速度，以致往日成功的基礎動搖或破碎；此處所謂的理念包括對市場區隔、技術專精、服務顧客及充分發揮員工潛能等的想法。

這類公司發現眼前有嚴重的「組織轉型」（organizational transformation）問題。當然，任何只是想旁觀而非主動出擊的企業必然會發現，本身的結構、價值觀及技能，是愈來愈無法適應千變萬化的產業現狀了。外在產業環境改變與企業內部變化，兩者間的步調差距如此之大，於是產生了組織轉型這個令人生畏的艱鉅任務。這類轉型通常涵蓋縮減規模、削減開支、向下授權、重新設計作業流程及投資組合的合理化。這些目標固然值得全力以赴，但其實轉型並不保證公司能恢復產業領袖地位，也不保證一定能抓住未來。

當主管們終於不得不面對競爭力的問題（成長停滯、毛利率下跌、市場占有率縮小等），他們多半會大刀闊斧地進行殘酷的重整工作，致力於割除企業多層的贅肉、放棄表現欠佳的事業部門，提高資產的生產力。凡是缺乏急診室大手術膽量的最高主管，如ＩＢＭ的約翰．艾克斯

（John Akers）或通用汽車的羅伯．史丹普（Robert Stempel）便職位不保。

規模小便是美？

不論是假借什麼名義，如調整重心（refocusing）、精簡層級（delayering）、分散化（decluttering）或規模合理化（right-sizing）（有人會問，爲什麼「合理」的規模總是較小的規模），企業重整的結果全都是員工減少。一九九三年美國各大企業宣布的裁員總數近六十萬人，比前一年多出四分之一，比一九九一年，理論上是美國這波不景氣谷底的一年，還高出近十分之一。歐洲的企業長久以來都不肯面對現實，但員工人數膨脹，人事費用失控，迫使它們在一九九〇年代初也跟美國一樣不得不進行縮編。福斯汽車一類的歐洲公司爲避免勞資對立，便設法以減少每名工人的工時來避免裁員。這種作法背後無可奈何的出發點似乎是，既然提高產量無望，唯一的辦法就是讓更多人分享更少的工作。

雖然裁員多以外國競爭及採用提高生產力的科技（因而使工作減少）爲藉口，事實上美國大企業減少雇用員工最主要的原因，不是來自企圖「搶走美國工作機會」的遙遠外國競爭者，反而是來自未能掌握變局的美國企業高階主管。大致來說，裁員最力的公司（表1—1）絕不會名列「最受歡迎公司」的排行榜，反倒是名列經營不善排行榜的機會較大。

歐洲開創就業機會的紀錄很差，其中部分責任固然應歸咎於政客及他們對社會福利支出過於

表1-1 一九九三年企業裁員舉例

5%至10%		10%以上	
德瑞塞(Dresser)	5	孟山都(Monsanto)	11
通用汽車	5	聯合碳化物(Union Carbide)	13
波登(Borden)	6	IBM	13
漢威電腦	6	歐文伊利諾(Owens-Illinois)	16
西屋	7	席格蘭(J.E. Seagram)	17
伯利恆鋼鐵(Bethlehem Steel)	7	迪吉多	17
BASF	8	柯達	17
通用資訊(Data General)	8	阿姆達爾(Amdahl)	30

資料來源:財星雜誌(Fortune),一九九四年四月十八日的「財星五百大企業」

註:統計中包括因縮減投資而減少雇用的人數

大方(一九六五至八九年間,歐洲產業界創造了大約一千萬個新工作機會,美國有近五千萬個),但主要原因仍出在經營管理階層。其罪狀有:歐洲僵化的國營電信公司主管爲求自保,決定不讓歐洲企業享受資訊革命的成果;膽小的歐洲汽車公司經理人,寧可依賴本國的保護主義政策,不願在歐洲以外接受挑戰,學習與美日汽車廠面對面競爭;更有許多歐洲高科技公司對補貼貪得無厭,卻在吸走長期稅負沈重的納稅人數十、數百億歐元的經費後,仍未能建立能夠傲視全球的新事業。

這些公司成長緩慢甚至停頓,不久就發現難以吸納日漸增加的可就業人口、支應龐大的研發經費及巨額投資計畫。低成長往往伴隨著其他問題:對間接費用的膨脹疏於防範(這是IBM的問題),轉投資不相關的行業(如全錄入侵金融服務業），還有員工保守所形成的麻木不仁現象。難怪股東們要對停滯不前的企業三令五申：把公司「變精簡」、「讓資產發揮更大效益」、「回歸基本面」。股東們並以投資報酬率、股價及員工平均業績，作爲衡量高階主管表現的主要標竿。這麼一來，重整縱使是出於無奈、迫不得已，卻破壞了許多個人、家庭與社區，這又所爲何來？全是爲了效率與生產力。雖然這兩項目標無可厚非，但不顧一切地，有時甚且是一意孤行地追逐這些目標，往往弊多於利。且聽我們道來。

「分母經理人」

假設某公司有位高階主管，他深知自己若無法有效運用公司的各項資源，別人就會取他而代之。於是他推動一項來勢洶洶的計畫，要提高投資報酬率。投資報酬率（ROI、RONA或ROCE等）是由兩個數字計算而來：淨收入是分子，分母是投資、淨資產或運用的資金（服務業可能用員工數作分母更恰當）。在這家不見得是純屬想像的公司裡，每位經理人也都知道，增加營業收入很可能比削減資產及員工人數來得困難。要加大分子，高階主管就得對未來的新商機何在有相當的概念，要能預期顧客不斷改變的需求，洞燭先機，預先對新的技能投資……。然而在要求速效的強大壓力之下，主管便轉向最迅速而且最有把握改進投資報酬率的途徑，即縮小分母。要縮小分母，主管們只需要大筆一揮就可以了。於是人人對分母趨之若鶩。

事實上英美已製造了一整代的分母經理人。他們比世上任何其他地區的同行都更能夠縮減規模，裁撤多餘層級，縮減投資（divest）及分散組織。早在目前流行的精簡風潮之前，英美企業的平均資產生產力比例（asset productivity ratio）便居世界第一；分母管理是會計式提高生產力的捷徑。

請勿誤會，筆者並不反對效率及生產力。我們相信，也強烈主張，公司不但要搶先抵達未來，更要以較少的代價抵達。只是改善生產力的途徑不只一端，減少分母並維持營收固然可以提高生產力，但在資本及員工緩慢成長或維持不變的基礎上增加營收，同樣也可以改善生產力。前一種作法有時可能是勢在必行，但我們認爲後一種作法更爲可取。

在競爭對手能夠達成五%、一〇%，甚或一五%實質成長率的大環境裡，在營收不增的情況下大刪分母，其實只是以市場占有率換取利潤。市場策略專家稱此爲「收成策略」（harvest strategy），並認爲它了無新意。以國家舉例，英國在一九六九至九一年間，製造業產出（分子）實質僅上升一〇%，但同一期間製造業雇用人數（分母）下降了三七%。結果在一九八〇年代初期與中期，即柴契爾夫人當政時期，英國製造業生產力成長率僅次於日本，高於其他主要工業國。英國的財經媒體及保守黨政府官員雖對此洋洋得意，不知其間卻有隱憂。於是英國國會制定新法律限制工會權力，政府放寬阻礙裁員的法規，使資方得以實行低效率不合時宜的工作措施，卻未能同時提升英國企業開拓國內外新市場的能力，反而因爲製造業產出在這段時期幾乎沒有實質成長，而實際上是逐漸讓出了全球市場的占有率。有一天恐怕會出現這一幕景象：某人某日早上飛抵倫敦希斯羅機場（Heathrow），拿起金融時報（Financial Times）一看，發現英國終於趕上日本的製造生產力，整個英國製造業碩果僅存的工人則已到達生產力出神入化的境界。

重組猶建法老陵墓

企業重組的社會成本極高，公司或許可以不必負擔這些成本，社會卻無從逃避。在一九八九年開始的經濟衰退中，英國的服務業無法吸納所有被裁撤的工人，而且本身也經歷了可怕的縮減過程。不錯，英國或世界各地的企業裁員是不得不的罪惡，第一線的工人雖然最倒楣，但不具生產力的管理層級仍要刪除，錯誤的購併要擺脫，僵化的工作措施要淘汰。可惜很少有公司會這樣自我反省：我們如何判斷重組已大功告成？消除贅肉與消除肌肉之間的區別何在？

縮減規模必然的後遺症之一便是員工士氣低落。他們一方面聽著人力資源有多麼重要的高調，一方面眼看著似乎六親不認的裁員大行其道。他們經常面對兩邊都輸的難題：「如果無法改進工作效率，飯碗就不保；可是效率真的提高了，飯碗還是不保。」公司告訴員工，他們是公司最珍貴的資產，但員工實際的感覺是，他們是第一個被放棄的資產。

許多中級主管及第一線工人必然會覺得，自己好比替法老王蓋金字塔的苦役。每個法老王都想把陵墓蓋得撲朔迷離、錯綜複雜，以免遭到盜墓人洗劫。且把蓋墓穴的苦役比作是正處於企業重組過程的中階經理人。大家都知道，陵墓蓋好後，也就是他們的死期到了。法老王爲免他們洩漏寶藏的秘密，只有殺人滅口。我們可以想見，當法老王來工地探視，詢問監工：「進行得如何?快好了沒有?」所得的答案往往是：「回陛下，大概還要幾年的時間。」難怪從未有一座陵墓是在法老王在世時便完成的！也無怪乎最基層與中級員工，很少會對企業重組全心全意投入的。

企業重組少有能使企業脫胎換骨的例子，充其量只能多爭取一些時間。有一項研究針對十六家進行重組至少三年以上的美國大企業爲對象，研究發現，這些企業的股價通常都會有所改善，但絕大多數只是曇花一現。經過三年的整頓後，這幾家公司的股價平均落後指數成長率的差距，比重組開始前還要大。因此這項研究的結論是，精明的投資人應該把企業重組的消息看作是利空而非利多。縮減規模只是不合時宜地設法糾正過去的錯誤，不是創造未來的市場。其中的道理很簡單，縮小不足以解決問題，它有如讓企業去節食，節食固然能讓企業變瘦，卻不見得會使企業更健康。

較長於縮小分母式管理的企業，也就是沒有積極、持續、活躍成長紀錄的公司，不必奢望華爾街會對它特別寬貸。華爾街對這類公司的勸告是：「請便，盡量把檸檬汁擠出來，把沒效率的部分淘汰，但請把汁液（即股利）交給我們，我們會把這原料轉交給更擅長作檸檬汁的公司。」金融圈都知道，擅長分母式管理的公司，在擴大分子上往往就力有未逮了。且看ＩＢＭ的遭遇，股利一減，股價便一蹶不振。投資人顯然不相信，IBM會善用減少股利所保留下來的盈餘，以爲股東創造更多的財富。

雖然影響股利發放率（dividend payout ratio）（分給股東的盈餘比例）的因素很多，且已開發國家各企業的發放率，雖已由一九七〇年代中期起的各行其是，漸次趨向彼此一致，但世上最長於分母式管理的英美經理人，分給股東的盈餘高出日本及德國的經理人，這絕非偶然。華爾街一再地表現出，它很滿意於看著一家家公司在最高管理階層無法創造有利可圖的未來時，飲酖止渴地進行重組。

企業改造亦無能為力

有些聰明的公司體認到組織重組是死胡同，於是轉向改造工程。改造工程旨在根除不必要的虛功，使公司所有的作業流程都朝向使顧客滿意，縮短生產週期及達成全面品質（total quality）的方向前進。此時企業再度祭出碼錶：怎樣把事情做得更快並減少浪費？此種二十一世紀式的泰勒主義（Taylorism）與泰勒的原始主張不同之處在於：企業現在是要員工而非「專家」重新設計作業程序及工作流程。有趣的是，改造工程表面上標榜的是，自滿足顧客的每一個細節著手，但說服企業高層願意大肆進行改造的，十之八九都是因爲它號稱可降低成本，而非提升顧客的滿意度。事實上，有不少公司採行改造工程的出發點，跟當年進行重組是一模一樣的。很少企業會問，因改造及重組而花費的數億甚或數十億美元的機會成本會是什麼？省下的錢和「多餘」的腦力若全用於開創明日的市場，會有什麼結果？大規模進行重組或改造，不但不能彰顯高階主管的意志堅定與睿智英明，反而會成爲企業因沒有預期未來而必須接受的一種懲罰。

不過重組與改造是有區別的；改造即使無法真正實現，但至少讓人懷著精簡進步的希望。進行重組的成效比改造好的公司，規模縮小的速度會更快，卻不一定會變得更好。有幾家美國最大的公司最近就處於這種令人無法恭維的處境，雖然重組總是出於迫不得已，改造也可能是好事，只是它會讓人陷入兩難。且聽我們道來。《改變世界的機器》（The Machine That Changed the World）一書於一九九〇年問世，書中對不斷改變的汽車設計製造經濟原則，有極詳盡且發人深省的研究。作者爲豐田汽車首創的特高效率製造系統，取名爲「精簡製造」（lean manufacturing），並以此爲全書的主軸。可是閱讀此書之際，讀者不免要問：豐田是什麼時候開始著手進行這種生產方式的？答案是四十多年前。那又有第二個問題要問：爲什麼美國汽車廠需要四十年時間才能破解精簡製造原則？答案是，因爲這些原則完全不符合美國汽車業決策主管所有的想法與成見。

底特律的汽車業正努力趕上日本敵手的品質與成本（當然，日圓在一九九一到九三年間對美元升值二〇%，加上美國新總統上任，一上任便威脅對日本車廠提出大規模的反傾銷訴訟，幫了底特律一個大忙，日本車廠只得提高售價，放棄部分市場）。底特律的確致力於重建供應商網路、重新規畫產品開發過程及生產流程。不過報喜不報憂的報紙標題稱頌底特律的復興，卻忽略了更深一層的實情。沒錯，底特律在成本與品質上積極迎頭趕上，但在就業機會及全球市場占有率上是否有所損失？成千上萬的工作機會沒有了，美國約二五％的汽車市場拱手讓人，想在急速擴張的亞洲市場上短期內打敗日本敵手的希望也落空。

成功的充分與必要條件

對許多公司而言，改造作業流程或建立競爭優勢，與其說是爲了領先羣倫，不如說只是爲了迎頭趕上。幾年前筆者之一曾參與某大策略顧問公司的討論會，主題是協助客戶提高辦事效率的方法。在參與討論會的人看來，「在時間上比快」是下一個最重要的競爭優勢。對這一前提沒有人反駁，也無人懷疑該公司提出爭取時間的方法，但聽眾提醒這家公司的顧問羣，他們在一九七〇年代曾指出，全球化的規模及經驗效果是主要的競爭優勢，值得去追求。當年的確有多家汽車廠、化學公司、半導體廠商等業者接受了這種意見，紛紛投資於制敵機先的大規模生產設備，希望能夠在世界總產能上占有起碼的地位，而立於不敗之地；結果造成某些產業的產能嚴重過剩，隨之而來則是惡性削價競爭。到一九八〇年代，這家顧問公司又勸客戶追求品質，這當然是一個值得稱讚的目標，但現在他們又提出速度作爲治療競爭力低落的特效藥。發言的人表示，雖然這家顧問公司每次提出的解決辦法都很正確，遺憾的是，也都晚了十年，他們只是在協助客戶趕上而不是超前領先者。

因此美國的汽車廠，固然可爲它們的品質及成本已趕上日本而沾沾自喜，日本對手卻繼續領先，並立下了新的競爭標竿：令人瞠目結舌的引擎馬力、尖端的駕馭感、豪華流線的外型及創造生活品味的產品發展方向。未來，底特律是否能成爲汽車業下一回合競爭的主導者，能夠產製既省油耐用又令人動心的汽車；還是依然故我，只知道對已過分被渲染的既有成績志得意滿，尚在未定之天。

最近的一項調查顯示，有近八〇%接受調查的美國經理人認爲，品質將是公元二千年競爭優勢的主要根源，但僅有不到一半的日本經理人表示同感，卻有八二%的日本經理人認爲品質是目前競爭的主要目標。對公元二千年他們則認爲，最重要的優勢泉源在於具備創造嶄新產品和嶄新事業的能力。難道這表示他們未來會不重視品質嗎？當然不是。這只是顯示，在公元二千年時，品質將僅是進入市場的基本條件，而不再是決定勝負的關鍵，日本人瞭解，明日的競爭優勢必定會不同於以往。

我們接觸過太多的公司，其高階主管心目中對建立競爭優勢的看法，仍離不開品質、上市時機及顧客反應。雖然這些優勢是企業生存的必要條件，這一點無庸置疑，但這些理念仍在一九八〇及九〇年代的競爭優勢觀念上打轉，絕不代表管理階層有遠見。雖然經理人常想把模仿說成是美德，以「適應力」強的時髦論調來爲自己的作風粉飾；其實他們所「適應」的，往往僅是更具想像力的對手所採取的策略。

重建企業策略

且聽我們再詳加說明。迎頭趕上有其必要，但無法使泛泛的競爭者脫穎而出。IBM、通用汽車及迪吉多都有事業單位得過寶瑞智（Baldrige）國家品質獎，這個獎是表揚品質好而非獎勵別出心裁；僅是變小變好還不夠。再來看看一九八〇年代末一九九〇年代初的落伍業者：施樂百、環球航空、西屋電器、三洋（Sanyo）、普強（Upjohn）。施樂百在吸引顧客上門的技巧上精益求精，能說服更多顧客選購比他們預算高出許多的產品，如顧客想買三百美元的洗衣機，施樂百就有辦法讓他們肯拿出六百美元來買。這一招是否就足以讓施樂百保持百貨業佼佼者的地位？是否就能使施樂百成爲更有效率、更重視顧客的型錄零售商（因此不必關閉其型錄部門）？IBM若發明閃電般快速的大電腦開發程序，是否便能獲得資料處理主管們更多的青睞？若全美（American Airlines）及聯合（United Airlines）航空把空運轉運中心系統經營得完美無瑕，是否有助於與英航及新航爭取富有的國際商務旅客？我們的主張很簡單：只是變小、變好、變快雖重要，但還不夠，企業還必須能夠自根本上重新審視自己，重新設定核心策略，爲其產業賦予新

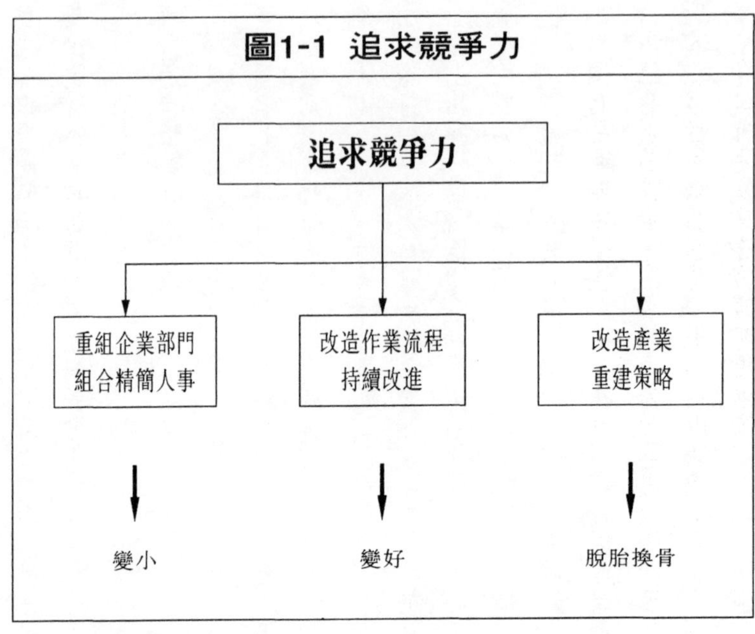

生命。簡言之，企業必須能夠變得不一樣（圖1—1）。

有些公司縮小規模的成效快過改善營運，同樣的，有些企業營運雖改善了，卻沒有什麼基本的變化。以全錄爲例，一九七〇至八〇年代，全錄有相當大的影印機市場落入了日本對手佳能及夏普手中。後來它體認到自己正逐漸被世人所遺忘，於是以競爭對手爲標竿，從根本上改造作業流程。至一九九〇年代初，全錄已成爲教科書內降低成本、改善品質及滿足顧客需要的模範。但在眾人高唱「美國武士」精神的聲浪中，有兩項議題遭到忽略：一是全錄雖然成功地阻止了市場占有率繼續被侵蝕，卻未曾奪回被日本廠商搶走的市場，佳能仍是世上生產最多影印機的製造商；二則全錄雖率先投入研究雷射印表機、網路、圖像電腦及膝上型電腦的開發，但是在核心事業影印機外，卻未能創造舉足輕重的新事業，雖然全錄可能是發明現代化辦公室的功臣，卻沒有享受到創新發明的利潤。事實上，以未能善加利用新發明而言，全錄留給別人賺的錢可能比其他公司都要多。爲什麼全錄未能善加利用其創新發明呢？因爲要開闢新事業領域，就得重建核心策略並重新定義自己：再創行銷通路、製造過程、顧客需要、拔擢主管的標準及衡量成敗的標準等。縮小規模先於改善營運的公司，等於放棄了眼前的事業；重視營運改善卻不致力於別出心裁，則是放棄了明天的事業。

企業很有可能只進行縮減規模及改造工程，卻從不覺得有必要改變其核心策略，從未感受到不得不重新檢討其產業範圍的壓力，或必須想像顧客在十年後的需要，也無需徹底地重新界定其「市場」。但不經過這一番徹底的評估，企業在決勝未來的大道上便會被超越；維持今日的龍頭地位不同於開創明日的領先地位。

創新挑戰守成

我們見過很多經理人都自稱自己的公司是「市場領導者」（只要多花點心思，把市場範圍作對自己有利的界定，幾乎任何公司都可以說自己是市場領導者）。但是今日的領導者並不等於明天的領導者。請想想看以下的兩組問題：

貴公司現在服務的顧客是誰？

未來五～十年貴公司服務的顧客是誰？

貴公司現在是透過何種通路與顧客接觸？

未來五～十年貴公司將透過何種通路與顧客接觸？

貴公司現在競爭的對手是誰？

未來五～十年貴公司競爭的對手是誰？

貴公司現在的競爭優勢基礎何在？

未來五～十年貴公司的競爭優勢基礎何在？

貴公司現在的獲利來源為何？

未來五～十年貴公司的獲利來源何在？

使貴公司現在與眾不同的是什麼技巧或能力？

未來五～十年會使貴公司與眾不同的是什麼技巧或能力？

貴公司現在處於哪種產品市場？

未來五～十年貴公司將處於哪種產品市場？

若高階主管對以上有關「未來」的問題缺乏相當明確的答案，或所得答案與對「現在」的答案大同小異，那麼這家公司繼續領導市場的機會便不大。不論某家公司今日稱霸的是什麼樣的市場環境，在未來十年內都很可能大幅改變。世界上沒有「永續」的市場領導地位這回事，領導地位必須一再重新地創立。

許多公司今天所面臨的競爭力問題，並不出在來自「國外」的競爭，而是出在「非傳統」的競爭。這不是一場美國對日本或對歐洲的商戰（日本和歐洲所遭遇的競爭問題比美國所面對的更可怕），而是一場落伍者對挑戰者、守成者對創新者、偷懶模仿者對想像力豐富者之間的角力。挑戰者通常會發明更有效解決顧客問題的方法（如：透過寬頻有線電視傳送看電影，相對於透過錄影帶出租店看電影片；或透過折扣批發倉儲公司購物，相對於透過傳統百貨公司購物）。能想出這些新的解決辦法，不是因爲挑戰者比守成者更有效率一些，而是因爲挑戰者太不遵守傳統。他們肯突破舊有的界線，向遠處看，因而能有新的發現。

落伍企業最常採取阻力最小的路線。直到顧客提出要求，福特汽車才把「品質列爲第一」。唯有在美國西南航空公司（Southwest Airlines）成爲美國最賺錢的航空公司後，聯合與全美航空才改變他們根深柢固的競爭之道。落伍者最糟糕的是採取最熟悉的路線，相反的，挑戰者不計方向，一定走機會最大的路線。挑戰者未必一定是新公司。CNN、微軟（Microsoft）及美體小舖（The Body Shop）等後來居上者，雖說是往往表現了所有的青春期叛逆傾向，老公司如默克（Merck）、英航及惠普等，也都曾對其產業主流思想提出質疑。

組織轉型到產業轉型

今日有許多的公司面臨著組織轉型的挑戰，其中有不少是因爲未能在十多年前即搶先對手，爲所屬產業開創新境界，爲自己建立新核心策略。落伍者所面對的組織轉型問題（包括員工再教育、整批出售事業單位、破壞式的企業重組）已達到構成危機的地步，這都是當初坐失了領導產業轉型的良機。ＩＢＭ便是個好例子。有很多人認爲ＩＢＭ在一九九○年代初期的組織、技術、制度與作爲，均不適合急遽變遷中的資訊技術業。這種說法忽略了較深一層的癥結，問題並不出在ＩＢＭ的組織、技術或人事不對，而是它覺悟得太遲，無法及時重整其組織、技術及人力，以迎接急速改變的產業大勢。一九八○年代大部分的時間，ＩＢＭ都是看著後視鏡駛向未來。雖然每年花費近六十億美元在研發工作上，又聘用世界頂尖的人才，但ＩＢＭ整個企業對所有有關本身產業未來走向的重要線索，幾乎全都視而不見（雖然公司內有不少個別的員工曾看出未來的變化趨勢）。

舉個相反的例子，美國電話電報公司（ＡＴ＆Ｔ）與惠普電腦公司的組織與技術，在二十年前跟ＩＢＭ一樣不適合今日產業的大環境。但一般來說，這二家企業適應產業變化的速度快過ＩＢＭ。惠普由於對工程工作站（engineering workstation）、簡化指令集（reduced instruction set, RISC）架構及小型印表機與其他周邊設備的商機，具有洞燭先機的遠見，因而促使惠普由生產儀表的廠商，轉型爲開疆闢土的資訊技術公司。

矛盾的是，大部分公司所面對的組織轉型，其改變幅度是由大改產業遊戲規則的後起之秀所決定，而不是取決於這些公司本身的先見之明。它們未能在十幾、二十年前即有創新產業的雄心，現在又對引導產業未來的走向沒有獨到的見解，那就只有靠模仿後來居上者以求生存。也就是說，大多數企業組織轉型的出發點是消極應變而非主動出擊。

組織轉型成功可使企業變得更精簡更敏捷，卻無法使它成爲產業的開路先鋒。固然迎頭趕上的反應快總比反應慢要好，但這絕非是使成長與獲利高人一等的秘訣。企業要想領先羣倫，就勢必須主導產業轉型的過程。

以上種種現象都使筆者不禁好奇，企業實際解決的問題，有多少是屬於再造工程的問題？雖然多數公司的最高管理當局所重視的是流程的改造，我們則主張公司必須有「改造」其所屬產業的能耐，始能開創未來。這個道理很簡單：企業要延續其領導地位，最根本的辦法即賦予領導地位新義；要賦予領導地位新義，就必須爲其產業開創新貌；要爲產業開創新貌，就必須重新訂定企業策略。因此筆者認爲，最高管理當局最主要的任務便是改造產業和建立新策略，而不是僅改造企業流程。

企業創造未來的途徑有：

表1-2 創新產業，重建策略，或兼而有之的企業

	改造產業	重建策略
■CNN	X	
■威名百貨	X	
■ISS	X	
■國際服務公司	X	
■AT&T		X
■康百克		X
■摩根銀行		X
■信孚銀行		X
■默克	X	X
■大西洋貝爾公司	X	X
■英航	X	X
■惠普電腦	X	X

1. 對歷史悠久的行業設法自根本上改變其遊戲規則〔如經紀商查爾斯．史瓦布（Charles Schwab）對經紀業與共同資金業的影響。〕
2. 重新畫定產業間的界線〔如時代華納（Time Warner）、電子藝術（Electronic Arts）及其他有意進入「教育娛樂」（edutainment）業的公司的作法〕。
3. 創造全新的產業（如蘋果對個人電腦業的作法）。

能夠發明新的產業或爲舊有產業賦予新貌，是在未來拔得頭籌的必要條件，也是保持領先地位的先決條件。

表1－2提供了產業新進者改變產業行規，或產業既有成員改變核心策略以適應產業不留情的變局，或既能改變策略又能改造產業的例子。本書主旨即在探討如何同時完

成這兩項最艱難的任務。

首要的挑戰

有太多負責經營組織轉型的經理人忘了問「轉型成什麼？」這個問題。組織轉型的內涵取決於對產業轉型的看法：在五至十年內，我們希望這個行業變成什麼樣子？若要使產業的轉型方式對公司最有利，應該怎麼做？若將來想要在此行業占據有利地位，現在就應該培養何種技巧及能力？對於不太適用於目前事業單位和部門的商機，組織應如何處理？對產業轉型應循何種軌跡而能擁有自己的見解，將有助於企業組織轉型訂定先發制人的方案？

蘋果電腦正是因爲對產業方向有一定的看法，於是在一九九二年成立個人互動電子部門，雖然此種前瞻性的作法，並未能使蘋果免掉必須支撐現有的個人電腦業務這件苦差事。默克藥廠對製藥業的變化見解不凡，因此出人意表地決定收購郵購藥品經銷公司麥科（Medco）。同理，基於對航空業未來的認識，促使英航對歐、美、亞三洲的航空公司進行握股投資或建立合資關係，目的全是爲了把英航變成世上首家真正的全球性航空公司。

我們主張唯有懂得掌控產業命運的公司，才能把握自身的命運。組織轉型是次要的挑戰，首要的挑戰應是如何成爲產業轉型的主導者。

一九九三年七月，巴布・伊頓（Bob Eaton）接掌克萊斯勒不久，便召集數十位高階主管開會，討論第二季的營收。他先稱讚主管們創下一九八四年以來的最高業績，又引用幾位評論家稱讚克萊斯勒轉虧爲盈的美言，讓每位與會主管都滿心歡喜。講完後，他才透露剛才提到的讚譽之辭分別見於一九五六、六五、七六及八三年，這表示，至少每十年，克萊斯勒都要經歷一次奇蹟式的起死回生。伊頓説：「我有個更好的提議，我們不要再出現走下坡的病態……我個人的野心是做第一位不必領導克萊斯勒捲土重來的董事長。」避免公司受重創是個值得稱許的目標，但很少有公司能做得到。

每家公司都免不了要訓練員工新技能、改良產品組合、重新設計營運流程、重新分配資源，這些組織轉型工作是任何公司所不可免的任務。然而，轉型的時機是否太遲，是否迫於情勢；是出於先見之明，且經過鎮定的深思熟慮；轉型的內容是由更具先知先覺的競爭對手所決定，還是出於本身對未來的見解；轉型是突發且殘酷的，還是持續而和平的？宮廷政變或流血革命是新聞報導的絕佳題材，但企業真正的目標應是進行不流血的革命。遲來而且殘忍的轉型，常須付出高昂的代價：最具才華的人才因預見到一場血腥屠殺，連忙逃命出走（最先跳下船的老鼠都是最善泳的），無辜受害者死傷累累（受害最深的往往不是最該爲挑起衝突負責的人），珍貴的寶藏被劫掠（營運良好的企業卻被迫削減員工及投資，以彌補決策不當的損失），員工士氣大受影響（個人不顧一切只求保命）。企業轉型的目標應是革命性的結果，不是革命性的過程。

唯有在重組及改造已不足以力挽狂瀾時，大部分公司才會考慮改變策略，改造產業。通常企業都是從圖1—1的左邊向右邊進行。業績衰退時第一個假設便是公司太過臃腫，員工與投資便成爲犧牲品。如果此舉仍無法使業績持續改善，通常的情形也是如此：高階主管可能認爲公司的運作失於散漫，主要流程充斥著不必要及「無中生有」的官樣文章，於是企業進行改造計畫，設法提升效率。但正如筆者提過的論點，若公司所處的產業環境正經歷大幅度的變局，而且公司在產業變化曲線上落後得太多，那重組及改造終有技窮的一日。通常都是在現有的成就被腐蝕得相當厲害後，企業才會認真地考慮未來與如何塑造未來的問題。若要搶在產業變化曲線的前頭，若希望進行不流血的革命，最高管理人員便須有此體認，即公司不但會變得臃腫、散漫，也會變得視而不見。改變策略及改造產業應與企業重組及改造同時進行，並且最好是先一步而行。

對策略要有新看法

本書的基本論點很簡單：未來的競爭是一場如何開創與主宰逐漸顯現的商機，如何重畫競爭空間的競爭。開創未來必須自繪地圖，因而比迎頭趕上更具挑戰性。企業不應拿競爭對手的產品及流程爲標竿，不應以模仿對手爲滿足，必須要能對明日的商機及如何善用這些商機，建立自己一套獨特的看法。突破比守成更有成就，讓別人做開路先鋒的公司絕對不會首先到達未來。

這麼說，影響某些公司願意迎向未來艱苦挑戰的是什麼因素？爲什麼有些公司在資源上受到極大限制仍能設法開創未來，而有些公司花費數十億經費卻一無所獲？爲什麼有些公司似乎擁有看得更遠的雷達，有些公司反而好像在走回頭路？總而言之，要怎樣才能搶先一步走進未來？大致來說有四個必要條件：

1.瞭解未來競爭有哪些不同之處。

2.具備發掘並洞悉明日商機的程序。

3.能夠由上而下動員全公司，迎戰可能相當漫長且艱苦的未來之旅。

4.有超越對手搶先抵達終點卻不冒不必要危險的能耐。

在此我們對策略所持的觀點與許多公司不同。我們認爲，公司必須先「忘掉」過去才能迎向未來；僅僅使公司在現有的市場上處於最有利的地位還不夠，真正的挑戰在於穿透眼前一團茫然的迷霧，對明日市場的發展培養先見之明，公司不只需要年年有成長的年度計畫，更少不了主宰未來市場應建立哪些專長的藍圖，即「策略架構」（strategic architecture）。

這種策略觀點較不重視如何使目標與資源密切相結合，卻更在意訂定「勉爲其難」的目標（stretch goals），激勵員工達成看似不可能的任務。這種觀點下的策略，不僅止於如何在各種計畫之間善加分配有限的資源，而是設法以創意不斷追求使資源利用事半功倍的方法，藉此克服資源有限的問題。

這種觀點認爲，公司不僅是在現有產業既定的疆域中競爭，而且在塑造未來產業架構上競

新策略典範

	既　能	又　能
競爭挑戰方面	改造流程 組織轉型 爲市場占有率競爭	再創新策略 產業轉型 爲機會占有率競爭
找尋未來目標方面	以學習爲策略 以策略爲定位 策略計畫	以遺忘爲策略 以先見之明爲策略 策略架構
爲未來動員方面	以配合爲策略 以資源分配爲策略	以勉爲其難爲策略 以資源累積與借力使力爲策略
決勝未來方面	在既有產業結構內競爭 爲產品領導地位競爭 個別競爭 擴大新產品的「命中」率 縮短產品上市時間	爲塑造未來產業結構而競爭 爲核心專長的領導地位競爭 結盟競爭 擴大新市場知識的學習率 縮短取得全球先機時間

爭；企業在核心專長上領先的競爭，先於在產品領先上的競爭。而且這種觀點不單是把企業體視爲各事業部門的組合，更是不同專長的集合體。它主張競爭不僅見於個別事業單位之間，也常發生於企業聯盟內部或不同的企業聯盟之間。

這種觀點認爲，產品失敗是必然現象，卻也是瞭解未來市場需要主要脈絡的機會；企業若想受惠於本身的遠見及核心專長的領導地位，就必須在關鍵的全球市場上取得先機；因此進入市場的時機不是問題，重要的是搶得全球先機的時刻。

由此，本書訂下以下的主題：

雖然呼籲建立新組織典範（精簡化、扁平化、虛擬化、模組化等）的呼聲層出不窮，震天價響，但並未有建立新策略典範的聲浪隨之而起。筆者認爲，許多公司設計策略的作法，與其組織方式同樣地落伍過時。不論組織如何短小輕薄，依然少不了大腦。不過我們所謂的大腦，不是指公司負責人或策略規畫師的腦力，而是公司內所有對「策略」具宏觀觀念的員工及經理人的集體智慧，及想像力的結晶。本書既是談如何贏得未來的競爭，自然要重視新策略觀念的建立及應用。

由此可知本書的主旨在於：協助經理人想像未來並繼而創造未來。幫助經理人擺脫徒勞無功的企業重組，超越只能改善業績於一時的企業改造計畫；幫助經理人獲得明日世界爲優勝者所保留的財富。

或許這個目標有些矛盾：能夠跑第一的公司應該僅有一家，那又怎能幫助每家公司都搶先進入未來的市場呢?有領先者，就必然有追隨者。其實不見得。未來的天地不只一個，而是有數百數千個；也沒有大多數公司一定要當追隨者的道理。第一個抵達終點的意義，不僅止於爲爭奪同樣的獎品而必須勝過其他的角逐者，它也意味著每個人對獎品是什麼可以有不同的定義。有多少選手就可以有多少獎品，得獎的唯一決定因素只在於想像力。雷諾瓦（Renoir）、畢卡索（Picasso）、卡戴（Calder）、塞拉（Serat）、夏卡爾（Chagall）全是極成功的畫家，每個人有每個人的創意與獨特的風格，並不因爲某一位畫家的成功便注定了另一人的失敗。可是這幾位大家都有不少的模仿者。經營企業跟經營藝術沒有兩樣，領先與落後，偉大與平庸之間的差別，就在於是否具有自成一格的想像未來的能力。

第2章 商機之爭

區隔分析、產業結構分析及價值鏈分析等工具，
對界線明確的市場的確很有用，
可是對尚不存在的市場豈有用武之地？
在現有市場上，
競爭規則多已確立，
但是在尚未成熟的競技場上，
如基因工程製藥、多媒體出版及互動式電視，
遊戲規則尚有待訂定。
那麼訂立明日的策略與訂立當前的策略有何不同？
企業競爭未來的目標不是市場而是商機占有率。

如何掌握未來

我們正處於一場重要革命的邊緣，對某些人而言，更是處於這場革命的懸崖邊，其影響之深遠，不下於肇始現代化產業的工業革命。它是環境革命、基因革命、材料革命、數位化革命，更要緊的是，這將是一場資訊革命。各種目前仍在孕育階段的全新產業很快即將出籠：包括微機械人（microrobotics），以原子粒子製成的迷你機械人，它具備疏通硬化血管等功能；翻譯機，能夠即時翻譯不同語言的人對話內容的即時翻譯電話交換機或其他裝置；通往家家戶戶的數位化公路，能夠提供即時享用全球各地的知識及娛樂；可紓解交通壅塞的都市地下自動傳輸系統；可令人免於旅途勞頓的「虛擬」視訊會議；擬生物（biomimetic）材料，可模擬自然界天然材料神奇特性的技術；經由衛星傳送的個人通訊器，可讓人在地球上任何角落打電話回家；能夠思考、推論、學習的智慧機械，將以全新的方式與人類互動；還有生物修補術（bioremediation），可依顧客需要設計有機物，協助清理地球的環境。

現有的產業如教育、醫療保健、交通、金融、印刷、電信、製藥、零售等，也會經歷巨大的轉變。裝有車用導航及避撞系統的汽車、電子書，以及配合個人需要的多媒體課程、透過遙控機器人在交通不便的地點進行外科手術，或是以更換基因的療法預防疾病。這些例子僅代表目前逐漸成形的，重塑現有產品、服務及產業的一部分商機。

這些潛力無窮的商機中，有很多獲利均可能高達數十、數百億美元。某公司曾估計過透過互動式電視爲家庭提供資訊服務的潛在市場，以一九九二年幣值計，每年至少有一千二百億美元的生意可做，包括觀賞錄影帶（一百一十億）、家庭郵購（五百一十億）、電視遊戲（四十億）、廣告（二百七十億）、其他資訊服務（九十億）等。這些重大的商機也有可能使我們的生活及工作方式徹底改變，就如同電話、汽車及飛機曾使二十世紀人類的生活大爲改觀。

而且這些商機必然是全球性的，任何國家或地區，都難以單獨壟斷實現這些商機所需要的一切技術與技巧。這些新產業在世界各地的市場會以不同的速度出現，因此想取得領先地位的公司，勢須與最先進的顧客、新技術開發者及供應商合作無間，向他們學習，而且不能有地域之見。企業要獲取領先地位的利益，要完全回收相關的投資，則無遠弗屆的全球行銷網路將不可或缺。

緩慢演變，遽烈革命

現在就是未來。長程與短程並沒有明顯的分界，而是緊密地糾葛在一起。雖然明日的重大商機眼前還在萌芽期，但全世界的企業此刻都在爭取孕育它們成長及收成的權利。企業或向外結成各項聯盟，或向內整合各種專長，或在剛萌芽的市場進行各項實驗，無一不是爲了想在明日世界的商機中占有一席之地。在這場決勝未來的競賽中，有駕駛，有乘客，也有搭不上車的人。作乘客同樣可以到達未來，只是乘客的命運便非自己所能掌握，這種企業未來的獲利能力最多僅能做到尚可。而駕駛產業革命列車的企業，即對本業的前景有先發制人的先見之明，而且能夠整合企業內外資源，搶先抵達終點的公司必有豐收。

由此可知，對於哪個公司或哪家國家能夠創造未來這個問題，就不能等閒視之，因爲它所牽涉到的利害關係太大了。一家公司或其所屬國家的將來是富裕或貧困，大部分將取決於是否能開創明日的市場，並自其中獲取暴利。

或許讀者曾到過密西根州地爾本（Dearborn）綠田村（Greenfield Village）的亨利·福特博物館。地爾本雖是福特汽車世界總部的所在地，但它的另一名勝是設在綠田村的這個博物館，美國輝煌的工業史在此一覽無遺。館中展示著開創新產業或革新舊產業的開路先鋒的成就，有迪爾（Deere）、伊士曼（Eastman）、火石（Firestone）、貝爾（Bell）、愛迪生（Edison）、華生（Watson），當然也少不了福特本人。由於這些人的先知先覺，開創出新行業，創造出前所未有的財富，才造就美國式的生活。凡曾經享受過美國中產階級物質充裕生活的人，來此參觀時莫不對這些英雄人物表示萬分感激。同樣的，對建立德國遍及全球且不斷推陳出新的化學業、世界級的工具機業，及近一世紀來代表卓越標竿的汽車業的開業英雄人物，德國人必定也感激不盡。日本公司在電子及汽車業上的成功，改寫了這兩項創新與績效產業的標準，使得日本由工業的三流角色，一躍而爲經濟超強國家，並爲日本人帶來到夏威夷威基基海灘度假及享用名牌的財富。

若無法預見並參與明日世界的多種商機，公司或國家都會嘗到苦果。歐洲因難以創造與資訊相關的新行業高薪職位而憂心，日本憂慮其金融業無法掌握求新求變的先機，美國則擔心日本在超導體商業化的腳步上超前，這些都是事實。即使持保護主義想法的政治人物也覺悟到，能給昨日的產業多一分保障的國家，未來的經濟地位將落後於獎勵開創明日產業的國家。

競爭的昨日、今日、明日

未來不是過去的延伸。新產業結構會取代舊結構。剛開始看來步履緩慢的演變，到頭來會變成驚天動地的革命。今日的利基市場，明日會變成大眾化市場；今日的尖端科學，明日會成爲家電用品。有一度ＩＢＭ把個人電腦說成是「入門」產品，意謂著消費者買了個人電腦以後，還會升級到威力更強的電腦系統，因此個人電腦與大電腦將可同時共榮並存。十年後，桌上工作站及區域式主從電腦系統，已逐漸在各種應用領域取代大電腦。雖然現在的無線電話，包括遙控及行動電話，似乎只是傳統電纜電話的附屬品，但十年後，有線電話可能就完全過時了。二十年前很少人預見到，共同基金會大量侵蝕銀行及儲貸機構的「存款占有率」。然而存款人逐漸變爲投資人，到一九九二年，進入美國股市的資金有九六%來自共同基金，這些基金並占美國總金融資產的一一．四%，而一九七五年時僅占二%。但商業銀行及儲貸機構的存款占有率卻由一九七五年的五六．二%，降至一九九二年的三七．三%。再次證明，無法想像未來便難以創造未來，難以獲取未來的利益。

爲了在未來競爭成功，高階經理人的第一要務即瞭解未來的競爭與今日究竟有何不同。實際上，其間的差異相當大，傳統的策略及競爭觀念都將受到考驗。企業會發現要應對明日的競爭，不僅策略的定義須改寫，上層主管在擬定策略上所扮演的角色也需要重新定義。

隨便拿本策略或行銷的教科書或指南，其重點幾乎不外是討論現有市場下的競爭。區隔分析、產業結構分析及價值鏈（value chain）分析等工具，對界線明確的市場的確很有用，可是對尚不存在的市場豈有用武之地？在現有市場上，競爭規則多已確立，如顧客在價格及性能上願意如何取捨，哪些行銷管道最爲有用，產品或服務應如何差異化，垂直整合的最佳格局何在。但是在尚未成熟的競技場上，如基因工程製藥、多媒體出版及互動式電視，遊戲規則尚有待訂定（就現有的產業，遊戲規則也有待重新訂定）。這種情況使作策略性決定的過程變得更複雜。那麼訂立明日的策略與訂立當前的策略有何不同？尤其是在產業結構及顧客喜好不明的情況下，企業應當如何是好？

市場占有率與機會占有率

策略研究者及實務人士向來多著重於如何取得及保有市場占有率，大多數公司也都以市場占有率，爲衡量自身策略地位強弱的主要標準。但對於幾乎還不存在的市場而言，市場占有率又有何意義？對產品或服務的概念尚未成形，顧客層尚未具體化，顧客口味尚難以捉摸的產業，又如何去追求最大的市場占有率？

企業競爭未來的目標不是市場而是商機占有率，是設法在有各種機會競逐的大環境中，如家庭資訊系統、基因工程製藥、金融服務、先進材料或其他產業中，盡可能擴大一家公司所能掌握的未來商機。

每家公司都必須回答這個問題：以我們目前的技能或本書所稱的專長而言，可能爭取到的未來商機占有率是多少？隨之而來又有許多問題要問：我們應培養哪些新專長，我們對「市場」的定義該如何修正，才有利於提升未來商機占有率？不論是企業或國家都應想想：對於能夠開啓明日商機的專長（如光電、生物模擬、基因科技、系統整合、金融工程等），我們應如何吸引及強化能構成這些專長的技能？

若想在將來獲得不同凡響的利潤，就必須具備不同凡響的必要專長。由於這類專長須靠耐心且鍥而不捨地累積腦力資產，並非上天賜予的天賦，因此政府理當參與提升這些專長的工作（透過教育政策、稅捐減免、獎勵投資與鼓勵設立政府保證的民間合資企業等）。新加坡即已採用這些途徑，加強星國既有專長的品質及範圍。但政府決策人員及企業策略專家若要知道應建立哪些專長，就必須對明日商機的大勢有所認識。最高管理階層對擴大商機占有率的投入程度，必不可少於對市場占有率的重視。以下會詳述，企業在未來市場的確實形式及結構尚未完全展現之前，就應該致力於在新領域建立專長領導地位。

事業單位與整體企業的專長

未來的競爭不是產品與產品或事業單位與單位之間的角力，而是公司對公司的競爭。這有幾項理由：一則，未來的商機不見得能恰好歸屬現有事業單位的經營範圍，在明日世界中競爭必然是整個企業的責任，而不僅僅是個別事業單位主管的職責（這項責任可能由一組企業主管來執行，或由各事業單位主管以水平方式集體負責）。其次，爲掌握未來商機所需的專長很可能涉及許多事業單位，因此如何在組織內適當的地方，將這些必要的專長結合在一起，便有賴企業各顯神通。第三，建立這些專長所需的投資及漫長時間，很可能使單一事業單位在資源及耐力上無法負荷。

企業最高主管一定要把公司當作是專長的組合（a portfolio of competencies）來看待，他們必須思考這個問題：「以公司現有的專長組合來看，哪些是對我們特別有利的商機？」這些商機可能是專長組合不同的其他公司所難以涉足的。比方說，除了柯達公司（Eastman Kodak）以外，很難找出別家可產製雷射相片（Photo-CD）這種產品的公司，因爲它需要對化學軟片及電子影像兩種專長均十分內行。佳能（Canon）對電子影像或許很在行，富士（Fuji）或許長於軟片，但唯有柯達對兩方面均很擅長。

因此高階經理人所面臨的是：「如何整合公司一切的資源以開創未來？」這正是喬治・費雪（George Fisher）離開摩托羅拉（Motorola）出任柯達執行長時所面對的問題。路・賈斯納（Lou Gerstner）在IBM曾召集高階主管討論超越現狀的商機。以IBM目前仍擁有相當突出的專長，他們的問題是：「有哪些是我們能做而別家公司所難以企及的？」多年來以徹底創新（bottom-up innovation）及事業單位自治著稱的松下及惠普，近來也在找尋能夠結合多種事業單位技術的機會。就連新力，雖然一向對個別產品開發小組幾乎賦予完全的自治權，現在也體認到，有愈來愈多的產品必須結合成複雜的系統。因此新力已重新調整聲音、影像及電腦部門的組織，以改進新產品研發的協調工作。

企業爲創造未來，往往必須建立新的核心專長，而這類專長在必要的投資及可能的應用範圍上，通常都會超出單一事業單位的界線。以夏普公司爲例，在改良平面螢幕顯示（flat screen display）技術上的投資便不是單一的事業單位所決定。夏普是以整個企業爲一體的方式，與東芝、卡西歐及新力競爭，才能在平面顯示器領域建立起世界性領導地位。

以明日商機範圍之大、涵蓋面之廣及複雜的程度，也需要以企業整體而非個別單位的觀點來捕捉。重大的商機不是憑藉幾句狠話，或放任式的企業經營，便可輕易掌握的。憑某位員工獨立作業，投入一點個人時間及些許的資金，或許可以發明「利貼」（Post-it Notes）這種產品，但不太可能使翻譯電話由構想變成實物，或在開發新的電腦架構上有太大的進展。企業必須有重心且持續不斷地發展企業專長，不能單靠「渾水摸魚」。

單一系統與整合系統

講述新發明管理及新產品研發的教科書，多半假設個別公司便控制著大多數將發明商業化所需的資源，但這種假設日漸不切實際了。未來最令人激賞的新機會當中，很多是需要多種複雜系統的整合，而不僅只圍繞著單一產品的創新。因此不但個別的事業單位無法具備所有必要的專長，連單一的公司或國家也辦不到。將來能夠獨自創造未來的公司不多，大都需要有個幫手。摩托羅拉、IBM及蘋果三巨頭合作，建立新一代的半導體電腦架構；美國電話電報公司爲了想發揮結合電視遊樂器及電信業的潛能，分別與幾家電腦遊戲廠商合作，或收購其小部分股權；甚至波音公司也發覺有必要尋找外國夥伴，共同發展下一代的飛機。

由於必須將性質相去甚遠的技術結合在一起並加以調和，又爲管理建立全面性標準的流程，與互補產品的供應商建立聯盟，吸收潛在的競爭對手，及進入各式各樣的行銷管道，這種種需要使得未來不但是個別公司之間，也是既競爭又合作的各種策略聯盟之間的競爭。公司與公司、聯盟與聯盟均可能互別苗頭。我們會發現，如何建立聯盟關係並使之朝共同的目標前進，也成爲未來商業競爭的主要任務。

速度與耐力

今日與未來另一個相異之處便是時間因素；現在一切講究速度，產品生命週期愈來愈短，研發時間愈來愈緊迫，顧客則希望服務隨叫隨到。但要探索並征服未來的競爭舞臺，可能要十年、二十年，甚至更久。美國電話電報公司首度在實驗室中完成視訊電話原型是在一九三九年，首次向世人展示此種電話是在一九六四年紐約博覽會，但直到一九九二年才推出家用視訊電話產品，距原型開發成功已有五十三年之久；而且到目前電視電話的市場仍然很有限。正在爲明日個人通訊器研發軟體的通用魔術公司（General Magic）總經理兼執行長馬克・波拉特（Marc Porat）認爲，通用魔術構想中的智慧型無遠弗屆的個人行動通訊器，或許需要十年或更長的時間才能付諸實現。基本上，在屬於新興產業的領域中要取得領先地位，投入十年或十五年的功夫不足爲奇。由此可見，決勝未來耐力的重要性可能不下於速度。

顯然，除非企業對某個特殊目標能深信不疑，否則很難堅持二十年而毫不氣餒。松下關係企業、全球首屈一指的錄影機製造商傑偉士（JVC），自一九五〇年代末六〇年代初，開始發展錄影帶方面的專長。可是直到近二十年後，一九七〇年代末，才在其VHS標準的錄影機上大豐收。是什麼力量使一家公司經過這麼長的時間仍然鍥而不捨？究竟傑偉士在錄影機、美國電話電報公司在電視電話、蘋果電腦在麗莎（Lisa）及後來的麥金塔（Macintosh）中，看到什麼樣的商機，使他們能夠在遭遇各種必然會出現的障礙後，仍能一再打起精神，不斷地朝終點線前進？他們看到的是有機會爲顧客提供更新更實在的好處。傑偉士有心「向電視業者收回（安排節目時間的）主控權，回歸給觀眾」。工程師或許會稱之爲「時間權的轉移」，但僅從技術角度來看這個商機，未免大大地低估了它對人類生活方式的影響。造福顧客的信念也見於蘋果電腦（要生產讓使用者易於親近的電腦）、早期的福特（使汽車普及到家家戶戶）、波音（使航空旅行大眾化）、CNN（提供全天候的新聞）、威名百貨（Wal-Mart，爲美國鄉村提供親切的服務及最低的價錢）。

企業信念與毅力的基礎是希望改進人類生活，想要改善的意願愈強，信念就愈深，這又點出明日競爭的不同之處：未來的競爭是爲了造成影響，而非立即獲得金錢收益。相形之下，局限於現有市場的策略性行動，多半可透過傳統的財務分析預測其結果，但在未來競爭的初期，一切是難以逆料的。在一九六〇年代初，誰也無法對錄影機的商機作出有意義的解析，到一九七〇年代初，有人可能已耕耘這個領域有成。但當年不曾著力於錄影機技術的，若無開路先鋒助其一臂之力，此時想要迎頭趕上已嫌太遲。

充滿希望的國度

不過這並不表示對新商機的信念可以全憑匹夫之勇而建立，也不是說努力創造未來的公司不期待金錢上的實質收穫。足以令人百折不撓的信念，絕不能單憑直覺而生。有些方法可以讓我們判斷某項言之尚早但深具市場潛力的新發明，可能產生哪些潛在的影響。可以考慮的問題包括：這項創新會影響多少人？這些人對這項創新的接受程度如何？這項創新的可能應用範圍爲何？以錄影機爲例，就有許多特定的跡象可以考慮：有多少家庭有電視？電視打入家庭的成長速度如何？一般人平均看多久電視？有想看的節目卻因故看不到的機率有多頻繁？同時有兩個想看的節目而不得不割捨其一的次數多不多？有沒有想要一看再看的節目？一般人會不會覺得在家看電影比到電影院去方便？電影製片廠及其他軟體供應商，是否願意把電視上尚未放映過的影片以錄影帶發行？攝錄影機對消費者會不會有吸引力？……

要在未來世界中競爭，就不能情緒化地一廂情願。不需要具備商業上充分的理由，並不表示可以把大筆大筆的資金投入一時興起的計畫中。後文會提到，在未來競爭的早期開發階段，資金的投入應該相當有節制。不過投資的金額雖少，但精神及腦力的投入卻需要幾近百分之百。史蒂夫·傑布斯（Steve Jobs）及史蒂夫·伍尼亞克（Steve Wozniak）當年幾乎沒什麼錢，但他們對於製造讓「男女老少」都能使用的電腦，這個信念始終不曾動搖。

雷根總統最愛說的故事當中，有一則便是很好的例子。有個農家小女孩在十歲生日這一天，天不亮便起床，跑到屋外的馬廄中，希望父母會送她一匹牡馬。但她推開馬廄門後，在昏暗的燈光下卻看不到任何牡馬，只有馬糞。幸好她很樂觀，心想：「有那麼多馬糞，想必少不了會有匹牡馬。」同理，欲創造未來的公司應如此自勉：「既然對顧客能有如此大的潛在好處，那其間必然存在著有利可圖的商機。」無法在精神上及腦力上完全投入於開發未來的公司，即使在財務上無懈可擊，到頭來多半也只能做個追隨者。

只消想想在十九世紀離開歐洲及在二十世紀出走亞洲，到美國去開創新生的移民，他們在啓程時很少能夠明確地預言，自己能夠以什麼方式、在什麼時候達到改善生活的目標，但他們仍毅然決然地出發前往「充滿希望的國度」。不僅如此，他們還願意忍受旅途種種的勞頓，這是因爲勇於開拓的信念超越了對實質金錢收穫的斤斤計較。只知坐等情況明朗時再採取行動的公司，在決勝未來的這場競賽中，注定會遠落於人後。若對擺在終點的獎杯認識不清，公司極可能在途中橫遭阻礙時，便輕易退出比賽。不過本書會一再強調，公司若要生存，勢必需要找到一條未來的獲利之道。

有結構與無結構的競爭環境

現在我們要來談爲今日競爭與爲明日競爭的兩個最重要的相異點：

1.明日競爭經常會發生在「尚未結構化」的競技場上，競爭規則還有待建立。

2.明日競爭不像百米競跑，反而較像三項全能（triathlon）比賽。

這些差別使我們對策略及高階管理階層的角色，必須有截然不同的思考模式。

有些產業「結構化」的程度較高，遊戲規則較明確，產品概念較清晰，產業界限較固定，技術的變革較易於掌握，顧客的需要也能更精確地測量。不過出人意料之外的變化或劇烈的變動，如今可能發生在任何產業上（試想，美國三大電視網在其舒適的小天地中曾獨霸多久），而類似基因工程這樣的新天地，則幾乎全是一片混沌。有愈來愈多的產業由於本身性質使然，似乎一直都無法適當地加以定義，甚至於根本不可能予以定義。

以「數位業」來說，它不是一種產業，而是多種產業分分合合的產物。它早在電晶體發明時即已存在，現在卻處於前所未有的混亂狀態。圖2—1描繪的是一九九〇年左右的數位業。雖然有些公司如美國電話電報公司，本身橫跨好幾個產業，但數位業大致可分爲七個不同的部分：

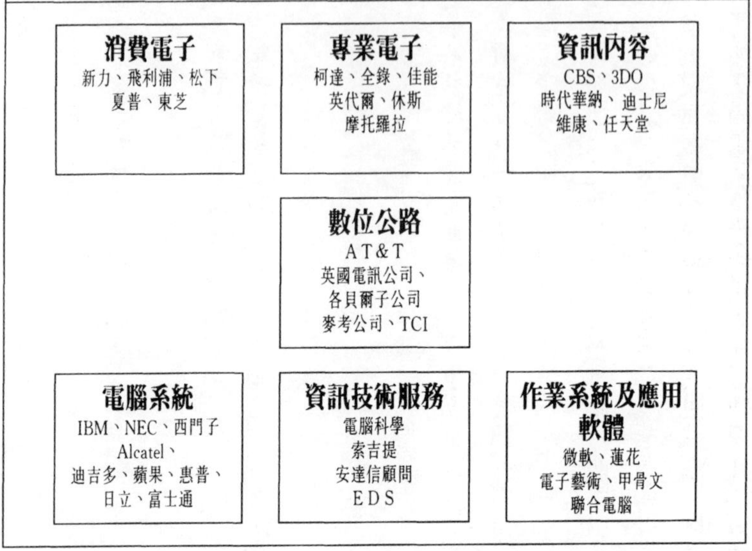

圖2-1 數位業空間的演變

消費電子
新力、飛利浦、松下
夏普、東芝

專業電子
柯達、全錄、佳能
英代爾、休斯
摩托羅拉

資訊內容
CBS、3DO
時代華納、迪士尼
維康、任天堂

數位公路
AT&T
英國電訊公司、
各貝爾子公司
麥考公司、TCI

電腦系統
IBM、NEC、西門子
Alcatel、
迪吉多、蘋果、惠普、
日立、富士通

資訊技術服務
電腦科學
索吉提
安達信顧問
EDS

作業系統及應用軟體
微軟、蓮花
電子藝術、甲骨文
聯合電腦

1. 電腦系統廠商（康百克、IBM、蘋果、惠普等）。
2. 資訊技術服務公司［美商遠東電資（EDS）雙子星（Cap Gemini）、安達信顧問公司（Andersen Consulting）］。
3. 以電腦作業系統及應用軟體爲主的公司［最著名的是微軟、蓮花（Lotus），以及網威（Novell）、聯合電腦（Computer Associates）、甲骨文（Oracle）及著重於特定「垂直」市場的一大羣小公司］。
4. 傳送資料及聲音的數位網路所有者及經營者［包括美國電話電報公司、麥考（McCaw）、MCI、各有線電視及無線電視與廣播業者、區域性電話公司］。
5. 資訊內容提供者［時代華納、貝托曼（Bertelesmann）、MCA、Bloomberg

Financial Markets、寶麗金（Polygram）、哥倫比亞電影公司、道瓊（Dow–Jones）、里德國際公司（Reed International）及麥格羅希爾（McGraw–Hill）等]。

6.專業電子設備廠商[洛克威爾（Rockwell）等國防電子公司、全錄、佳能、柯達、摩托羅拉及工廠自動化設備製造商]。

7.家喻戶曉的消費電子產品廠商（新力、飛利浦、松下及三星等）。

一九九〇年代初的產業觀察家、企業策略專家、產業雜誌及顧問們，大約是依這些分類來看數位業。

結構界線逐漸模糊

對有心決勝未來的企業而言，這種分類只是過去歷史的呈現，卻不能反映明日的狀況。對前瞻性的公司來說，一九九〇年代初就出現這種問題，過去用以區分數位業各組成分子的標籤，已不再適用。未來將這個產業再作硬體對軟體、電腦對通訊、專業對普及、內容對傳輸、產品對服務及垂直市場對水平市場等的畫分，已無多大意義。麥金塔電腦是硬體還是軟體上的創新？夏普個人助理器（Personal Organizer）的研發費用中，軟體占的比例最大，又怎能把它視爲硬體產品呢？硬體公司如新力、松下（Matsushita）、東芝（Toshiba），以購併積極打入娛樂軟體業又怎麼說？在愈來愈多的個人電腦正利用當地電話網路，與Prodigy或計算伺服器

（Compuserve）等線上服務業者連線之際，在企業客戶正要求結合資料、語音及影像的整合式網路之際，再區分電腦與通訊有意義嗎？在摩托羅拉因其行動電話叫座，而不得不承認自己實質上已成爲消費性電子廠商之時，專業與消費電子的分際又在何處？自時代華納爲奧蘭多（Orlando）的住戶埋設電纜，試驗雙向互動式影像及資訊服務以後，傳輸軟體（內容）與傳輸硬體又有何區別？政府法規的變革、數位科技的進步、生活方式的改變及企業界渴望在未來搶得頭籌，或深恐落於人後的心態，在在使數位業總是處於永續的動盪狀況中。

數位業較之於產業或許都要更複雜、更多樣化，不過它對傳統策略分析工具及方法所構成的挑戰，絕非獨一無二。管制放寬、全球化、重大科學突破以及資訊技術在策略上的重要性，均已模糊了許多產業的界線；處方藥與櫃臺藥（可自由出售的藥）逐漸難以區分，藥劑與化粧品也漸行漸近；商業銀行、投資銀行及經紀商，電腦硬體及軟體銷售者，出版商、廣電業者、電信公司及電影片廠，都難再明顯地區隔。火上加油的還有直接打交道的趨勢，零售商直接向廠商進貨，企業融資不透過銀行，企業也趨向成立聯邦，類似豐田與供應商組的關係，而大規模垂直或水平整合則逐漸式微。所有這些發展形成極端繁複、幾乎隨時在變的產業「結構」。

決定未來產業結構

在變動不已且似乎無法逆料的環境中，僅仰仗「適應力強」還不夠。一艘失去舵的船，在狂風中充其量只能打轉。但採取「靜觀其變」的態度也不行，收起帆等候風平浪靜的公司，會落得不進則退。不論環境再怎麼混亂，主管仍必須作策略上的決定。然而，只有一張過時的地圖，如何能對應發展哪些技術、建立哪些核心專長、支持哪些產品及服務構想、結成怎樣的聯盟、雇用什麼樣的員工等，作出明智的決定？

依許多商學院所教的及大多數公司所採行的，策略似乎較偏重於如何在現有產業結構中，爲產品及事業定位，而較少觸及如何開創明日的產業。正苦思如何創造全球數位業的未來，或亟欲解讀金融服務業界線不明及基因革命所帶來的商機，對這類主管而言，傳統的產業分析及競爭分析工具又有何用？對無數企管研究所學生，用較爲單純的「可口可樂對百事可樂」、「電鋸產業」、「杜邦二氧化鈦」及「寶鹼（Procter & Gamble）對金百利（Kimberly–Clark）紙尿褲」等個案研究，來頻頻演練互動競爭原理，又有多大的用處？因爲這些個案所牽涉的產業範圍很容易確定。要分辨飲料廠商不難，但數位業始於何處，又止於何方？基因業呢？娛樂業呢？零售金融服務業呢？舉例來說，在同一時間，美國電話電報公司可能發現，摩托羅拉既是供應商、買主、競爭者，又是結盟對象。對發展成熟的產業，要畫分產品及顧客羣不難，但對「價值鏈」尚未形成的產業而言，我們怎知道其利潤何在，應如何實現其利潤，應如何決定把哪些活動納入「管制」範圍，又應如何進行垂直及水平的整合？

傳統產業結構分析，指教科書中所教的那一種，對於在無結構產業中競爭的主管幫助甚小。

圖2-2 無界線數位業空間

各貝爾子公司
3DO
NEC
安達信顧問
麥考
微軟
柯達
摩托羅拉
佳能
任天堂
飛利浦
新力
英國電訊
全錄
蓮花
Alcatel
東芝
夏普
富士通
英代爾
休斯
日立
TCI
EDS
CBS
美國電話電報公司
惠普
甲骨文
迪吉多
IBM
MCI
電腦科學
松下
時代華納
西門子
索吉提
迪士尼
電子藝術
蘋果
聯合電腦

但是，僅僅是把現有的產業界線去除，如圖2—2所示，對於瞭解這混沌的局面也沒有多大助益。

策略規畫一般是以現行的產業結構爲出發點。傳統的規畫方法，其目的是在爲公司找出現狀下最有利的地位，找出哪些顧客羣、行銷管道、價格水準、產品特色、銷售計畫及價值鏈的組合，能夠產生最高的利潤。把策略當作定位問題固然很合理，但若要問鼎明日產業的寶座，這還不夠。只把策略當作定位問題來看待，難免落得永遠跟在有遠見者後面苦苦追趕的下場。

通常現有的產業結構及競爭規則，都是由這個行業的領先者所訂定。雖然在既有的競爭地盤內不是不可能找到利基，如日本大電腦廠商一度曾模仿IBM，但是在領先者的陰影下，其成長繁榮的空間便極爲有限。把策略看作主要是定位的公司，就只能追隨別人訂下的規則，不能成爲開創新局的公司，今日是如此，以後也是如此。

簡而言之，策略不僅關係到爲未來的產業結構競爭，也關係到在今日的產業結構下競爭。在現狀的產業結構下競爭涉及幾項問題：某一產品應新增哪些特性？如何開拓行銷管道？定價應著眼於爭取最大的市場占有率，還是獲取最高的利潤？明日競爭的問題則更爲深入：誰的產品概念終將脫穎而出？哪些標準會被採用？企業聯盟將如何形成，且每個組成分子的權力如何分配？最重要的是，應如何加強公司對新興產業的影響力？

對尚未成形的產業，各方角逐的目標便是決定產業未來的結構。這個結構，或大或小，或久或暫，遲早總是會出現的。構思策略以便主動爲新興產業建立未來架構，或把現有產業作大幅改革以使產業環境對自己有利，跟僅把策略看作爲個別事業的產品尋找最有利地位，是截然不同的觀點。若是爲決勝於未來，我們需要不僅止於在今日市場追求最大利益的策略觀點。

單一階段與多階段的競爭

雖然經理人及商業顧問對產品開發過程，及產品與服務的市場競爭策略，其投入可謂不遺餘力，不過這只是長途競跑最後百米衝刺階段。開發產品只是百米短跑，但產業發展及轉型卻是三項全能競賽；先是五十哩的自行車，再游泳一或兩哩，最後是馬拉松。對參賽的選手來說，這是三種不同性質的挑戰。

角逐未來數位業盟主的競賽現在才剛開始，但由一個例子即錄影機的開發，我們可以觀察到明日競爭的各個階段。所以選錄影機爲例，一則是因爲該產品已經過相當時日，我們現在已可客觀地判斷誰是贏家，及其致勝的因素是什麼；再者因爲錄影機是消費電子產品中，首先由日本而非歐美廠商在大眾化市場上成功的第一個重要發明。縱使摩托羅拉及蘋果電腦正設法恢復美國在消費電子業上的領導地位，但使日本公司在消費電子業上享有不可動搖的優勢地位的卻是錄影機。錄影機爲日本廠商帶來龐大的利潤，別人卻無法分一杯羹。將錄影機化爲商品的這場競賽，跟很多其他產業發展的馬拉松一樣，均歷經不只數年而是數十年。首部錄影機由加州的安培公司（Ampex）於一九五九年完成，但直到一九七〇年代末，才由松下推出VHS標準，並贏得最後勝利。

有意投入這一行的拓荒者，需要克服的第一重障礙，便是全力投入於開發錄影機商機開發。有三家公司均曾看好它未來的發展，飛利浦、新力及松下（傑偉士）都在家用錄影機園地辛勤耕耘近二十年。在傑偉士，原先只有一個小組投入，但很快便成爲全公司的努力目標。開發彩色電視機的RCA或發明錄影帶的安培公司，雖也曾有意研發家用錄影機，卻都不曾表現過如此義無反顧的熱忱，以至於半途而廢。

第二重挑戰是，取得決勝未來及獲利於未來的必要專長。要創造能容納二、四或六小時彩色節目的錄影帶，而且卡帶的長度及寬度只能有一捲專業錄影帶（黑白錄影用）的幾分之一，是最難克服的難題，工程師稱之爲「非比尋常的技術問題」。這三家公司花費不只十五年的時間，改良其卡帶的性能。而生產極精密的旋轉式錄影機磁頭，也是各公司在建立專長上的一大挑戰。傑偉士有位主管認爲，製造錄影機比電視機至少複雜十倍。

第三重挑戰是，發掘打開大眾化市場所必要的價格、尺寸、性能及軟體。畢竟消費者從未看過錄影機，廠商很難自他們身上獲得準確的新產品規格。消費者希望多長的錄影時間？他們願花二千五百美元來購買嗎？慢動作這個性能是否重要？解答這些問題唯一的方法便是一而再、再而三地進入市場上市，一次次地改良產品，一步步地接近消費者的需要。

松下在ＶＣＲ系統掘得金礦之前，曾推出數種其他機型。新力的U-matic ＶＣＲ機型，日後雖成爲專業用的標準，但原先是以「消費錄影機」推出的，只是價格及尺寸令消費者卻步。市場測試的步調愈快，對消費者的需要便掌握得愈快。在日本競爭對手正在市場上試驗時，ＲＣＡ卻只在實驗室裡斷斷續續地實驗，遲至一九八〇年才在市場上推出產品。難怪只能放影不能錄影的ＲＣＡ產品會偏離消費者的需要很遠。

第四重挑戰是將本身的錄影技術變成整個產業的標準。這場戰爭的交戰各方是新力的Beta、傑偉士的ＶＨＳ及飛利浦的Ｖ２０００系統，彼此都不相容。想當然耳，這場標準戰的贏家，在軟體供應、權利金收入及零組件大規模生產上，均可享有豐厚的利潤。輸家則只有轉向競爭對手的系統，才能免於窮途末路，千百萬的研發費用也白費了。起先是新力領先，至一九七六年底已占有八五%的美國市場，後來傑偉士推出可錄影二小時的機型，比新力的一小時長，新力領先的地位便逐漸不保。而最後致命的一擊，則發生於傑偉士說服一些重要的廠商共同對抗新力。德國的德律風根（Telefunken）、法國的湯姆笙（Thomson）、英國的索恩（Thorn）、美國的ＲＣＡ及奇異（ＧＥ），全是早期獲得ＶＨＳ授權的廠商，它們很早便向傑偉士及松下購買零件及錄影機成品。

ＶＨＳ的廠牌及機型選擇比Beta多，軟體供應商自然願意把資金投向ＶＨＳ系統，兩年內這場錄影機系統之戰便結束了。雖然飛利浦在建立專長的十五年間，始終與日本對手保持亦步亦趨，但比ＶＨＳ晚一年半在歐洲推出的Ｖ２０００，卻是見光死。這一年半期間，松下在全世界賣出多達數百萬部的錄影機，因而導致成本急遽下降，產品性能閃電般地改良，使飛利浦望塵莫及。如此看來，錄影機這場馬拉松雖足足要跑二十六哩，勝利者卻是在最後衝刺時才嶄露頭角。但是跑馬拉松時，以一鼻之隔取勝跟超越一哩之遠，並無太大差別。太早就想遙遙領先，反而可能使公司太快耗去過多的資金，或是在未來尚未到達前便用盡可貴的資源，這正是安培的遭遇（一九五九年它發明錄影機時，公司規模與新力不相上下）。更重要的是，傑偉士固然只超前一、兩碼，但開賽時不曾下場比賽者，到最後根本連問鼎的希望都沒有。

最後一重挑戰是（在爭取標準占有率外）設法提高市場占有率，此時致勝的武器是快速改良產品及降低成本。雖然新力及飛利浦最後均投入了ＶＨＳ陣營，但松下最早是憑藉大量生產的優勢取得競爭先機。一九九三年，在ＶＨＳ推出十五年多，松下著手爭取錄影機商機的三十多年後，它依然擁有世界錄影機王座。

不論是讓製藥業走向基因工程製藥，讓顧客可以透過電視或個人電腦存領錢或購物，或是製造非內燃引擎的汽車，所有決勝未來的競賽都會經歷三個互有重疊卻截然不同的階段：爭取產業遠見與知識的領先地位、爭取較短的發展路途及爭取市場地位與占有率。以下先作簡單說明，後面闢有專章會詳加論述。

產業遠見與知識領導地位之爭

在這個階段要設法對環境趨勢與斷層比競爭對手有更深入的瞭解，如技術、人口、法規或生活方式等，凡是有可能改變產業範圍及開創新競爭空間的因素都包含在內。這種競爭要運用想像力，看誰能預見明日商機的大小與輪廓，誰能想出別出新裁造福顧客的途徑，或是對現有服務顧客的方式大事改革。簡單說就是幻想未來的競爭。

縮短發展路途之爭

在爭取專業知識領導地位及爭取市場占有率之間，通常還有一場影響業界發展走向的競賽（即設法控制及縮短前進路線）。自首先產生大幅改革某個產業的概念，到有相當規模的真正市場出現，其間往往要經過許多寒暑。夢想不會在一夜之間實現，由今日的現實到明日的機會，這段路途往往既遙遠又艱苦。

第二階段的競爭包括累積必要的專長（克服技術障礙），試驗及求證不同的產品與服務構想（逐步發現顧客真正的需要），吸引具備重要且互補資源的結盟夥伴，以建立運送所需的各種產品或服務的基礎結構，並在必要情況下設法就業界標準達成協議。若把第一階段競爭比作是幻想未來商機，那第二階段的競爭便是以對自己有利的方式，積極爭取影響未來產業結構的形成。

市場地位及占有率之爭

到最後這個階段，不同的技術取向、對立的產品或服務概念、針鋒相對的行銷策略，這些方面的競爭大致上已塵埃落定。於是重心轉移到功能、成本、價格及服務都相當確定的市場地位及

圖2-3 決勝未來的三階段

知識領導地位	管理發展路徑	市場占有率
仔細研究推動產業的動力以獲取產業遠見之明	先發制人地培養核心專長，探究不同的產品觀念，重新建構接觸顧客的管道	建立全球供應商網路 設計合宜的市場定位策略
就以下三點培養的潛在演變培養具開創性的觀點： • 功能 • 核心專長 • 接觸顧客管道	結合產業參與者組成的聯盟並加以管理	在關鍵市場上搶先競爭對手 盡量提高效率與生產力
將這些觀點濃縮為「策略架構」	迫使競爭對手走上更遠更貴的發展路途	管理與競爭者的互動關係

占有率競爭上。此時的創新著重於產品線的延伸、效率的增進及邊際收益通常不大的產品服務差異化（圖2—3即未來競爭的三階段）。

決勝未來的過程就彷彿女子懷孕。懷孕的三階段是受孕、懷胎、陣痛分娩，正好與上述的競爭三階段相對應。大多數策略教科書及策略規畫演習，專注的焦點都是最後這個階段，其基本假設是：產品或服務概念已十分成熟，競爭範圍十分明確，產業界線穩定。但只重最後市場階段的競爭，對前面兩階段卻不作深入瞭解，就好像不懂受孕及懷胎，卻要解釋生育過程。

眼前經理人要問的問題是：哪個階段分配到最多的時間及最受重視，是受孕、懷胎還是分娩階段？根據我們的經驗，主管多半耗費不成比例的時間在產房裡，等待著生命的奇蹟。

但大家都知道，如果九個月前不曾有過什麼舉動，現在就不會有新生命產生。我們要重申，經理人花費太多時間於管理現在，卻冷落了開創未來。不過，要創造未來，必須先拋棄一些過去。學習忘記過去是下一章的主題。

第3章 學會遺忘

現在很流行的「學習型組織」，
但這只能解決一部分的問題。
重要性不下於學習的是「忘卻型」組織。
爲什麼兒童學新東西學得比大人快？
部分原因是他們需要拋棄的舊包袱少。
被成功沖昏頭的後浪常忘記企業永續經營的基本法則：
創業時只要挑戰既有業者所公認的正統思想即可；
但要守成，
企業便須有挑戰本身信念的雅量。

正如遽變的氣候曾威脅著恐龍的生存，今日的企業也深感難以應付變動過快的商業環境。幸而這個常被人引用的恐龍絕跡比喻，並不完全適用於企業，恐龍是因爲適應環境變化的速度不夠快而絕跡。生物演進是很慢的過程，要依賴小小的基因突變，日積月累地改善某個物種的生存能力，而僅有少數突變能夠救亡圖存。好在企業的「基因密碼」可以作各色各樣的改變。事實上，凡是無法定期改變基因密碼的公司，難免會像暴龍一樣受制於環境的動盪。

那「企業基因」又是什麼？每位經理人腦海中，對本行「產業」結構、產業獲利方式、競爭對象、顧客區隔、顧客需要及有用的技術等，都有一套個人的定見、基本假設及預設想法，這就是企業基因，它還涵蓋經理人對如何鼓舞士氣、如何平衡內部合作與競爭、股東顧客與員工的利益孰輕孰重，以及對是非所持的信仰、標準及價值觀。這些信仰當中至少有部分是產業的特殊環境所造成的，當產業環境急速劇烈地變遷，這些既有的成見可能威脅到公司的生存。

管理框架

由學校課堂、經營顧問、管理大師、同事、專業雜誌，以及個人工作經驗所形成的基因密碼，可以決定經理人對特殊狀況的反應。基因密碼限制或框架一個企業對事務的看法，包括「策略」一詞的含義，對可採行的商戰謀略，對高階主管所追求的價值，對政策工具及理想組織型態的選擇等各方面的看法，這種企業基因密碼，又叫「管理框架」（managerial frames），它使管理階層只看得到局部的真相。活在自己框架中的經理人幾乎是與外在世界脫節。有一度，把存戶視爲投資人的觀念在銀行界還是新點子。十年前，電腦廠商怎麼也想不到，電玩會是電腦繪圖技術最先進的應用領域。人人都是自身經驗的囚徒，只是程度上的差異。

固然公司裡的每一分子對事物都各有各的看法，但同一組織中的管理框架往往是有志一同。用人標準愈嚴格，員工教育背景愈相近，員工同化過程愈完整，訓練計畫愈普及愈有強制性，資深資淺從屬關係愈正式，主管們在公司或產業內的服務年資愈久，高階主管中自外拔擢的愈少，以及公司過去的成就愈大，則管理框架在全公司齊一的程度便愈高。幾乎每個龐大的組織中，都有一個最強勢的框架，決定著企業運行的規律。

久而久之這個強勢框架的勢力日益壯大，而成爲像基因密碼一樣，與企業合一，深植於行政體系及流程中。事業單位的範圍（公司的主業是什麼），資本預算制度（所使用的分析工具及各評估標準的相對比重），獎懲制度（哪類行爲受到鼓勵、容忍及勸阻），策略規畫過程（需要哪類資訊及所涵蓋的時間範圍），訓練及社會化過程（公司教授的技能、崇尚的傳說及奉行的價值觀），會計及資訊系統（應蒐集哪些資料，如何加以組織，供誰運用，著眼點爲何），競爭情報的採集（盯梢哪家同業，確立哪些標竿），及其他行政制度，都會強化或否定某些成見或觀點。這些企業內的強勢觀點及看法便是管理框架的支柱。

這種由過去經驗一代一代傳下來根深柢固的教訓，會形成兩種危險。一是時間一久，大家往往會忘卻當初產生這種看法的緣由。再者，經理人可能因此自認爲，我不知道的事根本就不值得去學習。許多公司對企業信條並非一成不變的道理缺乏認知，因此深受其害。於是昨日的「好構想」一變而爲今日的「政策準則」，再而成爲明日的「鐵律聖旨」。產業傳統及習慣作法，都因爲有用才被接受，一旦成爲產業定律便無人質疑。經理人也很少會問，自己對組織、策略、競爭或產業所持的看法是如何形成的。我們信仰的前提定見是在何種環境狀況下產生？我們的信仰的前提又是哪些環境狀況？經理人若不求甚解就會把前人的慣例奉爲圭臬。且聽我們舉例說明。

有位友人說過這麼一個實驗。有四隻猴子被關在一個房間內，屋子中央有根高高的桿子，桿頂掛著一串香蕉。有隻猴子特別餓，就急忙爬上桿子想摘香蕉吃。可是正當牠伸出手去抓時，屋頂的蓮蓬頭突然噴下冷水。猴子怪叫一聲，無奈地退了下來。後來其他幾隻猴子也都試著爬上去，但全被澆了冷水，空手而回。經過幾次嘗試失敗後，這羣猴子終於放棄想摘香蕉吃的念頭。

然後，有一隻猴子被換走。新來的這一隻不知情，每次當牠開始往上爬的時候，其他三隻就伸手把牠攔下來，並警告牠不要爬那根桿子。幾次嘗試都遭到阻止後，新猴子雖然並未被澆冷水，但也不再想摘香蕉吃了。隨後原來的四隻猴子一一被換過，每隻新來的都學到別往上爬的教訓，可是牠們全都未曾爬到桿頂，甚至沒有一個被水淋到。誰也不知道究竟爲什麼不能爬上去，卻都對前人立下的慣例奉行不渝。即使蓮蓬頭移走之後，也沒有一隻猴子有所造次。舉這個例子不是把經理人當猴子看！我們的用意在於指出，員工手册、程序規範或訓練資料中所記錄的規矩，往往在當初形成它們的產業環境已經改變後，仍被奉爲定理。

第二個而且是更嚴重的危險是，企業人無知而且對自身的無知渾然不覺。如何覺悟自己的無知？如何察覺個人認知的極限並加以突破？這兩點對任何組織而言均是一項嚴重的挑戰。有句老話「無知會害人」，用在此處是再恰當不過了。全錄昧於佳能對影印機業深自期許，施樂百昧於折扣百貨店與利基零售業興起的大勢，底特律無法預知日本車廠的用心，使這些拘泥於傳統的公司地位不保。沒有任何一件事是無法弄懂的，怕只怕它已超出現有管理框架之外。

基因多元化有其必要

生物相關科學告訴我們，任何有機體必須維持最低數量的不同基因，才能長期健康地繁衍，我們稱爲「公司」的這種有機體也適用於這個道理。筆者之一，最近曾對美國某首屈一指的大企業二十位最高層主管演講，並向他們提出四個問題。一：「各位從出道起便服務於這一行的有幾位？」全體均舉起手。二：「只服務過這一家公司的有幾位？」又是全體舉手。三：「有多少是由業務及行銷工作爬上最高主管的？」只有兩個人沒舉手。最後一個問題：「有幾位從未在國外連續服務五年以上？」又是全體舉手。筆者想要強調的是，公司若不設法努力增加基因的多樣性，將很難與不受傳統拘束的新競爭者抗衡。

在不同時代，我們都可以發現整個產業都缺乏基因多樣性的例子：一九八〇年代末一九九〇年代初的美國民航業、一九七〇年代的美國汽車業、一九八〇年代的歐洲化學業、一九七〇年代的美國金融業、一九六〇至八〇年代的商學院教育。再舉個基因太單純的例子：一直到一九九〇年代初，全美、聯合、達美、西北等美國主要航空公司經營理念之相近，令人驚訝。每家公司都是輻輳式的航線結構、最起碼的艙內服務、以里程優惠吸引顧客，並自營訂位系統。以它們的服務標準普遍低落來說，只需瀏覽九〇年代初的報紙及商業雜誌便不難找到證據。美國各航空公司的廣告中常吹噓其國內班機上的服務嗎？大家反而強調自己航線如何地無遠弗居，又是如何地準時從不延誤。這就彷彿汽車公司誇耀自己的產品確實有四個輪子，而且一定能把你載到目的地。唯有在國際線上，英航、新航等競爭對手始終維持相當高的服務標準，美國的航空公司才不得不重視對乘客的服務，但在顧客滿意度調查上仍落後他國業者。

結果形成惡性循環。服務差，顧客的期待降低，也就更在意價格。在這種環境中，航空公司拉攏乘客唯一的辦法便是贈送免費里程〔等於是買汽車的退佣金（rebates）〕。這種惡性循環最極致的發展，見於某雜誌的一篇文章：某公司的執行長在雜誌中爲文說明，因爲乘客不願多花錢，公司只有取消原來用以裝飾水果杯上的生菜。屢次列名最賺錢航空公司的英航及新航卻呈鮮明的對比，它們不斷發掘增加對乘客服務的機會，因此在顧客向心力及票價收入兩方面都享有本少利多的好處。它們也有里程優惠辦法，但優惠的意義大於賄賂乘客。維京航空公司（Virgin Atlantic）也是不照牌理出牌的業者，它致力於兼顧新穎友善的服務及實惠的票價制度。至一九九四年初時，每月搭乘維京客機往返大西洋的旅客數，都超出全美或聯合航空。事實上在一九九〇年代初期，財務收穫最豐盛的航空公司都是作風最偏離美國傳統的業者。

只要競爭是在「封閉的體系」中進行，缺乏基因多樣性的現象便不足爲奇，也情有可原。畢竟衝擊通用汽車最基本的經營理念的，不是福特汽車；震撼ＩＢＭ核心的也非優利系統公司（Unisys）。當所有現有的競爭者多少都接受同樣的產業慣例，此時整個業界對新遊戲規則的適應力便變得脆弱。雷同度太高的產業，正是不受主流管理框架拘束的公司一展長才的大好機會。要評估某個一致性高的產業商機如何，不妨自以下問題著手：

- 產業是否適度集中，且各公司的市場占有率相當穩定（即業者是否多著重於觀察彼此的動向，以「君子協定」的競爭方式來維持彼此的高利潤）？
- 反之，業界是否四分五裂（即是否還沒有人找到利用規模經濟的良機）？
- 請教各業者這一行獲利的秘訣，所得的答案是否大同小異？
- 最高管理階層當中是否充斥著只做過這一行的人（即這個產業是否已因近親通婚，使基因變化減少）？
- 這個產業採用新技術的速度是否比別的產業都慢（即是否有藉技術來改變遊戲規則的機

會）？

●領先的業者是否偏向以提高壁壘阻止外來競爭，而非仰賴產品及製程的創新來保護其獲利能力（即領先這一行的業者是否總能高枕無憂）？

●這個產業的產品或服務基本概念是否長時間都一成不變（即各個業者對顧客的需求及如何加以滿足是否已有定論）？

●是否整個業界的經理人都十分在意法規問題（即經理人是否認為經營的難題多出在政府法規上，本身卻不肯尋找創新的解決辦法）？

一家公司的基因密碼左右其是否看見新商機與非傳統競爭者的存在。缺乏基因多樣性所造成的觀念障礙，往往在權位最高的經理人身上最牢不可破（這是客氣的說法，其實就是說，瓶頸通常發生在最靠近瓶頂之處）。高階主管總以爲，他們在組織中的地位便證明他們對產業環境、顧客需要、競爭對手及競爭策略，一定比屬下知道得多。然而，他們瞭解得比較多的經常都是過去的經驗。昨日競爭的致勝之道，在他們一路往上爬的過程中，已深深刻印在腦海裡，除非把這些觀念障礙打破，也就是去除阻礙改革的堡壘，否則企業將無法創造未來。

每位經理人都需面對一個殘酷的事實：智慧資本（intellectual capital）會持續貶值。各位讀者，你們對本身產業的認識固然豐富，但這些知識的價值已比你剛開始閱讀本書時降低了。顧客的需要已有變化，技術已有新的進步，競爭者在你細細品味本書之際，已有進一步的行動（不過請別放下本書！只是請務必投入更多時間，好好去思考貴公司的產業正經歷什麼樣的變化）。我們給落伍者下的定義是：其高階經營階層未能盡速設法沖銷逐漸貶值的智慧資本，對創造新的智慧資本又投資不足的企業。落伍企業的高階主管多自以爲是，以爲對產業的運作已知之甚詳，其實不然，其對產業的認識多已過時。

企業經營成功也會導致基因變化減少。成功對公司的策略是一種肯定（既然財源滾滾，證明當初所採的策略一定正確），因此經理人可能以爲如法炮製便是延續成功最保險的方式，並且認爲不照「行規」行事的競爭者必然很蠢。如果競爭對手的資源又沒有我充裕，那更不必把對方當一回事。就因爲這樣，通用汽車長久以來都太在意福特，而忽略了豐田；美國三大電視網之一的ＣＢＳ的新聞部，以同業ＮＢＣ及ＡＢＣ，而非有線電視業者的ＣＮＮ爲假想敵；全錄全神貫注於柯達與ＩＢＭ在影印機業的一舉一動而沒顧慮到佳能，ＩＢＭ對日本電腦廠商煩惱不已，卻對本國的昇陽（Sun）、惠普、ＥＤＳ及微軟掉以輕心。

擴大管理框架

隨著競爭環境日益複雜多變，對基因種類多樣化，即擴大經營理念範疇及管理行動備案的需求，也愈來愈殷切。想要存活下去的公司必須在其內部創造基因多樣性，並達到占領整個產業基因多樣性合理比例的程度。自然界的基因多樣性來自突變，企業的變種則來自創意中心（skunk works）、內部創業（intrapreneurship）、投資副業及其他形式的從基層開始的創新。這樣自然而然循序漸進的創新跟生物突變一樣，大致上不會對公司的榮枯造成重大或直接影響，而且其中絕大多數的活動都是沒有進展也沒有結果。雖然這些不在計畫中的企業突變有其可取之處，但有一個問題不能不解決：對大多數對未來缺乏適應能力的員工和經理人該怎麼辦？答案是進行大規模的基因改造工程（genetic reengineering），而不可仰賴小規模的隨機突變。

另一種增加基因多樣性的方法即是注入新血，與舊基因混種。企業混血便是向外界去聘用經理人，通常是禮聘新的執行長，或向競爭對手挖角重要的幹部。在因襲傳統的產業裡，現有角逐者搶位子式的競爭對基因多樣性並無幫助，但外行人卻能有所貢獻。英航當年想要改變行銷策略時，是向世界最大的糖果公司火星（Mars）去借將；飛利浦想從根本改革研發工作時，是聘請惠普的研發經理。

然而非公司正統的高階主管，對規模大但氣量小的公司能產生多大基因密碼改造的速度效果，是有一定限度的。請外來和尚來唸經，目的是希望他能與公司內部人員有足夠的交流，造成基因種類相當的變化。但經由人際交流促成大機構的基因變化，速度十分緩慢。即使在最理想的情況下，外來執行長所能直接影響到其思想、觀念、信仰及成見的人也有限。「走動式管理」、衛星連線交流及「大會堂會議」等形式，都有助於擴大新主管的影響力，但在大機構裡，新主管的影響力絕對無法遍及每個角落，頂多因爲新主管的任命，而傳達出企業基因重組已刻不容緩的訊息。追根究柢，基因變化必須成爲企業組織結構的一部分，不能像見不得人的親戚一般被關在地窖中，也不該像科學怪人的頭一樣，硬被接上科學怪人的頸部，顯得很突兀。

獎勵離經叛道

這麼說，企業應如何豐富其基因呢？首先，公司應注意不要把拴住管理框架的螺絲旋得太緊。就實務上來說，這可能指在行政程序上多保留一些彈性空間；（難道每個企業一定要用一模一樣、非用不可的策略規畫表格嗎？）少用過去的經驗訓練明日的員工（在毛瑟槍發明的前夕，再教士兵如何耍長矛或射長弓，實在沒有多大意義），或是提高雇用或提拔跟我們「不一樣」人的意願（最高管理階層很易流於喜愛任用或拔擢跟自己對味的人，以致使嚴重的基因缺陷一直保留下去）。

從更廣的層面看，若要在公司內保持某種程度的基因多樣性，企業領袖對於他們本身的想法及觀念，有多少及有哪些會制度化而成爲公司體系的一部分，應特別小心。希望讓良好的作法及學習風氣成爲企業文化，值得鼓勵，但這跟避免使管理框架過於僵化拘泥之間，往往只有一線之隔。就這一點而言，官僚體系的問題不在於它會增加不必要的開支，而在於它會透過官樣文章的繁文縟節，形成唯我獨尊的單一管理框架。官僚的力量愈大，基因的種類就愈少。ＩＢＭ便是這種情形。IBM的座右銘「動動腦筋！」可能需要加上一句：「請不要都想得一樣。」

擴大「愛唱反調」員工的發言權，對維持基因變種的生存也極重要。最高管理當局必須學習獎勵離經叛道。有位世界屬一屬二的製藥廠董事長，他的作法很簡單，他深知凡是提到董事會的計畫案，必已經過數十道關卡的審核，經過事先的運作，而且多少已獲得認可，因此他經常親身追蹤早夭而進不了董事會的計畫案。這位董事長所持的道理也同樣簡單：

> 我知道能到達董事會階層的東西，必定跟公司現有的經營模式相當一致。我要找比較不按牌理出牌，能夠改變我們既有經營模式的計畫。

基因多元化與文化多元化不可混為一談。有很多落伍的企業是國際性公司，所雇用的員工來自多種不同文化背景，這些企業以文化的歧異自豪，以為這是企業實力及創新的泉源。但文化差異所帶來的創造潛能，常因整個企業內對於產業大勢及遊戲規則看法過分一致而被犧牲。有一次筆者之一，應邀向世上最大的顧問公司之一的一大羣年輕顧問師演講，聽眾分別來自七十多國，不過每個人都受過同樣嚴格的訓練，人人頭腦裡裝的管理框架也大同小異，社會化與洗腦也僅有一線之隔。雖尊重不同文化的價值，卻因為企業的制度或體質，造成定於一尊的產業觀念及管理理念，這種企業的競爭力之脆弱，不下於見識短淺具種族偏見的企業。

擴大管理框架最不可或缺的是求知欲及謙虛的態度，唯有這兩種美德使高階主管能夠容忍認為上司落伍的第一線員工，能夠具備耐心克服下情無法上達的層級障礙。謙虛使高階管理人員肯鑽研競爭對手的想法，以測試本身管理框架的限制。有個有趣的現象：日本經理人雖以嚴格服膺言行、服裝、自制、勤勉等文化規範而著稱，卻也努力不懈地研究不同的管理文化。舉個簡單例子，日本人對於他們最崇高的品質獎項，用的是外國人戴明博士（Dr. Deming）的大名，似乎絲毫不以爲忤。反過來說，我們很難想像美國總統或法國總理，會頒發石川品質獎，以紀念這位使西方產業受益良多的日本土產品管大師。

有眾多公司，而且必須指出主要是美國公司，已爲對自己的創新沾沾自喜而付出極高的代價。談品質？沒錯，品管是美國人發明的，價值工程（value engineering）也是美國人的結晶，只是實行得不是很好而已。這種論調由東岸到西岸，在每個主管房間裡都聽得到。此話固然不假，可是它彷彿在說我們已經懂得夠多，沒有多少值得再學習的了。有一位日本籍經理一語道破此種現象：「美國經理人做學生不如做老師稱職。」少數公司包括摩托羅拉及福特汽車，已肯移樽就教向日本學習。但日本跟美國一樣，不可能獨霸高明的管理術。若說每個國家均有人成功有人失敗，那同樣每個國家也都有好的跟壞的管理框架。日本的經理人有一天如果也志得意滿，不可一世，那競爭對手便可開香檳大肆慶祝了。成功的日本企業必不可忘懷不多久以前才學得的教訓：唯有虛心接納其他管理框架的優點，始能豐富且擴大本身的框架。

忘卻過去

維持某種程度的基因多樣性，有時已足以防止企業走上衰敗之路。但環境如已遽變，又應如何應對？若公司裡充斥著唯唯諾諾的人，應如何是好？此時便須做「基因替換治療」。在新產業環境中，有缺陷的基因必須由健康的基因取而代之。在商業用語上，去除不良基因最貼切的說法即「忘卻」。

現在很流行的「學習型組織」，只能解決一部分的問題。重要性不下於學習的是「忘卻型」組織。爲什麼兒童學新東西學得比大人快？部分原因是他們需要拋棄的舊包袱少。爲什麼音樂老師及體育教練們如此強調，在剛開始學時就要養成「正確的」習慣？因爲他們知道養成新習慣比糾正舊習慣容易。公司欲創造未來，至少需忘卻某部分的過去。「學習曲線」大家都很熟悉，但各位知道「遺忘曲線」嗎？遺忘曲線代表每家公司拋開阻礙未來成功的積習的速度。

愈成功的公司遺忘曲線愈平緩。有一家我們很熟且十分成功的公司，最近慶祝成立二十五週年。公司特地聘請畫家繪製了二十五幅畫，分別表現曾對公司傲人的成就有所貢獻的要素（策略、市場、技術及作法等），這些畫掛在總公司大樓中展示。筆者之一，曾半開玩笑地建議，最高主管們每年至少要把一幅畫束諸高閣，以凸顯這幅畫所代表的是公司的過去而非未來。我們真正想要強調的是，公司對於遺忘必須付出與學習相同的心力。

對後來居上這裡有一個重要訊息，後起之秀在尚未變得過於自大前，在比爾．蓋茲（Bill Gates）尚未大言不慚地批評ＩＢＭ；泰德．透納（Ted Turner）還不至於譏笑三大電視網；英代爾（Intel）還未對日本競爭者的敗落幸災樂禍之前，他們都該反省一下。挑戰者不會比被他們所取代的前輩，更有把握延續優勝的地位。後來居上者沈溺於本身的成就時，似乎根本忘了被他們所取代的競爭對手，想當年也是推倒前浪的後浪。微軟及ＥＤＳ被譽爲新一代「無電腦的電腦公司」；因ＣＮＮ而名滿天下的透納、美體小舖創辦人安妮塔．羅迪克（Anita Roddick）、英代爾直言無隱的執行長安迪．葛羅夫（Andy Grove）、英航溫文儒雅的董事長科林．馬歇爾（Colin Marshall）及賽瑞斯半導體公司（Cypress Semiconductor）固執的老闆羅傑斯（T.J. Rodgers），一度均被視爲企業界的先知。但如今他們同樣榮登曾吹捧ＩＢＭ約翰．艾克斯（John Akers）、ＤＥＣ肯．奧森（Ken Olsen）、通用汽車羅伯．史丹普及全錄大衛．克恩斯（David Kearns）的商業雜誌封面人物。昨日的異端正以驚人的速度轉變爲今日的主流。

被成功沖昏頭的後浪常忘掉企業永續經營的基本法則：創業時只要挑戰既有業者所公認的正統思想即可；但要守成，企業便需有挑戰本身信念的雅量。不論在華爾街多麼受擁戴，如何被競爭對手視爲標竿，或成爲企管研究所學生孜孜鑽研的對象，有一點卻是任何公司都難以豁免的，就是想要爲公司創造第二春，便必須重新建立核心策略。企業務必重新構思市場範圍，重畫營運的疆域，建立新價值觀，檢討本身對商業競爭最根本的假設。美國新力公司前總經理，現職歐洲新力公司的隆·桑默（Ron Summer），說得就頗貼切：「公司要往何處去比它來自何方更重要。值此產業界線逐漸模糊之際，企業的血統證明也就不太重要了。」

企業爲迎向未來，必須願意捨棄昨日的種種，至少是部分捨棄。有人說過這麼一句名言：「上帝在六天之內創造了世界，但祂並無既有的基礎可恃。」不過阻礙大多數公司進步的，不是落伍的資本設備（如美國汽車業）、不得不維持與更新的產品（如某些ＩＢＭ人爲投入大量研發資源於大電腦所持的藉口），或效率不彰的配銷基本設施（如擁有龐大分行網卻苦於使用率不高的銀行）等有形基礎之罪。該怪的是既有的思想基礎，例如對傳統想法照單全收、對未來商機及競爭威脅的短視，把現有管理框架裡的成規視爲當然。

當然，企業也無須爲創造未來而完全放棄過去，但對每家公司都很重要的一個問題是：有哪些過去可作爲我們走向未來的「跳板」，有哪些則是多餘的包袱？要有選擇性地忘卻過去並非易事，這有兩項原因，一是情感上的，一是經濟上的。高級主管向來對自己往日的成就有太多的感情牽繫。請看迪吉多的高階主管們，如何咬緊牙關向企業客戶推銷ＶＡＸ電腦；全錄的高階工程師個個畢全生之力，想要設計更大更複雜的影印機；ＣＢＳ那批懷念愛德華·莫羅（Edward R. Murrow）及華特·克朗凱（Walter Cronkite）的人，總想永久保持電視新聞收視率第一的過去；還有信守三／六／三守則的銀行家（以三%的利率籌款，以六%的利率貸出，並在下午三點趕到高爾夫球場）。集畢生心血所累積的專業知識資本，在遽變的產業環境中可能一文不值，無怪乎經理人會感到惶恐；過往曾立功勳的人，想保持現狀不變的拉力是相當大的。

開創未來

企業捨不得放棄過去還有經濟上的因素。已有成績的公司對市場的看法、向顧客傳達的價值理念、本身的獲利及附加價值結構、獲利所依恃的資產與技術特殊組合及後援的行政體系，整個構成一個密切結合且運作良好的獲利「引擎」（圖3—1）。在某種產業環境下性能極其優異的獲利引擎，一旦環境生變，引擎的效率就會有危機。針對特殊情況（如長途大賽車）大事提高引擎的能耐，反而會使它在另一種狀況（如以速度取勝的短程賽車）中一無是處。美國金融服務業法規改變及「非銀行」的出現，形成爭取存款的激烈競爭，降低了許多傳統銀行獲利引擎的績效。零售業方面，施樂百老式的汽油引擎，最後被威名百貨的噴射引擎所超越。好在施樂百終於體認到必須從根本改革，才能重建其獲利引擎，於是捨棄型錄販賣及只銷售本身品牌的策略，並由專注於硬貨的商品策略轉向重視軟貨。

獲利引擎受到的威脅，可能來自競爭對手將引擎中某個零組件加以改良，例如將市場賦予新義（如佳能之於影印機），提出新的價值觀念（如一九八〇年代貨幣市場共同基金的出現，個人

圖3-1 解構獲利引擎

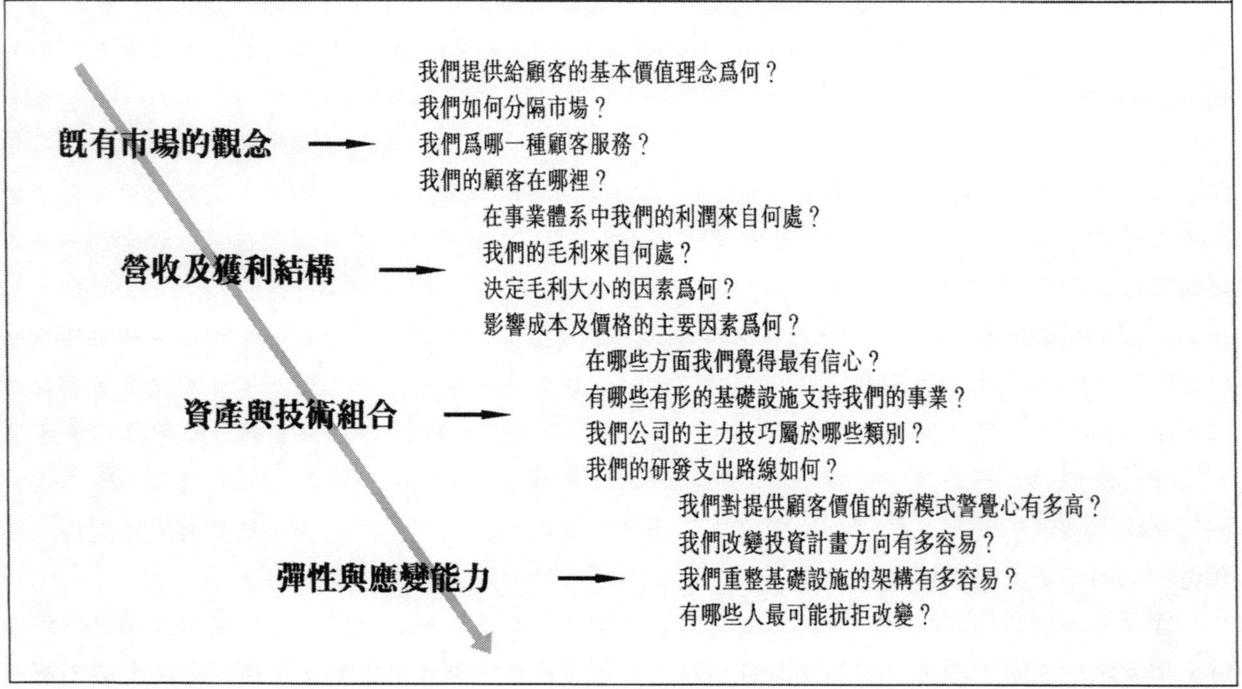

既有市場的觀念 →
- 我們提供給顧客的基本價值理念爲何？
- 我們如何分隔市場？
- 我們爲哪一種顧客服務？
- 我們的顧客在哪裡？

營收及獲利結構 →
- 在事業體系中我們的利潤來自何處？
- 我們的毛利來自何處？
- 決定毛利大小的因素爲何？
- 影響成本及價格的主要因素爲何？

資產與技術組合 →
- 在哪些方面我們覺得最有信心？
- 有哪些有形的基礎設施支持我們的事業？
- 我們公司的主力技巧屬於哪些類別？
- 我們的研發支出路線如何？

彈性與應變能力 →
- 我們對提供顧客價值的新模式警覺心有多高？
- 我們改變投資計畫方向有多容易？
- 我們重整基礎設施的架構有多容易？
- 有哪些人最可能抗拒改變？

不再僅被視爲存款者，也被當作投資人），發現創造利潤的新訣竅（如藉著改善品質提高售價，不靠售後服務增加營收），重組資產與技術的組合，以更經濟的方式創造同樣的價值（如國際服務公司（Services Corp. International）購併個別殯儀館及整合各種葬儀業務，以降低成本提高利潤）。獲利引擎不同於價值鏈，它包含著公司最深層的信念，代表公司對本身行業、對賣給顧客的產品、獲利的基礎、重要的資產技術及競爭對手，有何認識。如果把獲利引擎當作實物，則管理框架就好比引擎的使用手冊。任何公司都必須對可能動搖引擎獲利能力的蛛絲馬跡，隨時保持警覺。企業必須不斷檢討本身對「現有市場」的定義是否太狹隘，毛利結構是否能維持，是否有更有效的方法生產現有的產品或服務（圖3—2）。

時代愈進步，更有效率的新獲利引擎就會淘汰舊引擎。可傳輸影像的電話線路，正迅速成爲傳送影片到家庭的新秀，它是比錄影帶出租店更有效的引擎。很多人也發現電話訂購、次日交貨，是購買電腦軟體的新引擎，比到店裡選購更方便。Biz Mart、Office Max等新興業者，開闢了爲中小企業補給辦公用品更便捷的新引擎。史瓦布發明了比美林證券（Merrill Lynch）提供經紀服務更有效的途徑。當對手已發明噴射引擎，此時把活塞引擎的力量加得再大（進行結構重整及改造工程），也不足以應變。每家公司遲早要爲自己建造新的獲利引擎。

正如鬢髮斑白的機工會對現代汽車構造之複雜迭有怨言，老公司想要維護既有產業結構的心態也無可厚非。最極端的業者會抗拒產業演進，更別說積極支持改革了。一九九一年CBS某高

圖3-2　獲利引擎

既有市場的觀念 →	我們「未曾」服務的顧客或「未曾」滿足的需要爲何？
營收及獲利結構 →	利潤是否可自價值鏈的「其他點」獲得？
資產與技術組合 →	顧客需要可否以資產與技術的「不同組合」獲得更好的滿足？
彈性與應變能力 →	我們對新「遊戲規則」的「弱點」何在？

階主管在國會委員會作證時說，數位電視「違反物理學定律」。CBS總經理評論電視是否可能出現數百個（還不是數千個）頻道的預言時說：「沒有證據顯示觀眾渴望有更多電視可看。」當然，如果是透過無線電廣播，數位電視的確違反不少物理學定律，但透過寬頻纜線卻輕而易舉。美國觀眾也沒有幾個渴望看到更多三大電視網所製作的那些節目，反而是，大眾將來很可能不把電視只當作是被動的娛樂器具，他們透過電視可以購物、召開電視會議、打電玩。問題在於CBS在未來的電視業能占有多大的席位。

非常破壞，非常建設

企業主動出擊掌控產業的進化過程準不會錯，即使進化的腳步不見得有利於公司現有的獲利引擎，但總比讓別人控制產業轉型的步調與方向要好。雖然小型影印機的成功對全錄的毛利結構不利，但全錄經理人現在仍會毫不猶豫地承認，當年絕不該放任日本公司搶先發展小型影印機。施樂百也一樣，其經理人必然恨不得早一步發現名牌折扣商品的魅力，好善加利用；CBS、NBC及ABC一定也爲讓CNN在全球新聞業中偷跑成功而捶胸頓足；底特律汽車廠的大頭們，則要爲在一九七〇年代把「不夠看」的小型車市場拱手讓給日本對手而懊惱不已；就連大氣派的賓士車廠，也宣布要削減成本，產製「入門車」（entry–level）（很可能在德國以外的地方製造），顯然它已覺悟到在全球競爭中，唯一的防禦便是積極進攻。爲免於被更厲害的對手所取代的上上策，就是比對手更先想出創造商業價值的新方法，先拆解自身的武功，率先迎向未來，即使未來會否定我們過去的成就也在所不惜。英代爾的葛羅夫斯說過：「自己必須是自己最難纏的競爭對手。」

我們最常聽到按兵不動的藉口便是，要創新就必須破壞現有基礎，那會耗盡公司的資金、技術資源及管理技巧。這類說詞往往言過其實，不過在產業經歷一百八十度的大轉變時，有些企業是有可能變得岌岌可危。依賴大電腦的IBM和美國三大電視網，在某種程度上便是這種遭遇。而這樣的公司脫離困境唯一的辦法，便是及早承認「威脅」的存在，好使轉換獲利引擎的過程可以有秩序有系統地進行。

幾年前金融時報登過一則漫畫，畫著一位IBM主管正守著已被攻破的城堡大門。門上寫著

「開放系統」，但劫城成功的蝦兵蟹將不走大門，卻繞過這位主管，推倒了城牆。這位ＩＢＭ大將一本正經地說：「且讓此門的敞開象徵著一個開放時代的降臨。」漫畫所要表達的訊息很明白：開放系統已是大勢所趨，全世界等不及ＩＢＭ拿定主意，要支持開放還是要支持獨家的作業系統。由於未能及時擁抱開放系統，ＩＢＭ不僅未能對相關的開發工作發揮影響力，更無法充分利用系統開發的成果。

對產業趨勢不夠敏感、聽不進逆耳忠言因此而虛擲的歲月，往往會危及企業的根本。等到變革已是勢在必行時，重建核心策略所需的人力、物力、資金多已星散。所以說，今日挑戰成功的企業必須面對這個問題：能不能及時完成企業及產業的再生，以避免今日的成就被長江後浪打得頭破血流的命運？

人無三日好

很少的公司能夠改變對自己、對產業、對顧客根深柢固的看法，但也有例外。摩托羅拉決定投入半導體業，爲公司帶來了新生。後來進入行動電話業，又將自己定位爲消費電子公司（同時也是專業電子公司），依然是欣欣向榮；摩根銀行（J.P. Morgan）由商業銀行轉型爲投資銀行；蓋普（Gap）由成堆拋售牛仔裝的零售店，轉型爲時髦創造價值的基本時裝零售店，都有異曲同工之妙。

經理人想擺脫過去的強大引力，就必須說服自己，明日的成功不是理所當然的。如果覺得重複過去可以保證成功，企業是不會輕易放棄往日經驗的。要激勵高階經理人爲明日預作準備，就必須先讓他們相信「人無三日好」的道理，由此產生憂患意識。這對刺激傳統管理框架擴大眼界，著手進行艱難的基因改造工程，都非常要緊。尤其是在公司仍處於成功的顛峯時，就要激發此種憂患意識。

但在危機尚未發生前，在環境尚未變得十分險惡前，要如何引起憂患意識呢？如何讓足夠的人在大勢已去前，體會到迫在眉睫的急迫性呢？基因演進的速度若落於環境變遷之後，則整個物種如恐龍都有可能絕跡。這種情形若發生在企業，結果便是集體裁員及大規模重整。唯有先發制人地拋開過去，始有希望發動不流血的革命。

如果勞資雙方都認爲重複過往可以保證未來的成功，企業就沒有充分的促因進行選擇性地忘懷過去。任何頭腦清楚的人都會承認這個說法言之成理，但除非心服也口服，否則企業不會付諸行動。企業必須讓經理人與員工都正視企業會衰退的必然命運；對預警災難即將來到的微弱訊息必須小心注意；人人都必須瞭解目前的獲利引擎在何時、何種情況下會熄火。

企業考量產業趨勢及技術、人口、法規或社會方面可能出現的斷層，便不難搶先預見未來公司的命運，預見什麼情況會使現階段的獲利引擎死於非命，如此是攸關任何公司的生死存亡。高階管理人員若無法明確地指出五、六種最可能威脅企業繼續成功的產業基本趨勢，將難以掌控公司未來的命運。若要避免真正的利潤危機，就必須及早未雨綢繆，建立假想危機。

舉個例子。有一家全球最成功的服務業公司之一，年營業額在一九八〇年代由十億成長至五十億美元，公司的高階主管難免志得意滿。在基本策略方向不會有什麼變化的前提下，公司預測到本世紀末二十一世紀初時，年營業額可增至二百億美元。但仔細研究後發現，這個預測未免太樂觀。在營業額達十億時，公司員工不過一萬人，到五十億時卻增加到五萬五千人。我們不免要問那些高階主管們，他們是否志在成爲世界最大的雇主？因爲照這樣推算下去，營業額到達二百億時，獲利引擎的效率若無改善，那這家公司的員工人數必定是舉世第一（因爲大部分公司是裁員都來不及）。由此所得的結論是：這家公司追求的是「無增值成長」（value less growth）」，經過通貨膨脹調整後的統計數字顯示，它的人手愈多平均產值卻愈少。

另外還有一項警訊：這家公司常掛在嘴上的目標，是要成爲本行中服務最好的「龍頭」公司。但看看近年來與其簽約的大客戶名單後，管理當局才發現，他們的客戶以在本行已落伍的業者居多，領先的很少。客戶不是其本行的龍頭，那這家服務公司又如何能期待有一天能成爲業界的翹楚？這些顯而易見的道理經數百位高階主管的認同，最後促使最高領導人決定，公司的獲利引擎需要徹底檢討，才能爲未來開闢新出路。

建立憂患意識

波音公司就相當努力地讓每位員工瞭解，重複過去不可能贏得未來。波音在一九八〇年代末對將來情勢的預估是，到世紀交替時，各航空公司會受到強大的獲利壓力，對波音新型客機的需求會直線下跌。波音曾預估到一九九〇年代初，每年會有三百架客機退休，但實際數目僅有將近一百架。因爲老舊飛機的營運成本雖高，許多航空公司卻發現，使用已經完全折舊的老飛機，比付出上億美元購買新機要經濟。波音唯一的因應方式，便是大幅降低製造飛機所需的時間及成本，好吸引客戶上門。但管理人員不知應如何讓員工瞭解爲什麼要如此拚命，又如何啓發員工的情感與腦力幫助公司達成目標。後來波音委製了一捲錄影帶，錄影帶裡的時間設在距今不久的未來，內容是由演員假扮的記者，正在報導以往規模不小的波音公司，居然被迫關廠。只見憂心忡忡的員工交出識別證，魚貫走出一座座廠房，此時記者宣布了航空史上一個悲悽的結束。原本渾渾噩噩的主管們，經此錄影帶的刺激，大大醒悟，決心致力於將新飛機的設計工作完全自動化，將建造新機的時間減少多達二分之一，庫存量減少的幅度則更高，這一切努力讓飛機的製造成本削減達四分之一。連波音最強的對手空中巴士都承認，如果波音能達成目標，將使整個飛機製造業改觀。

一九八〇年代初，摩托羅拉曾同樣地竭盡所能迎戰未來。摩托羅拉深知，日本競爭對手已在消費電子產品上攻城掠地（它的電視部門便是賣給日本對手），因此不免擔心在專業電子產品方面，有一天是否也會經不起日本的競爭。這在半導體方面已是既成事實，此外亞洲競爭者在無線電對講機、行動電話及呼叫器等領域，也緊追不放。更何況專業與消費電子之間的界線愈來愈模糊，日本公司已開始把它們傳奇式的大量生產及大規模行銷技巧，運用到行動電話一類的產品上。在一次令人難忘的董事會會議上，有一位資深副總居然魯莽地斷言，摩托羅拉的產品品質「低劣」。摩托羅拉深受刺激後的初步反應是推動建立憂患意識計畫，名爲「迎向挑戰」（Rise to the Challenge），讓成千上萬的員工認識可能導致公司衰亡的早期警訊。如此所產生的憂患心態，加上高昂的信心士氣，促成了摩托羅拉完成了不起的改革，並徹底重估經營方向。由於預見到專業及消費電子的日漸合一，且及時預作準備，使摩托羅拉成功地扭轉了日本人所向無敵的氣勢，此種成就很少有別家業者能夠媲美。隨著一九九〇年代的降臨，摩托羅拉在每個核心事業上依舊是領先羣倫。以上兩個例子證明，員工唯有面臨舊經驗與新挑戰可能無法銜接的難題時，才會開始忘卻當年勇。一個組織必須要先感覺到不安，才能放棄光榮的過去。

向前進時總看著後視鏡的公司遲早會撞上牆。讓員工看清楚這面牆的目的，不是爲了引起焦慮，因爲焦慮會使人裹足不前；我們的目的是要喚起憂患意識。焦慮來自無力感，是大家覺得公司做得太少太遲，重大事故已不可免時，才會有的感覺。反之，憂患意識是人人知道前面有堵牆，但仍有足夠的距離讓我們及時轉向以免撞車。高階主管的責任便是使那堵牆看起來比實際更近一點。

微軟公司某位資深副總形容自己公司的一句話，很可以適用在每家成功的企業：「（我們）在今天的產業結構下享有既得利益。」但任何公司如果過去或現在的利益大於存在於未來的利益，就很可能成爲落伍者。無法想像未來的人便無法自未來獲利，這正是微軟要成立先進技術小組（Advanced Technology Group）的原因，由這個小組負責尋思及把握微軟在資訊高速公路沿線可發揮所長的各式各樣的新商機。

由此可見，要促使企業遠離過去，憂慮與希望同等重要。不論一家公司當前的情況多麼令人不滿，除非它對未來的商機充滿憧憬，否則它是不會輕易放棄過去的。遠方地平線上的商機，對放棄重複過去是一股強大的吸引力。如果要企業放棄手中那隻鳥；就必須讓它看見樹林裡還有許多鳥。未來必須像現在與過去一樣栩栩如生。高階主管應協助組織建立，在理智上令人不得不信，在感情上又足夠吸引人的美好遠景。這正是下一章的主題：如何求得產業先見之明。

第4章 比賽誰看得遠

孩子都很天真，不知道可能與不可能的分際，
因此會問些天真的問題，
會期待不可能的事。
對兒童充滿好奇的問題回以草率的答案：「事情就是這樣。」
然而真心相信「事情就是這樣」，
不肯花心思去想「爲什麼一定要這樣」的人，
永遠看不到未來。

在產業先見之明上的競爭目標很簡單：建立對未來最接近真實的假設，藉以培養先發制人塑造產業前途所需的先知先覺。基本上這是一場如何使公司在影響產業轉型的方向與形式上，取得知識領導地位的競爭。產業先見之明（foresight）賦予企業拔得頭籌、建立領導地位的潛力，它指引企業未來發展的方向，讓企業得以掌控產業演化的方向，從而把握本身的命運。其要訣就在於如何在未來尚未來臨之前便看到未來。

先知先覺是成功的必要條件

產業先見之明可以幫助經理人回答三個重要的問題：在五年、十年或十五年內，本公司應設法提供顧客哪些新的效益？為提供這些效益公司需要建立或取得哪些專長？在幾年內需要如何整頓與顧客接觸的管道？

所謂對未來的觀點，基本上便是指對顧客效益、公司專長及接觸管道有一定的看法；摩托羅拉就有這種先見之明。在摩托羅拉的理想世界裡，電話號碼不是屬於特定的一個地方，而是屬於每一個個人；袖珍掌上型電話機使人們不論身在何處均能與外界保持聯繫；新型的通訊器則不論影像、資料與聲音均可傳送。摩托羅拉知道，要實現這個理想就必須強化數位壓縮、平面顯示幕及電池技術等專長。同時為爭取在蓬勃的消費市場上更大的占有率，摩托羅拉這品牌在全球消費者心目中的知名度必須顯著提高。

蘋果電腦也常展現不凡的遠見。一九七〇年代蘋果矢志要生產「不分男女老少都能輕鬆使用的電腦」，在當時，電腦多半還深鎖在企業大樓深處專屬的房間裡，想讓電腦連兒童也能玩的想法只會遭人恥笑。結果「蘋果二號」（Apple II）於一九七七年問世，是第一部真正叫好又叫座的大量生產型電腦，比ＩＢＭ個人電腦早了四年。

幾年後，大眾正忙於脫離「電腦文盲」行列之際，蘋果又有了新的想法，不過有一點必須有言在先：這是受到全錄開創性設計的刺激。蘋果的工程師問道：「既然電腦這麼聰明，爲什麼不能教電腦去適應人，而不是要人來適應它？」這種突破傳統的念頭後來孕育出麗莎，接著便是麥金塔，使世上走在尖端的電腦用戶不再需要與Ｄｏｓ爲伍。

由蘋果、新力、摩托羅拉及其他業者合資成立的通用魔術公司，也自有見地。在創辦人心目中的明日世界裡，個人可利用口袋大小的裝置，彷彿實地漫遊「鬧區」街道，造訪旅行社、銀行或圖書館。透過這種裝置，個人還可以派出「資訊代理人」（information agents），迅速進入電腦空間（cyberspace），爲主人訂機位、摘取雜誌文章、查詢股市行情或察看某餐廳的菜單。通用魔術對未來的想像跟一般的產業遠見一樣，都是結合了使命感、對科技趨勢的深入瞭解，以及對如何增進人類生活，有鮮明的構想。至於這個構想是否會實現，尚有待觀察。有先見之明並不保證邁向未來之旅一定會有收穫，但缺乏先見之明，則連踏上未來之旅都談不上。

「知」「行」皆學問

筆者以爲，對未來的機會與挑戰若缺乏清晰明確的認知，任何企業都將難以爲繼。近年來，有人根本懷疑企業需不需要有「遠景」（vision）。愈來愈多人認爲，適應力、切實的執行力及基本的攻防戰術，比遠景更重要。像前總統布希或IBM的葛斯特納等人，不同領域的領袖人物均紛紛表示，對這「嘮什子的遠景」頗不自在。

然而，他們反感的對象跟產業先見之明是有差別的。好大喜功的遠景應當受到批評，喜歡光說不練的公司也應該有同等待遇。許多美其名曰「遠景」，其實只是企業主持人爲自己虛榮所導演的盲目購併所做的掩飾。克萊斯勒購併一家義大利新奇跑車製造廠及一家噴射機製造廠的舉動，出於前董事長艾柯卡（Lee Iacocca）的虛榮心與一時興起的成分，大於對十年後汽車業成功關鍵的真知灼見。這是脫離了正軌。凡只是老闆個人意志延伸的遠景，都很危險。反之，只因爲某些企業領導人無法分辨虛榮與遠景，便全盤否定產業遠見這個觀念，同樣相當危險，也太過簡化這個課題。

企業遠景遭有識之士批評時，其實常是企業的執行能力出了問題。蘋果電腦在本行中比多數其他業者都具有遠見，但也犯下不少執行上的錯誤。但這並不影響其見解的正確性，只是證明徒有遠見尚不足以成大事。最具先見之明的不保證就能競爭成功，未必就是最賺錢的，假使沒有執行能力的配合，徒有遠見也只有付諸空談。反之，徒有絕佳的執行力卻缺乏先見之明，也不能保證成功。

現在有不少公司似乎都以爲知易行難，建立遠景容易，難的是如何去實踐；我們則認爲兩者同樣是極具挑戰性的大事。有很多被歸爲執行失敗的例子，其實應歸咎於事先的見解有誤。但一旦電腦的毛利和毒品一樣高時，ＩＢＭ即使冗員充斥仍能賺錢；若電腦成爲大眾化商品，利潤薄到跟罐頭蔬菜不相上下時，ＩＢＭ高昂的管銷費用便幾乎足以使公司難以立足。因此一九九〇年代初的ＩＢＭ人很可能認爲：「我們需要的不是遠見，而是低成本結構及較短的產品開發時間。」對於這一點，筆者的答覆是：「當然成本一定要降低，但爲什麼不是在十年前就開始著手解決這個問題?爲什麼對開放系統、相容機種製造商及電腦與消費電子相結合等壓低利潤的大殺手，被如此嚴重地低估？」ＩＢＭ在一九九〇年代初營運上的失敗，有很多可追溯至一九八〇年代的缺乏先見之明。

使美國各大汽車廠在一九七〇及八〇年代拱手讓出龐大市場的品質赤字（quality deficit），不單單是「執行不力」使然。底特律不是一夕之間變得臃腫蹣跚，日本車廠也不是一開始就占有品質優勢。但日本車廠在數十年前就認識到，必須有難以抗衡的新競爭利器，才能在美國市場上打敗美國車。於是他們著手發展新的武器：品質、週轉期及彈性。二十年後，豐田汽車的先見之明變成了通用汽車的執行夢魘。

基於若干理由筆者選用「先見」（foresight）而未用「遠景」一詞。遠景帶有夢想或靈機一現的意味，但產業先見不能依靠心血來潮，它必須根據對技術、人口變化、法令規章及生活方式有深入的瞭解並善加駕馭，才能重寫產業遊戲規則，開創新競爭空間。固然要瞭解這些環境趨勢的潛在涵意，需要創造力及想像力，但沒有堅實的事實基礎爲後盾，「遠景」難免流於幻想。

我們對「夢想家」（visionaries）這個名詞也不以爲然。新力的盛田昭夫、大西洋貝爾公司的雷·史密斯（Ray Smith）、微軟的蓋茲均曾被譽爲夢想家。勇往直前的夢想家雖可能帶領企業邁向未來，但同樣可能把企業帶入死胡同。很多企業領袖到後來居然也以先知自居，自認爲對未來的看法比別人更深入、更中肯。創業投資家或許不在乎在某個企業夢想家的身上投下數百萬美元的賭注，但把身價幾十億美元大企業的未來，完全寄託在個人對未來的解讀上，未免太過愚蠢。下面會談到，先見其實是許多人視野的結晶，不過常有眾人的心血結晶，被新聞記者或諂媚的員工說成是老闆一個人的真知灼見。因此日本電氣（ＮＥＣ）提出的「電腦與通訊」相結合的夢想，雖然負責人小林享有大部分的功勞，其實這結合兩大產業的構想是匯集了ＮＥＣ很多人而不是一個人的智慧。具備產業先見的不限於高階主管，事實上，高階經理人的主要職責正是在發掘和利用整個組織內的各種高見。他們必須負責讓公司建立產業先見，但不是由他們一手包辦。

培養先見之明

高階管理者在培養產業先見上競爭：每家企業的高階管理人員，都爭相對未來種種商機建立領先競爭對手且有根據、有創意的觀點，以激勵企業預作建立專長的準備，指引準備的重點，使各項投資計畫遵循一貫方針，並作爲策略聯盟及購併決策的指南，也可節制來者不拒或不合常情的投機作風。凡是不肯在這方面作相當投資的最高階層，未來必會受制於更具遠見的對手。

不論他們彼此是否知曉，在一九九〇年代初，在建立對資訊科技業未來的遠景上，ＥＤＳ的葛斯特納及其管理羣是以蘋果電腦的麥可．史賓勒（Michael Spindler）及其班底爲競爭對象，史賓勒等人又以惠普電腦的路易斯．普拉特（Lewis Platt）及其班底爲競爭對象，普拉特等人的對象則是ＥＤＳ由利斯．艾柏薩（Les Alberthal）領導的那羣人，艾柏薩等人則是以安達信顧問公司的喬治．夏辛（George Shaheen）與管理羣爲競爭對象。施樂百的亞瑟．馬丁尼茲（Arthur Martinez）等人是跟威名百貨的大衛．格拉斯（David Glass）與管理羣，格拉斯等人則又跟凱瑪特百貨（Kmart）的約瑟夫．安東尼尼（Joseph Antonini）等人，角逐如何對未來的大量零售業建立不同凡響的視野。默克藥廠由洛伊．瓦吉羅斯（Roy Vagelos）領導，在想像及準備迎接截然不同的新醫療保健環境上，是與由巴勃．鮑曼（Bob Bauman）領導的貝坎

（SmithKline Beecham）爭雄，鮑曼等人則與葛蘭素的保羅·吉洛拉米爵士（Sir Paul Girolami）一別高下。大西洋貝爾公司的雷·史密斯（Ray Smith）與管理羣，跟美國電話電報公司的巴勃·艾倫（Bob Allen）與管理羣競爭，艾倫等人又跟美國西方公司（US West）的理查·麥考米克（Richard McCormick）與管理羣，在如何塑造「資訊娛樂」（infotainment）服務業的未來以賺取厚利上互別苗頭。競相建立世界首家真正全球性航空公司的，則有AMR的羅伯·克蘭達（Robert Crandall）、聯合航空的史蒂夫·伍爾夫（Stephen Wolf）、英航的柯林·馬歇爾（Colin Marshall），以及他們各自的班底。而所有這些已有成就的公司，也都要與無數新進的業者相較量。新進的角逐者正積極於劇變後的明日產業世界中，取現有領導者而代之。這其中關係到數十甚至數百億美元的新商機，改善全球眾多人口生活的機會，及躋身史上偉大商業領袖之林。

我們見過的高階管理人員中，完全意識到本身負有發展產業遠見重責大任的，瞭解除非能贏得今日的知識領導地位之戰，否則難以贏得明日的市場領導地位之爭者，並不多見。如果追問這個問題，他們也會承認，今天的成就並不保證明天一定成功，然而觀其行爲，又會覺得，他們內心似乎以爲未來多少會重演過去的歷史。否則，你又如何解釋IBM爲什麼在一九九一年仍把近三分之一的研發經費用於發展大電腦？雖然經理人常對我們表示，經營企業這一行跟十年前相比有多麼大的改變，卻很少人對十年後可能有同樣大的變化有所警惕。能夠對未來的產業變化具有宏觀看法的人，更是鳳毛麟角。

能見人所未見

決勝未來的關鍵在於，最高管理當局要能看到別人所未見的商機，不然便要能夠善用他人所無法利用的機會，這兩方面都有賴先知先覺，且一貫地培養別人不能的企業專長。我們同樣發現，很少有高階經理人能夠針對十年後的產業新氣象，爲自己的公司描繪出誘人的藍圖。對建立專長有明確構想的，肯在商機管理上像在作業管理上同樣用心的企業也很少見。

許多公司仰賴大規模、大手筆的購併，及草根式的「內部創業精神」爲企業創造新生。這些方法固然可能有效用，但兩者均無法取代產業先見。高階主管常認爲，進行重大購併，是脫離成長無望的成熟企業的唯一生路。購併能嘉惠收購公司股東的例子少之又少，這是眾所週知的事，但對不肯動腦筋爲企業「核心」事業（core business）的未來細心籌畫，及缺乏想像力爲既有專長發掘新出路的高階主管而言，購併卻是最簡單的解決辦法。因此，全錄雖收購金融服務公司，企圖「平衡」其事業結構，卻在不知不覺中把「明日辦公室」的市場，讓給對全錄技術的潛力瞭解更透徹的公司，可憐這些技術都是全錄的帕羅阿多研究中心（Palo Alto Research Center，PARC）苦心發展出來的。

雖然常有意外發現新產品而使公司大發利市的例子，但運氣不可取代產業先見。且待我們說明緣由。一般多認爲大公司幾乎不可能有真正的創新，它們常被譏爲「笨拙的大象」或「恐龍」。難怪，任何經過企業官僚體系及保守短視作風重重壓抑，終能見天日的新事業，必是拜遠離既有體制之賜才能創建成功。但就算是批評大企業僵化最厲害的人，也不敢說大企業員工的想像力就比小公司職員差。所以說，束縛創新的罪魁禍首是官僚系統、層層節制及缺乏個人自由。

爲避免個人創意受到蠻橫的企業主流思想戕害，有人已試過一些辦法：設立新創業部門、創意中心、推行幼獅計畫、設置創意獎等。這類作法雖已有相當好的成績，例如３Ｍ公司，但往往地位孤立，得不到亟需的資源。全錄、柯達和許多其他同病相憐的企業，則在推動內部創業及新事業發展計畫上成效有限。

常被提起的一個例外是ＩＢＭ發展個人電腦的經過。這個計畫的進行地點，是距紐約州公司總部千里之外的波卡雷頓（Boca Raton）。這個計畫被歸屬爲「獨立事業部門」，直接向董事長負責，此種安排使得個人電腦小組得以擺脫ＩＢＭ令人窒息的層層節制與企業教條。小組成員終於很快地開發出幾乎打破每一條ＩＢＭ定規的新產品。但此事也有十分可惜的一面：個人電腦小組無法直接取得ＩＢＭ在作業系統和微處理器方面相當可觀的既有專長，因爲這些專長全把持在傳統保守的大電腦事業單位手裡，逼得個人電腦小組只得向外求救兵。

由於ＩＢＭ無法自舊事業衙門中釋放出關鍵性的技術，使微軟及英代爾大發利市，如今這兩家公司已成了ＩＢＭ的對手而非合作夥伴。個人電腦創意小組因無從取得這些技術，以便修正日後用於他們開發的產品上，結果使ＩＢＭ不得不把賺錢機會拱手讓人。更不幸的是，在個人電腦事業部門回歸ＩＢＭ正統組織架構中後，便失去衝勁，被一羣把個人電腦視作「入門」機型（以爲人人到後來都會轉向大電腦）的高階主管所包圍，他們不認爲個人電腦是完全不同的電腦業新方向。所以說，創意中心或內部創業小組固然可使少部分人衝破主流管理框架的牢籠，但他們常須爲自由付出的代價是，無法充分利用企業既有的專長，且受制於不願大膽冒險開拓的經理人。

很多新事業計畫的目標似乎是在開發能使百花盛開的溫室，可是企業若對這些計畫所要開發的商機沒有信心，計畫主持人若不能獲得公司全球性專長的支援，那這個溫室的發展空間就有限。有時可能只靠殘餘基金及個人鍥而不捨的精神，便足以創造出單件的新產品，如３Ｍ的利貼便條，但透過這種方式不可能把一家公司蛻變爲多元化的事業體系，讓新產品享有十年以上的醞釀期，並允許重要的資源由三、四個部門分享。既要保護創新的工作不受企業教條之束縛，又要讓新事業小組得以充分運用企業核心專長，以開創新市場，這兩者似乎根本就相衝突。然而結合企業想像力與全球資源，對一開始根本不值得高層注意的商機能夠全心投入，這些都是決勝未來所不可或缺的。

企業欲開創未來，就必須全公司都具有產業先見，而非只要少數閉門造車的技術專家或「研究人員」有遠見即可。最高管理階層對發展、釐清及取得公司全體對未來的共識，責無旁貸。贏得未來不僅需要創意組織及內部創業人才，更少不了能夠突破企業當前「自我意識」束縛的高階經理人。

培養先見的基礎

討論到此讀者一定會問，如何培養產業先見呢？如何找到供應量奇缺的產業水晶球呢？疲於應變的產業愈來愈多，誰又能有餘裕建立先見呢？先見與幻想應如何區分？在未來尚未來臨前，又如何求證先見是否正確？這場產業先見之爭，其實沒有想像中那麼困難，它的挑戰在於如何先對手一步獲得「後見之明」。許多企業不肯面對未來的原因，不是未來難以捉摸，因爲未來雖然在很多方面的確讓人無法掌控，而是未來跟現在差得太遠了。全錄帕羅阿多研究中心計畫草創期的研究人員、現任職於蘋果電腦的艾倫·凱依（Allen Kay）說得好：「未來可以預測，只是看得準的人沒幾個。」這句話告訴我們，現在與未來會有何差距，有關的線索、趨勢、走向及不很明顯的訊息，其實是人人都看得到的。的確，發展產業先見所需之資訊很少只被一家公司壟斷。

那爲什麼有如此多的公司在預見未來上失之交臂？迪吉多爲何看不出個人電腦的商機？佳能爲什麼看出了小型個人影印機的商機並全力投入，全錄卻沒有？爲什麼一家沒沒無名的芬蘭公司諾基亞（Nokia），會成爲全球第二大的行動電話廠商，讓飛利浦、西門子及艾爾卡特（Alcatel）等歐洲大廠只能撿拾它剩下的市場？爲什麼帥奇（Swatch）想得到把流行藝術與鐘錶結合，精工或星辰錶的要員們卻想不到？爲什麼面對同樣的環境趨勢及狀況，有些公司就比較懂得自其中理出有想像力、有說服力且見解不凡的未來觀點，有些公司卻顯得茫然無知？

培養產業先見不止要有好的景象規畫（scenario planning）或技術預測能力，這兩者固然對認識未來有其作用，但產業遠見的競爭目標不是根據幾個「最有可能」的狀況，發展應變計畫就足夠了。對「秩序尚未建立」的產業，未來是千變萬化，要想適切反映出未來可能有的各種狀況，傳統的企畫往往力有未逮。傳統的景象企畫用於類似油價漲到五十美元一桶的情況，或許可以，但對發掘互動式電視最「風靡的前五種應用範圍」，或尋找基因工程全新的應用領域，卻沒有多大幫助。景象建立與技術預測通常是根據現在推斷未來可能的發展。產業先見則是先設想可能發生什麼結果，然後回過頭來設想必須如何配合，才能使這個結果實現。摩托羅拉決心進入利用衛星的個人通訊器這個領域，就是一個例子。傑偉士投入錄影機領域，或促使大西洋貝爾公司打算向家家戶戶提供豐富的資訊、娛樂及教育服務的，也都是這種先見。

產業先見必須根據對生活方式、技術發展、人口趨勢及地緣政治的深入瞭解。但先見需要想像力，也同樣需要預測能力；要開創未來就得先想像未來。無法想像未來的公司將難以享受未來。要開創未來，企業就必須對想像中的未來，以極具說服力的視覺及語言工具表達出來。借用華德．迪士尼（Walt Disney）的說法，就是需要「想像工程」（imagineering）。迪士尼曾想像如何把廢棄的馬場改建爲實驗性的明日之城，後來這個夢想成爲世界上最吸引觀光客的迪士尼樂園。有趣的是另一家頗具先見之明的公司ＥＤＳ，聘請了迪士尼公司的老將，爲公司設計完成明日資訊世界的展覽，展現資訊科技革命會如何改變下一世紀的生活及工作方式。摩托羅拉也把它對未來「無線」世界的想法，生動地表現在一捲錄影帶中。

增加對未來敏感度的秘訣在哪裡？根據我們的經驗，產業先見需要對各種可能性保持童稚的純真態度，需要高階主管具有無拘無束且深入的好奇心，需要對自己不是很擅長的領域願意去冒險。先見是一種綜合性產物，是自由運用聯想力和比喻，是天生喜歡唱反調，是超越以顧客爲導向，是真正能夠體會人類需要，這些特性的綜合體。以下會一一加以討論，不過首先是否該談談一般公司有哪些近視的毛病，以致影響到對未來的視野？這包括對「既有市場」（served market），對當前的產品及服務以及對現有價格與功能的定規，緊抓不放。

擺脫既有市場觀念的束縛

使企業無法想像未來，無法發覺新競爭空間的原因，往往不是受限於未來的深不可測，而是經理人多半從既有市場這個狹隘的鏡頭向前看。所以公司的技術想像力總是超越產品想像力，產品想像力又高出創業想像力。結果造成技術與人力資源難以充分發揮。

假設ＳＫＦ公司自我設限於滾球軸承的製造，全美航空的母公司ＡＭＲ只把自己看成是航空業者，佳能滿足於做個照相機、影印機、傳真機及印表機廠商，摩托羅拉無意於行動電話、無線電對講機及呼叫器以外的世界，那麼這些企業對未來的商機與競爭威脅就很難看得清楚。

企業要贏得未來，勢必要能夠擴大其商機視野（opportunity horizon）。而擴大眼界就需要最高管理人員，把公司當作是核心專長的結合，而不是個別事業單位的結合。事業單位一般都是以特定的產品市場來畫分，核心專長卻涵蓋廣泛的顧客利益：如蘋果電腦的「爲使用者著想」（user friendliness）、新力的「攜帶方便」（pocketability）、摩托羅拉的「無限通訊」（untethered communications）等概念。佳能的事業單位分爲照相機、影印機、印表機等，如果佳能認爲自己僅是這些依市場畫分單位的集合體，那其創新就只不過是推出更多的新照相機、影印機和印表機。任何如此定義自己的公司，就等於把自身的命運寄託在市場的榮枯上。市場會飽和，專長卻會進步。新力雖是世界上首先把電晶體應用到調幅收音機上的廠商之一，但現在已不再認爲收音機還有很大的發展餘地。另一方面，新力自小型電晶體收音機所發展出來的「迷你化」（miniaturization）專長，卻仍是創新產品源源不絕而來的泉源。本田公司雖是以機車起家，卻不自限於機車市場。本田以全球引擎及驅動裝置的領導廠商自居，因此充分利用這方面的專長，產製汽車、刈草機、耕耘機、海事引擎及發電機。

「白色地帶」

一旦從專長組合的角度來看一個企業，就會有嶄新的天地呈現在眼前。我們把這些存在於兩個產品事業單位之間，或某個產品事業單位以外的機會，稱作「白色地帶」（white spaces）。舉例來說，新力公司爲兒童設計的電視畫板，便是白色地帶的機會。這種畫板基本上是一種改良的電腦繪圖板，小朋友有了它，就可以把電視當作著色簿。佳能公司也靠白色地帶大大地擴大了照相機核心事業的範圍；佳能的企業手册把公司的成功歸功於重視核心專長。手册中說，成功是源自「對公司整體……專長的綜效管理（synergistic management），充分結合佳能在精密光學、精密機械、電子及精密化學方面的專長。」佳能一方面追求善用其專長及廠牌知名度的機會，另一方面也不自限在既有事業定義範圍内尋找新的商機。

企業爲各事業單位所畫定的範圍與定義，是把公司目前對產業的看法體制化。但未來的商機不太可能完全符合當前的狀況，若不經過明顯的程序來衡量逐漸萌芽的商機，很可能造成事業單位主管誤以爲根據產品市場畫分的界線，就是未來商機的盡頭。

企業多半極力把每個事業單位畫分得與現有市場完全吻合，但是否也應該投注同樣的心力於指定專人負責開發白色地帶？白色地帶的商機經常是三不管的孤兒。柯達公司取下畫分傳統事業部門的眼鏡，著手發掘跨部門，更確切地說是跨越傳統化學顯像（底片）及電子顯像（影印機等）專長的新市場，便是擴大了商機視野。由此所出現的白色商機之一，柯達自己人稱之爲「電子鞋盒」（electronic shoebox）。原來，柯達的化學和電子工程師發現，很多家庭照片就收在空鞋盒裡，放在閣樓上吃灰塵。他們希望發明一種媒介，能夠讓顧客方便且安全地存放照片，並可以在一般電視上看，又可隨意地排放及剪輯。（當然，顧客肯多花時間看照片，就可能買更多的底片！）結果他們開發出一種處理方法，讓普通洗照片業者就可以將照相底片上的化學影像轉爲電子影像，透過影像光碟機在電視上放來看，柯達稱此產品爲「照片光碟」（Photo-CD）。雖然它對這項產品期望甚高，但產品本身成功與否，可能還沒有管理人員因此學到的教訓來得重要。這個經驗告訴他們，乍似不相干的事業單位，其技術卻可加以整合，創造出全新的競爭空間。

包括新力、夏普等若干公司訂有非常進步的開發白色地帶商機的過程，並且能夠不斷地拓展商機視野。公司極力設法讓工程師及行銷人員，對公司所擁有的專長有充分的認識。任何員工若有新事業構想，不論是夏普的電子手帳或新力的光碟書，都可以向公司反映，並要求取用公司的專長資源。若公司高層認爲這個新產品頗具潛力，便指定一個跨部門小組負責，這個小組有權向全世界的分公司徵調最佳資源（即人才）。

擺脫現有產品觀念的束縛

企業想要預見未來，就必須拋開對「我們從事什麼行業？」及「我們提供什麼產品或服務？」所持的正規但狹隘的看法。正如企業必須把目標由事業單位轉向核心專長，企業也須把注意力由傳統產品及服務的定義，轉向功能性思考。舉幾個功能性思考的實例。假設現在是一九八○年，有個影印機公司的業務代表正在拜訪客戶，是一家大企業的影印部門經理，時間是下午五點差五分。這位業務代表置身眾影印設備之間，只見大夥兒大排長龍，等候使用可供個人影印用的大機器。其實大部分人只要影印一兩張，但都想趕在影印中心下班前完成。這位業務代表對員工苦等影印的「問題」作何解釋呢？自傳統產品觀念，即影印機要高速度、高價格且能集中保管，這位業務代表的結論可能是，客戶需要更快速的機器，或第二台機器。在此種主流想法的蒙蔽下，他可能再也想不到顧客真正需要的是一部個人影印機。自客戶的口中他得知，排隊的人當中有四分之一是想印「不足為外人道也」的私人文件，如汽車險理賠單據、身分證等，不一而足。由於此人純粹是顧客導向，因此回去便向公司報告，客戶需要具有安全裝置的機型，好讓主管防止員工影印私人資料。於是這家公司推出有「鑰匙」及「密碼」的影印機，卻因為未能突破正統產品觀念（價格高達二萬美元，占據好大空間的笨重機器），白白錯過商機更大的個人影印機市場。

再說黑板或布告欄具有何種功能？它可以即時把訊息傳達給一小羣人。但我們無法自黑板或布告欄上取用或影印資料，也無法把它裝在手提箱帶走。怎麼解決這個問題呢？若自功能的角度來看，當然就是製造有內建掃描器及影印系統的電子白板。但想到這個構想的不是黑板製造廠商，而是日本沖電器公司。同樣的情況發生在鋼琴上。許多歐美鋼琴廠因八、九歲兒童多沈迷於任天堂等等電動玩具上，而逐漸走上被淘汰的命運，山葉公司卻從新的角度把鋼琴看作是鍵盤，鍵盤可以作成各式各樣的形狀大小，再與電子技術相結合，結果等於是對傳統鋼琴廠商發動了一場政變。

每種產品或服務均可細分爲許多功能。以唱片行爲例（現在唱片行已經不賣唱片，只賣錄音帶、雷射唱片及錄影帶），請問唱片行的好壞差別在哪裡？各位的答案就能點出唱片行有哪些功能。好的店裡有消息靈通的店員，可以告訴顧客最新流行什麼，或許還能讓顧客試聽。此外店裡貨色齊全，且排放得有條有理，使顧客很容易找到自己想要的貨品，不會空手而回。此外，這家店要地點適中，價格合理。

現在再想像家家戶戶都有寬頻雙向溝通頻道，只要安坐家中，便可自螢光幕上叫出前一千或前一萬首暢銷音樂的排行榜，不論流行或古典音樂全一一呈現在眼前。你還可叫出樂評家對某一首曲子或歌曲的評價來看，並有一分半鐘的試聽曲可聽，試試是否合自己的胃口；如果喜歡，還可把整首曲子下載到家中的數位錄音設備上，費用到月底再結算。假設再進一步，我們甚至可想像將來會有「家庭點唱機」，想聽什麼，在家中按幾個鈕就可聽得到，不論是想辦個六〇年代的搖滾樂舞會，要爲情侶的燭光晚餐增添羅曼蒂克氣氛，或是爲在家中後院野餐助興之用，都輕而易舉，音樂中摻雜有密碼防止盜錄，所以你只需負擔收聽的費用，在如此進步的世界中，傳統唱片行會有什麼下場，當然是只有淘汰的份兒！

再舉一個例子：很有可能在十到十五年內，我們現在所熟悉的個人電腦將成爲歷史遺跡。家裡有部個人電腦其實很麻煩，凡是碰過硬碟毀損，看過顯示器上「記憶體不足」訊息，曾爲了安裝軟體或擴充卡的繁複手續而掙扎，或是擔心全套設備與珍貴資料半夜被小偷偷走的人，都瞭解個人電腦有其缺點。但如果有一天出現「資訊公用事業」又會如何？屆時你我不必手持電子手帳或行動電話，只需帶一個「資訊埠」（InfoPort）便可遊走四方。資訊埠是個附螢幕、電話線及資料輸入裝置（筆式、鍵盤或麥克風）的小機器，藉著它，用戶可跟美國電話電報公司、英國電訊公司或大西洋貝爾公司提供的個人專屬空間聯絡。這個空間裡儲存著用戶所有的檔案，不怕宵小光臨或電壓不穩定等其他危險。用戶如果需要某個新的應用軟體，可以隨取隨用。硬碟爆滿了嗎？沒問題，資訊埠馬上爲你增加空間。這一來，我們不再受限於有限且不安全的個人電腦，只要訂用幾乎不受限制且相當安全的資訊公用事業即可。這個例子要實現可能還很遠，但企業若無法自功能的角度來審視現有及潛在的市場，欲創造未來，將徒勞無功。

創造未來的方法之一，是以新瓶裝舊酒，給傳統功能加以新包裝。山葉的數位鋼琴（Disklavier）就是賦予舊式的手轉演奏鋼琴數位化的新衣，讓未來的音樂大師可以一個音符一個音符地細細品味名家彈奏的曲子，其他的例子包括夏普的電子手帳及自動櫃員機。另外，老掉牙的產品也可賦予新功能。東陶（Toto）把低階的馬桶加上偵測器及微處理器，變成「智慧型」馬桶，會爲座墊加溫、自動清潔及烘乾臀部，提供醫療診斷資訊，記錄使用者的入廁習慣及健康情形，甚至在發現重大異常現象時直接通報醫生。當然也有以全新的產品觀念提供全新功能因而開創出新天地的例子，例如電視遊樂器。

結合核心專長與功能性思考，可以把企業帶向未經開發的競爭空間，使企業得以超越現狀，實現未來。

挑戰價格功能成規

要擺脫正規思想的束縛還有一個方式，即向既有的價格與功能基本假設挑戰。大幅降價可以創造出原本不存在的大眾市場。一九七九年，佳能立志要生產價格在一千美元以下的影印機，當時全錄最便宜的機種也要二千美元以上。一個二百多人的設計小組齊心協力面對挑戰，結果爲佳能打下「個人影印機」的天下。

很少有公司的最高管理階層膽敢訂下如此大膽的目標，他們只會要求開發人員針對現有產品「降低成本」。佳能立下如此挑戰性的價格目標，激使工程師們重新改造既有產品觀念，發明了革命性的匣式碳粉裝置，巨幅減低製造影印機的成本與複雜程度。假設當年工程師只奉命為既有的產品設法「降低成本」，不知道他們會有什麼樣的成果。幸運的話，或許能把價格降低一五％到二〇％，但這種幅度絕不足以打開潛力無窮的個人影印機市場。打破價格功能定律的例子還有，照完即丟的三十五釐米相機、富達投資顧問公司（Fidelity Investment）率先推出的大眾化投資工具及維京航空公司推出的商務艙價格頭等艙座位服務。

高層管理人員應自問：「如果能以目前價格水準的五折甚至一折，提供與目前相去不遠的功能，市場的大小範圍會有怎樣的變化？」傑偉士的工程師在價格高達五萬美元的安培錄影機中，看到家用錄影機的商機。豐田汽車為自己訂下匪夷所思的大目標，開發豪華車型Lexus系列。美國車廠似乎很少對製造「世界第一車」有興趣，他們很可能是這麼想的：「倘若開發一個普通水準的車型便需要三十億美元，那要開發打敗全球無敵手的車得花多少錢？」賓士汽車採取不同的方向，專注於產製世界第一的汽車：賓士級房車，結果產品價格太貴，只有大富翁才買得起。豐田走第三條路，訂定一個價格上限，以動搖德國豪華轎車的價格為目標，然後再回過頭來為豪華轎車建立新定義。

保持孩童般的純真

孩子都很天真，不知道可能與不可能的分際，因此會問些天真的問題，（「星星爲什麼摸不到？」），會期待不可能的事（「上學爲什麼不能像遊戲？」）成人精明，懂得可能與不可能的分際，所以不會問一些蠢問題，也不會奢望不可能的事。對兒童充滿好奇的問題則回以草率的答案：「事情就是這樣。」然而真心相信「事情就是這樣」，不肯花心思去想「爲什麼一定要這樣」的人，永遠看不到未來。大家都知道創造力會隨著年齡衰退；創造力衰弱，一成不變的思想就興起。好奇心被戕害最嚴重的時刻便是孩子剛入學後（每個一年級的新生都知道，問蠢問題只會帶來恥笑）。不過偶爾問蠢問題卻能揭開正規思想的厚厚簾幕，讓未來透進一絲光明。

艾德華·藍德博士（Edward Land）的女兒三歲時，看到父親在照相就問能不能「馬上」看到結果，這個天真的問題促使他著手研究立即顯像術。多年後他在拍立得公司（Polaroid）回憶當年的情形：「其實我們並未發明新的產品……好東西已經在那裡了，只是一般人看不見，有待有心人去發掘罷了。」

成人也可以問：有人想換房子時，爲什麼不能自全國待售房屋的錄影帶中尋找對象？爲什麼打電話時不能看到對方？爲什麼人造材料不能像來自動物身上的材料那麼輕柔、耐用、有彈性？

爲什麼不能輕易地換掉人類有問題、會遺傳疾病的基因?這一類的蠢問題正是解開明日競爭天地的鎖鑰。

瑞士籍工程顧問尼可拉斯·海耶克（Nicolas Hayek）問過一個蠢問題：瑞士鐘錶廠商的製造成本雖是世上屬一屬二的高，爲什麼不能自日本競爭對手如精工及星辰錶手中，搶回低價錶的市場?一九八〇年代初期，瑞士幾乎已完全退出低價錶的市場。瑞士製造的廉價錶數量是零，中價位錶占三%，另外九七%都是高價錶。廠商們畫地自限，僻處於產業界規模不大、成長有限的小角落。

海耶克在一九八五年買下瑞士微電子暨製錶公司（Swiss Corporation for Microelectronics and Watchmaking，SMH）的控股權。這家公司在兩年前，經由他的建議，由兩家瑞士最大的鐘錶廠合併而成，當時兩家公司都在破產邊緣。帥奇這個觀念的產生不是經過仔細的財務分析，而是出於重振瑞士鐘錶業的雄心壯志，其情感的成分大於理智。基於這個目標，它所生產的低價錶一定要有亞洲競爭對手不易模仿的特色，即能夠表現歐洲式的風格品味與智慧。起初銀行不肯貸款給他，因爲銀行認爲以瑞士的高工資，很難與有亞洲廉價原料來源的日本對手競爭。但他有個夢想：

> 所有的孩子都相信夢想。他們都問同樣的問題：為什麼?為什麼某個東西要這樣?為什麼我們要那樣做?我們每天也問自己一樣的問題。

別人也許會笑，堂堂瑞士大公司的執行長居然癡人說夢話，但這正是我們成功的秘訣。

十年前，帥奇的原班人馬問了一個荒唐的問題：為什麼不能設計新穎且價廉物美的錶，並且在瑞士製造？銀行界沒有信心，有幾家供應商不肯賣零件給我們，還說我們會毀掉瑞士製錶業。

海耶克的笨問題：「爲什麼不能與日本人競爭？」答案很不簡單。要製造時髦的手錶且平均價格不超過四十美元，在設計、製造及行銷上均需徹底的革新。帥奇匠心獨運的製造過程使勞動成本降至製造成本的十分之一以下，更只及零售價的百分之一。海耶克曾誇口，即使日本工人願意免費作工，帥奇仍能賺得相當的利潤。帥奇不僅是行銷上的創舉，更使整個瑞士鐘錶業完全改觀。其結果是，一九九二年共製造二千五百萬只手錶，重振瑞士整個鐘錶業，並充分證明歐洲的高工資不見得是競爭毒藥。拍立得及帥奇的例子證明，在開創未來的歷程中，一分開闊的天真，可能比得上十個策略規畫老手。

培養既精且博的好奇心

未來之所以深不可測，不是因爲它無法讓人理解，而是構成未來的要素往往在高層管理人員的眼界之外。電信業要邁向未來，主管便得設法瞭解好萊塢的運作方式；化粧品業要掌握未來，主管便得多瞭解一點藥物學；錄影帶出租業要迎向未來，業者可能需要懂一點深奧的影像壓縮技術；出版業要創造未來，主其事者必須對大眾如何利用各種電腦資訊服務有所認識；營建業要迎接未來，老闆們便得瞭解虛擬實境的重要性。有遠見的企業家不一定比近視的經理人預測得更準確，但幾乎必然是更有好奇心。

在我們的客戶中有一家資訊技術公司，他們在公司裡設立任務小組，負責發掘有可能使產業範圍、顧客期望、價格效能關係、交貨工具及價值鏈（value chains）大幅改觀的「斷續現象」。他們找出的斷續現象之一是，兒童在未來資訊服務業發展上將扮演要角。起初這家公事公辦、循規蹈矩的公司，高層人員不懂得爲什麼要注意兒童。可是仔細一想就發現，玩任天堂看ＭＴＶ長大的一代，的確有可能對資訊呈現的方式、對資訊應該多麼有趣且令人願意親近，以及個人安排自己的資訊環境應該有多麼容易，會有截然不同的期待。他們可能跟父母輩不一樣，不會滿足於以黑白文字呈現的資訊。當然，在資訊服務進入家庭，且家庭與學校的資訊系統可能連線的情況下，學童有一天更可能變成資訊業的重要顧客羣，這個體悟使這家公司集體投身瞭解下一代顧客的期待。我們想要強調的，也是非常重要的一點，即要洞悉未來，廣角鏡可能比水晶球更管用。在上面所舉的例子裡，這廣角鏡更納入了兒童。

產業先見所需要的好奇心不但要無拘無束，也要深入。爲決定採取何種對策，締結何種聯盟，投資多少資金，雇用何種員工，企業需要對可能的斷續現象有足夠深入的認識，這就有賴高層管理人員投入相當的腦力。一般常見的花個一天、半天開會討論未來，根本不足以產生比競爭對手更有根據、更具洞察力的未來觀。

筆者之一最近曾與美國某知名企業的二十位最高階主管一起集會一整天，討論的問題很簡單：目前產業中已存在哪些將來會大大改變產業結構的力量。主管們發言的情況踴躍，最後總共找出十多個斷續現象。自其中任意選擇一項，然後問與會主管們：「各位對這個趨勢對貴公司及產業可能產生哪些影響，是否能夠持續討論達一天？各位是否知道這個趨勢在世界各地的市場，逐漸形成的速度是快是慢？推動這個趨勢的是哪些科技？競爭對手在科技上作了哪些選擇？哪家公司在這方面領先？誰可能是將來最大的贏家和輸家？競爭對手針對此一趨勢採取什麼投資策略？這個趨勢對顧客需求及需要會有哪些不同的影響？」結果主管們不得不承認，他們對這重要的趨勢瞭解不夠透徹，無法回答以上問題，更不可能很徹底地、很有意義地討論這個主題一整天。還有幾個主管表示，問這些問題相當過分。

接下來的問題是：「各位爲如何分配公司的管銷費用、設定業績目標、處理內部移轉價格等問題，是否能連續辯論八小時？」這個問題應該很合理。有位主管說：「對這種主題我們可以連辯八天也不以爲苦。」突然主管們有所領悟：他們並未掌握著公司的命運，卻把它交給了願意花費時間、智力於認識與影響產業未來的競爭對手。這家公司的執行長對這令人痛心的覺悟，第一個反應了無新義：「我們找兩天，把每個部門的副總都請來，談談他們對未來的看法。」我們的主張再度出現：建立產業先見所需的時間絕不只兩天，而且不是「說說」和「檢討檢討」就可以了，必須作深入的探索和學習。爲了真正認識未來，有勇氣投入未來，最高階層對未來不是驚鴻一瞥就夠了，所需投入的時間是以星期及月來計算。

這第二個痛苦的覺悟促使這家公司設立了十多個「重點」小組，花費好幾個月的時間，列出驅動產業趨勢力量的初步清單。隨後又逐一深入研究這每一股趨勢力量，爲許多問題尋找答案：這股趨勢對現有的顧客會產生什麼影響？對現有「獲利引擎」會有何影響？推動這股趨勢的動力是哪些？其推進速度有多快？可能使之加速或減速的因素有哪些？誰已採取行動善用此一趨勢；或更正確地說，誰在製造這種趨勢，即誰在掌握方向盤，誰是乘客，誰又是旁觀者？對這個可能的變局最大的贏家和輸家是誰？它可能帶來的產品或服務新商機爲何？在進一步探討這個趨勢，進而影響其方向與進展，或實際攔截捕捉它，我們有哪些選擇？找到初步答案後，這家公司讓事業單位及企業總部的經理人，進行馬拉松式的辯論。在整個過程結束後，最高層人員都相當有信心，相信他們已對產業未來發展的焦點培養了最深入的見地。好奇心之深與廣，對洞悉未來是同等的重要。

放下身段，鼓勵發揮想像力

最高管理階層要建立先見，另一項條件是必須放開腳步，肯接觸自身並不專長的領域；肯承認自己最瞭解的只是過去的種種；肯放下身段以平等的身分而非以全能的裁判，參與有關未來的辯論；願意聽聽公司內不合傳統、較無「經驗」，及提出沒有現成答案的問題等的聲音。缺乏耐心且「講究成果」的高階主管，必須一而再，再而三地鑽研複雜且似乎不會有答案的問題，對於無法立即獲得結論或產生決定的漫無目的討論要能夠容忍。他們應當體認，對建立產業先見而言，發覺問題跟解答問題是同樣重要，至少在一開始時是如此。

舉一個需要周全想像力的主題：虛擬實境的影響。虛擬實境是一門幾乎對每一種產業均意義非凡的科技，它不僅是與電動玩具或電腦色情有關，而是具備著可以模擬仿造萬事萬物，用途極廣的知覺工具。松下電氣利用虛擬實境，協助要裝修廚房的顧客「身歷其境」地走過各式布置的模擬廚房。NEC曾實驗一種「虛擬滑雪斜坡」，可讓初學者嘗嘗這種運動的滋味。物理學家與化學家用它來遊覽複雜的分子構造，波音公司利用虛擬實境模型開發新飛機。儘管它的影響如此深遠，又有多少高階主管想過虛擬實境對本身的事業會發生什麼作用?我們有一位客戶的作法十分令人欣慰。這家公司的執行委員會肯在一位二十來歲的學者引導下，舉行了一連串動腦會議，深入地探討虛擬實境。後來大家覺得有必要對虛擬實境有更多的認識，於是最高主管設立一個內部追蹤小組，負責向他們報告虛擬實境的最新發展，並建議各種應用此種技術的新途徑。

重視多樣化的整合

未來將出現在技術、生活方式、法規、人口及地緣政治種種變化的交界處。比方說，蘋果電腦、美國電話電報公司、摩托羅拉及其他幾家公司正在開發的「個人通訊器」或「口袋辦公室」（pocket office），是生活方式改變（經常旅行）、科技改變（迷你化、數位化及數位壓縮）及管制放寬（有更多頻道開放）匯集而成的商機。但夏普在這方面投入得更早，並已推出Wizard電子手帳。夏普某位主管回憶當時：「我們看到生活方式會變得愈加忙碌，大眾會有更多資訊要整理。」Wizard在一九八八年上市，曾被對手譏為玩具，但一九九一年銷售達四億美元。同理，CNN所發現的全球、全天候電視新聞商機，也來自生活方式改變（工作時間更長更不定）、技術進步（掌上型攝錄機及手提箱式的衛星連線系統）及法規變化（有線電視公司獲准設立且日益成長）。

搶先洞悉未來不僅需要廣角鏡，也需要各種不同的鏡頭，因此負責發掘未來的團體必須採納許多觀點並加以綜合。單一小組、單一地區或單一事業單位，均不足以獨力完成建立產業先見的任務。人人都有盲點，根據我們的經驗，具有不凡見地的公司，通常都是跨部門跨國界對話、辯論十分頻繁的企業。科技人員帶幾分行銷的想像力，行銷人員對科技趨勢有相當的認識；在地球某一角落的產品開發人員，對另一角落的社會趨勢瞭解透徹；專精專業市場的經理人也對消費市場的需求不陌生，消費市場的經理人對專業市場也相當熟悉。到此地步，我們便能認清未來。

部門或地區間本位主義盛行的公司很難接近未來。企業的目標不僅是組織跨部門或跨國界的小組，更要緊的是，讓每位員工建立多元化的觀點，擁有一套更換靈活的鏡頭。新力公司在日本率先推出可辨識手書漢字的掌上型電腦，最初的構想是怎麼來的呢?有位年輕的工程師到英國出差，看到英國秘書們如何協助主管安排時間、訂定工作優先順序、安排會議及蒐集重要資訊，不禁心生羨慕。有感於日本公司主管很少有專用秘書，這位工程師想出「輔助腦」（auxiliary brain）的構想（似乎如此形容秘書或行政助理也並不為過）。於是新力掌上型電腦暨電子助理由此誕生，並內建辨識軟體，方便忙碌的主管直接在螢幕上書寫（漢字）。促使這個產品誕生的是這位有多元化背景的年輕人：他是日本人在英國工作，身為工程師卻自顧客的眼光來看問題。

向別行尋找榜樣與借鏡

在不同產業裡，未來顯現的速度與方式都不同。有些產業（如個人保險業）似乎天生就改變得比別行（如經紀業）要慢。因此我們常可以從別的產業中尋找可資借鏡的榜樣，以便搶先競爭對手一步。且說一個我們對一羣雜貨零售業主管做過的實驗：很多人是訂報每天送到家裡，這種個人化的服務所費不多。在美國幾乎每個都市，只要一通電話，熱騰騰的披薩就會送到家；要買電腦軟體可以事先撥個免費電話，次日就送貨到府。簡單說，就是到府服務的項目愈來愈多，而且快遞服務也很發達。因此我們問這羣零售主管，那還有誰願意辛辛苦苦地熱車，苦候紅燈，找停車位，再走遍漫長的貨架，排隊結帳，開車回家，只爲買幾條麵包、牛奶及微波餐？

美國家庭平均每月花四至五百美元購買雜貨，但其他消費金額相近的產品均有送到家的服務，唯獨雜貨沒有。爲什麼不讓顧客在每月寄來的光碟片上，瀏覽虛擬超市中的貨品就彷彿打電玩時置身鬼屋一般？爲什麼不讓顧客選定想要的貨品，一按鈕便輸入超市的電腦，就像透過電腦訂位系統訂機位一樣？爲什麼不讓顧客自訂食物送達的時間，一如旅館送早餐的作法？再一想，爲什麼不能讓電子超市主動建議菜單（如一週兒童晚餐、週年紀念大餐或節食餐）？爲什麼不列出餐點內容供顧客選擇？又何嘗不可建議喝什麼酒？超市主管對「方便」的定義是二十四小時營業及快速結帳檯。這完全不符我們的想法！

以上說明自多種產業借鏡的情形。以現在有那麼多的服務業服務顧客方便的程度均已超越超市，因此要想像未來的「超市」並非難事。當然要開創明日的超市，我們必須對超市這個觀念的本身重新加以思考。以送貨到家爲主的超市需要不同的店面、不同的資訊技術基本設施、具不同專長的員工及不同的設置地點等。送貨到家不至於淘汰我們所熟悉的雜貨店，但我們相信，肯革新零售業的老闆必會借「送貨到家」而大獲成功。

爲開發具智慧型資訊處理能力的個人通訊器而成立的通用魔術公司，在設定公司目標時是用電話作比喻。創辦人之一比爾．艾金遜（Bill Atkinson）說：

> 假設自現在開始不能打電話了，一通也不能打。那實在太可悲了，因為電話恐怕比人類任何其他的工具都要不可或缺，比個人電腦還重要。因此我們便以此為衡量成功與否的標準：假設十年後一般人如果缺少了個人通訊器，會有什麼反應？我們希望得到的回答是：「我的生活少不了它。」

對環境截然不同的保險業，主管們也需要向金融服務業其他的領域借鏡，以便瞭解本行業在十年內可能面臨的挑戰。他們應該學習其他金融服務機構，針對消費者主義、管制放寬、通路革命（中間商消失）、大宗物質化（commoditization）等趨勢是如何應對的。能夠把握機會學習其他行業所長，以補本行之短的主管們，在邁向未來的道路上往往能領先第一步。

常見描繪未來的最大困難之一，是不易找到合用的字眼。此時以熟悉的實物來作比喻，有助於把抽象陌生的觀念表達出來。「知識領航器」（knowledge navigator）「個人數位助理」都是比喻，用領航、個人助理等熟悉的概念來形容不熟悉的產品構想。並非人人都長於自比喻去想像新事物，不過一般人在聽過幾個例子後，多半能縮小目前產品與未來產品間的距離。

唱反調

創造未來的企業都是叛徒、顛覆分子，勇於打破成規。這種企業裡充滿為反對而反對的人，事實上他們很可能在學時就是問題學生，訓導處的常客。先見不見得出於較會預測未來的人，但卻常來自不肯循規蹈矩的人。CNN的透納就是個唱反調的人，他認為不必花高薪聘請「超級」唸稿員；美體小舖的羅迪克也是如此，她不同意化粧品業普遍的看法，她認為引誘婦女購買過度包裝、宣傳且價格過高的化粧品，是對女性智力的侮辱；瑞士的海耶克也不肯隨俗，認為不必在亞洲設廠一樣可以產製大眾買得起的手錶。

主管常喜歡把自己的本行想得很複雜很獨特。我們則總是告訴高階經理人，只要給我們兩天時間在公司內遊走一番，便能找出某一行行之有年的慣例（或成見）。多年來，製藥廠幾乎都認為，只有高額利潤才支撐得了新藥的研發工作；民航業始終相信，以中心點向外放射的轉運中心（hub–and–spoke）系統遠優於點對點的航線網；金融業則習於把顧客當作存戶而非投資人。一旦找出這些慣例，我們就要問，不理會它們有什麼好處嗎？例如，西南航空公司因為不遵循傳統的航線安排方式，反而成為美國最賺錢的航空公司。愛唱反調的人努力發掘這類成見，用它們作武器，來對付死守正規觀念不放的對手。發掘未來所需要的不是預言家，卻絕對必須是革命家。

超越「顧客導向」

現在顧客導向的觀念相當流行，在企業負責人豪華的主控中心，現在多半裝有全球衛星連線設備，他們自其中向部下發號的命令是「一切以顧客爲依歸」。企業紛紛表示，要自顧客觀點出發，以回溯方式改造其運作流程（其實當初促使老闆答應聘請改造工程顧問的著眼點，不外是爲了大幅降低成本）。各種獎勵員工措施都以顧客滿意度爲標準，凡是住旅館、在餐廳付帳或租車時，顧客幾乎都會被問到是否對業者的服務感到滿意。雖然有些企業負責人居然以爲顧客至上是「新」觀念，令我們有點訝異，但我們是相當贊同這種理念與作法。只不過，如果你的目標不只是保持現有的市場占有率，還想在未來領先競爭對手，那就不能以顧客至上爲滿足。

顧客向來是缺乏先見的。十或十五年前有幾個人想要行動電話、家用傳真機或影印機、二十四小時折扣證券經紀帳戶、多汽缸汽車引擎、影像電話機、雷射唱盤、有自動導航系統的汽車、掌上型衛星定位接收器、自動櫃員機、ＭＴＶ、或電視家庭購物?正如新力有遠見的領導人盛田昭夫所說：

> 我們計畫引導大眾接受新產品，而不是徵詢他們需要什麼產品。大眾不知道有哪些

可能性，可是我們知道。因此我們不會大張旗鼓地做市場調查，我們把對產品概念及用途的想法不斷改善，然後設法教育大眾，與他們溝通，好為這個產品創造市場。

新力創辦人兼榮譽董事長大賀典雄同意他的看法：「我們向來強調無中生有。」

底特律一家汽車廠在一九九一年推出經過五年開發而成的新型小汽車，其設計及規格是這家公司有史以來最大規模的顧客研究計畫成果。然而新車上市時，跟已上市有三年的日本車只能打個棋逢對手。這家美國公司的確是追隨著顧客的需要，但顧客卻追隨著更具想像力的競爭對手。相形之下，本田汽車在一九九〇年初推出的是中引擎的NSX跑車，有接近法拉利（Farrari）水準的性能，價錢卻低很多。本田在印刷媒體上的廣告中聲稱，NSX「不是購車者的夢想——沒有購車人可以想像得出這種跑車」。本田得意地表示，它是「汽車製造者的夢想」，實現了本田長久以來的野心，即生產既新穎又能打入一般家庭的汽車。我們不禁要問，達成這個目標之後，本田要以哪一家公司爲下一步的競爭目標呢？我們不免覺得，本田不會以追隨別人爲滿足，它必然是對超越對手更有興趣。

帶給顧客驚喜

企業可分成三類。有一種公司企圖引導顧客向他們不願意去的方向走（正是這些公司會發現顧客至上是了不起的觀念）；有一種是聽從顧客並滿足其需要（這些需要或許已有更具遠見的競爭對手予以滿足）；有一種是引導顧客朝他們願意卻尚不自知的方向走。創造未來的企業不只滿足顧客需要，更經常帶給顧客驚喜。

不過這並不表示現有或潛在的顧客，對擴大企業目前的商機不能發揮重要作用。只是市調人員常用來問顧客的問題：「你喜歡紅色還是綠色條紋？」根本不足以產生挑戰傳統產品觀念或建立真實競爭力差異的視野。市場調查在針對特定階層顧客的需要，改良現有的產品上的確很有用（例如找出哪種配方的減肥可樂最合歐洲消費者的胃口，研究人員測試百事可樂，爲歐洲市場調配的Pepsi Max飲料目的即在此），但很少能刺激嶄新的產品觀念（例如ＩＤＶ的Aqua-Libra在英國打開了全新的成人「健康」飲料市場）。

家用廂型車（minivan）之父海爾．史派理（Hal Sperlich）的經驗值得借鏡。福特不肯把這個產品構想付諸實現，他就把它帶往克萊斯勒：

> 福特對市場缺乏信心，因為過去不曾有過這種車。汽車業極為重視對市場區隔的歷史研究。我們沒有過去的歷史可資引證，因此無法證明迷你車的市場確實存在。

在底特律，產品研發經費多半用在對現有產品小幅度的改良，市調經費則集中在研究顧客對既有的產品有哪些偏好。在我們開發家用廂型車的十年期間，從未有某個家庭主婦寫信來要求我們發明這樣一款車。對缺乏信心的人來說，這就足以證明這種車沒有市場。

發掘新產品構想的途徑有很多，但沒有一個存在於傳統的市調模式中。東芝設有「生活方式研究所」;新力對探討「人類科學」付出與追求在視聽科技上領先同樣的心力。由此而獲得研究心得，提供這兩家公司幾項重要問題的答案:顧客對明日的商品會重視哪些好處?我們應如何創新以搶先對手在市場上提供這些好處?山葉在倫敦設立「試聽站」，裡面各種最新令人驚奇的音樂技術應有盡有，目的是藉此對音樂家不爲人知的需要作更深入的認識。這套設備使歐洲一些最有才華的音樂家，有機會在創作未來音樂上作各種實驗，如此得到的回應使山葉得以不斷擴大其在音樂事業上的競爭空間。山葉經驗給我們一項重要的啓示:若要打破現有產品觀念的界線，就必須盡可能把最先進的技術直接提供給世上最精明、最講究的顧客。山葉在倫敦的市場實驗室就是基於這個道理而成立的:因爲日本仍非世界流行音樂產業的中心。

純顧客導向的風險還不止於永遠只能做個追隨者，它還會引發究竟顧客是誰的大問題。IBM、迪吉多、全錄及許多其他公司的經驗都顯示，今天的顧客不一定就是明日的顧客。會買別克及奧斯摩比汽車的人，或許對通用汽車的品質與服務均相當滿意，但通用的產品若不能吸引三十來歲開賓士轎車的年輕一代，那前途就堪慮了。有鑑於此，通用陸續推出許多自稱爲「打擊進口車」的產品，最近上市的奧斯摩比Aurora或許真正算是能向進口車挑戰的。瞭解顧客是否滿意固然重要，發掘根本還不在我們服務範圍內的潛在顧客，一樣不容忽視。只因爲這一個問題，促使新力針對學前兒童開發了一條產品線。以「我的第一部新力」爲品牌，這些色澤鮮艷、操作簡易的收音機、對講機、放音機和電視畫板，爲新力的顧客羣增添了一股生力軍。

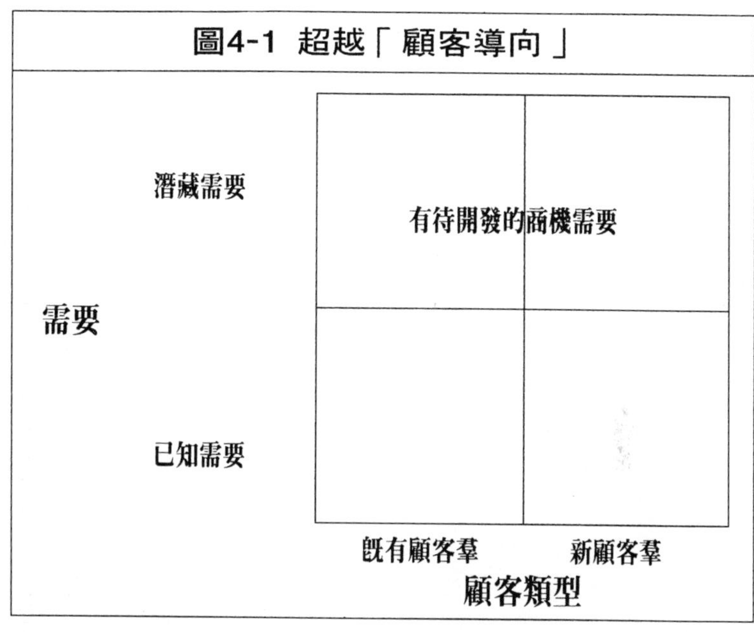

圖4-1 超越「顧客導向」

假設一個簡單的正方形圖形（圖4－1），直軸代表需要，有些是顧客說得上來，有些是還很模糊的需要；橫軸代表顧客的分類，有一種是公司目前服務的對象，另一種則否。不論對現有顧客的已知需要服務多麼周到，如果對他們尚未被發覺的潛在需要不甚了了，便非常危險。同樣的，不論公司現有的顧客多麼滿意，如果不能開發新顧客羣，將來的成長就可能面臨瓶頸。凡是只能對現有顧客明確的需要有所反應的企業，很快就會變成落後者。

體認基本人性需求

高階主管能夠體認基本的人性需求，產業先見之明即油然而生。大西洋貝爾公司董事長史密斯，在參觀電腦輔助學習工具的展示時想到，爲什麼不能讓全美國每一間教室的學童都能享用呢?對這問題或許他的公司可以盡一分力量;世界主要穀物交易商卡吉爾（Cargill）不斷檢討，要怎麼做才能滿足全世界對糧食的需求。能夠創造未來的公司總是致力於改善人類的生活。無論地位再高，收入再多，企業領導人絕不可不知道民間疾苦，或是體會人在汽車拋錨進退兩難，或忙得沒時間到銀行去排隊苦候，遠在千里外無法打電話回家，節衣縮食辛苦維持家計的苦衷。如果不能體諒「尋常」顧客的需要，就無法搶在競爭者前面設法滿足這些需要。

本田汽車爲使產品開發人員盡可能完全與潛在顧客認同，特別把設計人員的年齡與某車型預定針對的顧客年齡相配合。年紀最輕的設計師，負責設計給年輕人的車型，年齡漸增後再轉到以較年長顧客爲目標的車型。本田公司一再努力，務必使負責產品開發的人對主要訴求的顧客深深瞭解並切實體會。著有本田在美國成功經過專書的羅伯．舒克（Robert Shook）曾提到兩個例子：

一九六〇年代末，公司開始生產汽車後不久，本田宗一郎宣布他要製造「世界級的汽車」。為此公司派出兩組工程師旅行世界各地，蒐集其他國家產品及人民生活的資料。研發部門為配合此一計畫，特別派工程師到歐洲住上一整年，什麼都不做，只是觀察歐洲各國人民與汽車的關係。舉凡道路狀況或駕駛習慣，都是他們研究的對象，這些資訊協助本田設計出第一輛喜美車（Civic）。

在美國的一個本田設計小組，有一次在行李廂的設計上遇到瓶頸。全組到迪士尼樂園一處停車場待了一下午，觀察大家自行李廂中拿進拿出的是什麼東西，又需要什麼樣的動作……本田並未委託外面的市調公司，提供大疊大疊行李廂用途的資料，反而採取更直接的辦法，最後終於完成了新設計。

對於底特律的汽車設計師究竟有多瞭解日本人的駕駛習慣，或是有多少設計師曾耗費一下午的時間，在東京迪士尼樂園做第一手的市場調查，我們就不得而知了。要緊的是，最了不起的先見之明往往來自對顧客最透徹的瞭解。這種瞭解得自直接與顧客的接觸，而非二手的市場調查。至少有一家歐洲汽車廠的董事長是一輩子沒買過車。由於很早就進入汽車公司服務，他從沒有與經銷商討價還價或送車去修理的經驗。像這樣一位高階主管，很難真正體會必須跟缺乏訓練態度消極的業務員打交道的感受。

通用魔術公司對其個人通訊器的期待，也包含著對大眾需求的認識：

> 我們有個夢想，要以小而貼身方便隨身攜帶的生活支援系統，來改善許許多多人的生活。這些系統可以幫助個人安排生活、與他人溝通並接觸各式各樣的資訊。它們簡單好用，且有各色機種，以迎合不同的需要、品味與預算。它們可望改變人類生活及溝通的方式。

遠見出自真心想要改善人類的生活，這一點絕對不假。

技術預測、市場研究、未來景象規畫及競爭者分析儘管都有其作用，但不見得會產生產業先見。以上這些工具均不致迫使高階經理人，重新思考自己的企業及外在產業的大環境。唯有改變檢視企業本身的鏡頭（由策略事業單位轉向核心專長）及檢視市場的鏡頭（由產品轉向功能），擴大鏡頭的廣度（向其他產業借鏡），清除鏡頭上累積的霧氣（用兒童的眼光看事情），透過多種鏡頭觀察（多樣化的整合），偶爾不要相信眼睛看到的東西（質疑價格與品質的傳統觀念，做個愛唱反調的人），唯有如此，我們才能期盼未來。

追求產業遠見即設法將尚不存在的事物具體化。其出發點不是現有的市場，而是摩托羅拉前董事長巴勃．蓋爾文（Bob Galvin）常愛說的「完全想像的市場」。企業想像出未來後，下一步必須找出由今日走向未來的路途。如何尋找及規畫這條路是下一章的主題。

第5章

建構未來藍圖

策略架構基本上是高層次的藍圖，
用以運用新功能，
移轉舊專長，
取得新專長，
及重新調整與顧客的關係。
策略架構不是詳盡的計畫，
它只列出必須建立的主要專長，
但並不實際說明如何建立專長的進一步細節。
策略架構是一個廣泛的「把握商機」計畫，它所要回答的問題，
不是如何盡可能擴大現有市場的占有率或營收，
而是今日應採取哪些取得專長的行動，
以便在逐漸顯現的未來商機中，
攫獲更大的利潤。

未來不僅需要去想像，還需要去建立，因此我們提出「策略架構」（strategicarchitecture）這個觀念。負責建築物架構的建築師就必須有無中生有的想像力，比方在一片灰土地上構想一座大教堂，或爲聯絡兩地而構想一座造型優美的橋樑。不過建築師也要有能力設計，化夢想爲實際的藍圖；建築師既是夢想家又是工匠，他就必須結合藝術與結構工程。

每一家公司都有資訊架構（包含硬體方面的資訊基本設施，及軟體方面的人際與部門之間的通訊方式）。企業要設定資訊架構時，必須在針對什麼問題、誰應該與誰、以什麼方式多久溝通一次上取得共識。每家公司也都有社會架構（公認的行爲標準及非公開的價值體系）。高階管理人員要建立社會架構，就必須針對哪些價值最重要，哪些行爲應受到鼓勵，哪一種人在公司工作會覺得很自在，有一定的看法。每一家公司都有財務架構（特殊的資產負債表結構、財務報告程序及資本預算程序）。要建立財務架構，高階主管就得對資產與負債的比率、購併與出售產業的財務安排、分配資金的標準等，有一定的看法。

建立大方向

我們也認爲公司應該有策略架構。要建構策略架構，高階主管必須對未來十年左右公司可提供顧客哪些新的「功能」，即利益，爲創造這些新功能需要哪些新核心專長，以及應如何改進與顧客的關係，使顧客得以更簡便地獲得這些利益，有一定的看法。

策略架構基本上是高層次的藍圖，用以運用新功能，移轉舊專長，取得新專長，及重新調整與顧客的關係。例如某教科書出版商對科技趨勢感覺敏銳，又具充分想像力，於是預見到這些趨勢未來可能造成的影響，因此夢想出「電子課本」，有一天能讓教師能根據個別學生的興趣與能力編排教材。要把夢想變成事實，此人必須判斷需要掌握、取得或加強哪些專長，以便提供「因材施教」的功能。他很可能需要精通多媒體技術，爲教師開發自動化教材設計工具，並投資新通訊技術。他可能還必須重新思考，把教科書送往市場的種種問題：購買者的身分會不會改變（是教育當局、學校還是老師），需要什麼樣的銷售工具，教師需要什麼樣的訓練，產品是否需要有形的配銷管道，還是透過電子傳送即可等。

國家也可以有策略架構。新加坡經濟發展局（Economic Development Board）即規畫了策略架構，其中列舉了爲推動星國進入更高層次的工業發展，需要發展哪些專長。局裡一位高階官員以「二〇一〇年等於美國」說明星國的野心，表示到公元二〇一〇年時，平均國民所得要與美國並駕齊驅。

策略架構不是詳盡的計畫，它只列出必須建立的主要專長，但並不實際說明如何建立專長的進一步細節。它顯示建築物承重樑柱的相關位置，但不一一標明每個插座與門把。以地圖來作比喻：策略架構是低比率的全國公路圖，不是市街道路圖，它提供的訊息足以指引大方向，但不會指出每一條副街道。假設有兩名企管研究所的學生，在暑假準備乘汽車與渡船，由倫敦到巴黎度假，目標是在巴黎享受兩週的豪華假期。出發時手中雖沒有目的地詳細的地圖，但他們並不以爲意，心想到了巴黎自然就能拿到。當前他們只須知道，應該往西南方的多佛（Dover）出發。他們又知道二十三號公路可通往多佛，於是便上路了（當然他們必須研究出如何自倫敦市中心的住處開上二十三號公路的確切路線）。他們預定在法國的卡雷（Calais）下渡船，但無法事先知道如何由港口，經過卡雷的街道，再走上通往巴黎的高速公路。不過這些一到卡雷就知道了。同樣的，這兩個一心嚮往巴黎的學生也明白，只靠一滿箱油箱的汽油是到不了目的地的，但他們雖不知道一路上哪裡會有加油站，卻依然出發，等需要加油時再找加油站。

短程累積長程

要規畫一個十或十五年的詳細競爭計畫是不可能的。規畫所認爲的準確度（有什麼價格目標、什麼行銷管道、原料來源爲何、商品策略爲何、產品特色爲何），只在兩、三年內可行，如果堅持必須有相當準確的計畫才能開始新的策略方向，那是不求長進或循序漸進的作法。幸好爲調派產品功能及取得企業專長訂立大方向並非難事。

日本的小松公司一直有著「包圍」卡特彼勒（Caterpillar）的目標。即使早在一九六〇年代中期，卡特彼勒打入日本市場時，小松就已看出要達到這個遠大的目標，本身必須先克服哪些障礙。第一步顯然是改進小松產製的小型推土機的品質。這類產品是小松在日本市場立足的根本，若不能保住這個基礎，不受卡特彼勒的侵襲，那其他的企圖都只是妄想。此外，小松勢必也要趕上卡特彼勒的技術，向卡特彼勒的競爭對手爭取技術授權，不失爲簡便的好方法。小松當時可能也覺得，除非能在出口市場上占據相當大的地盤，否則營業規模便不足以支撐與卡特彼勒不相上下的生產規模及研發投資。此外，它或許也明白，在時機未成熟前，要在較進步的海外市場如歐洲、澳洲，與卡特彼勒正面對抗，無異於自找苦吃。因此，小松體認到應先在卡特彼勒較弱的市場，如中國大陸及前東歐各國，建立相當的業務量，當然其最終的目標仍是在歐美市場搶得一席之地。爲此它需要歐美的經銷網，爲爭取經銷商，小松必須能提供多樣化的產品，因此產品開發是第二項挑戰。提升品質的基本目標是爲保護本國市場；利用卡特彼勒的美國對手趕上卡特彼勒的技術水準；在卡特彼勒視爲「周邊」的出口市場取得相當的占有率；擴大產品線以準備未來進攻更進步的市場，這些都是小松在幾年前就已看出的努力目標。基於此，它不僅可以訂定廣泛的專長培養計畫，也可對如何建立這些專長的先後次序作出合理的判斷。

我們常見到一些企業，滿懷雄心壯志訂下長程目標，或是打算在五年內使營收及利潤倍增，或是大幅增加來自新事業的收入，卻幾乎未花半分心力於考慮，爲實現這些目標所需要的中程能力建造計畫。很多公司都有一個遠大但十分模糊的長期目標（以上面的例子來說，就是「我們去度個假」而不是「我們到巴黎去」），和詳細的短期預算及年度計畫（這好比：「平常下班走的路線都會大塞車，今天下班後該走哪條路呢？」）但在這兩者之間沒有任何聯繫（「應該找個時間跟旅行社聯絡，也該讀些旅遊資料」）。很多企業似乎都認為，短程與長程有時間上的先後差距，並非交融在一起。然而長程不是在現有的策略計畫進行到第五年時才開始，它的起點就在眼前！舉例來說，現在距離人手一部個人通訊器還有不少年，但現在若不即刻努力擴展無線電、數位化、迷你化、顯示幕及電池等方面專長，那公司將來在這個市場上就不會有太大的發展餘地。凡是認爲「等市場成長到相當規模後再說」的公司，注定只有日後苦苦追趕的份兒。

建構連接的橋樑

策略架構旨在說明，若要捕捉未來，「現在必須採取哪些行動」。它是連接今天與明天、短程與長程的橋樑。它告訴企業有哪些專長必須「現在立即」著手建立，有哪些新顧客羣必須「現在立即」開始加以瞭解，有哪些新行銷管道應該「現在立即」探究，有哪些新的研發要務應該「現在立即」著手進行。策略架構是一個廣泛的「把握商機」計畫，它所要回答的問題，不是如何盡可能擴大現有市場的占有率或營收，而是今日應採取哪些取得專長的行動，以便在逐漸顯現的未來商機中，攫獲更大的利潤。

我們最常舉的一個策略架構的例子是日本的ＮＥＣ。這家公司近年來承受著衝擊全球電腦及電信業的各種力量，卻在一九七〇年代初所完成的策略架構幫助之下，成爲技術領先世界的公司之一。起初NEC是日本電信電話公司（NTT）的電信設備供應商，但公司主管們在董事長小林的領導下，自一九六〇、七〇年代交替時起，即感受到通訊業與電腦業在某些重要領域正逐漸結合。一向是「系統化」事業的電信業（全球的電話系統趨向連成一體），也正漸漸變成「數位化」事業（電話交換機愈來愈像運用半導體及複雜系統軟體的大電腦）。同時電腦業則由數位事業轉向系統事業（企業希望世界各地的辦公室與工廠能夠電腦連線，形成密集的網路）。

以對系統化與數位化這兩個特殊現象的理解爲出發點，NEC訂定策略架構，舉出要善用電腦電信業結合所帶來的商機，需要哪些專長（圖5—1）。在這個架構中，指出三個相互關聯的技術與市場演進方向，電腦將由大型主機走向分散式處理（即現在所謂的「主從式」（client-server）架構，零組件會由簡單的晶片走向超大型積體電路，通訊會由機械式交換機演進爲複雜的數位系統。NEC認爲，在此演進過程中，電腦、電信與零組件業之間會有重要的交集（如民間企業通訊網路會有同時處理聲音、資料及影像的需要）。NEC的目標即在成爲電腦與通訊（C&C）的領導者。

或許現在看來，結合電腦與通訊「有什麼稀奇？」但在一九七七年，NEC首次公開其策略架構時，這是頗具遠見之舉。其他公司如美國的吉悌（GTE）或英國的奇異（General Electric），在七〇年代初與NEC居於同樣有利的地位，卻缺少NEC的遠見，因而失去在電腦與通訊方面領先的機會。那NEC爲什麼要在年度報告中公布對未來的看法呢？策略架構不是

圖5-1 NEC電腦與通訊結合(C&C)

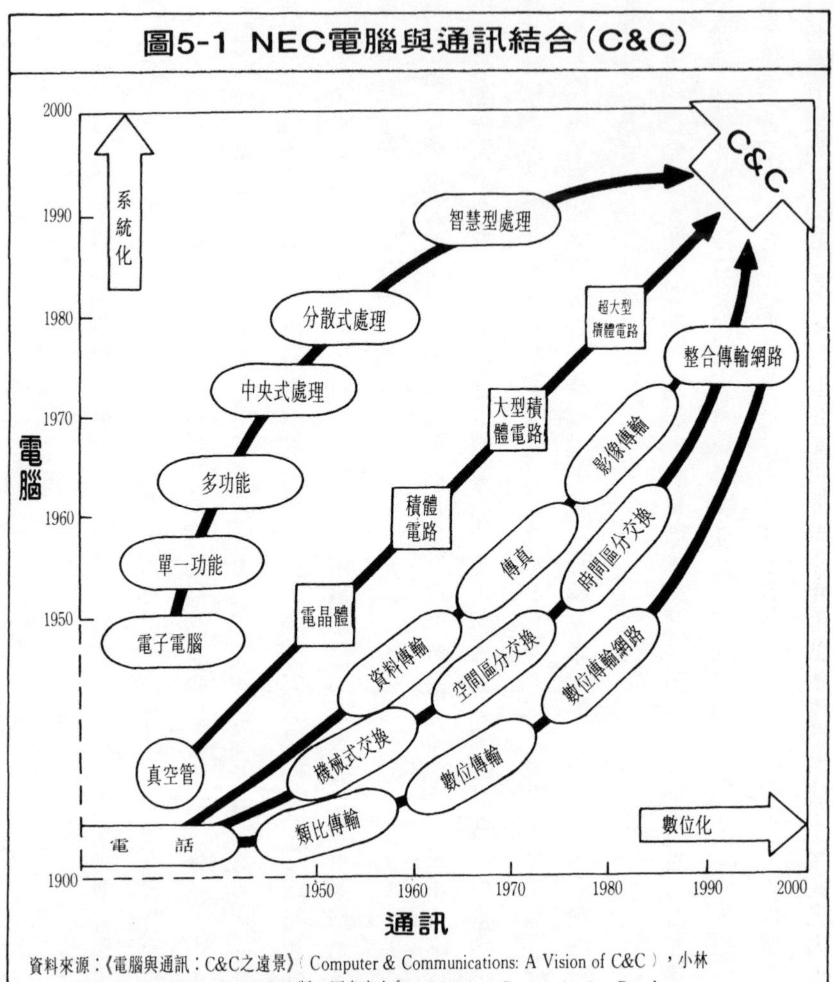

資料來源：《電腦與通訊：C&C之遠景》(Computer & Communications: A Vision of C&C)，小林著，英譯本麻省理工學院一九八六年出版。原書書名《C&C Modern Communication: Development of Global Information Media》由東京Stimul Press於日本出版

該保密嗎？然而如果不能由全體員工廣泛討論並充分瞭解，策略架構是毫無價值的，所以保密不切實際。NEC年報中所公開的只是擬定策略架構的基本理念的一小部分，其中並未說明架構中所用的名詞與觀念有何特殊含義，也未透露，整個公司對電腦與通訊這個觀念有多深多廣的共識。策略架構真正的價值不在於它有多麼特殊，而在於架構背後，企業對此策略的瞭解與認同程度。就公布的內容來看，NEC的策略架構看不出電腦與通訊這個觀念對每一個NEC員工有何特別意義。只有詢問各個員工：「電腦與通訊代表什麼意義？」並獲得一致且詳細的結論，我們才能確定這不止是唱高調。

NEC隨後遵循這個策略架構，不斷地強化在零組件（半導體）及中央處理器上的競爭力。利用與其他公司合作以使內部資源倍數增加，結果NEC得以比多數主要競爭者少的研發經費（在實際金額及占營業額比例上均是如此），聚集必要的核心專長。我們分析一九六五至八七年間，NEC所採行的一百多種合作協定，發現每一個合資、聯盟或授權協定的目標，與策略架構整個的理念均非常一致。在公司本身擅長的通訊業，NEC的結盟對象偏重於能打開市場通路者。在電腦方面，結盟則兼顧技術與市場通路，而在零組件生產上所訂的合作協議則幾乎全都著眼於技術。由於NEC急於自合作對象學得專長，往往導致雙方關係緊張甚至對簿公堂，它與英代爾的情形便是如此。若這些合作夥伴們早知道NEC對結合電腦與通訊這個目標如此執著，對取得必要專長如此一心一意，有些企業可能就不會那麼樂於助NEC一臂之力了。

ＮＥＣ以電信設備供應商起家，一九八〇年的營業額是三十八億美元，ＩＢＭ在同一年約二百六十二億美元。到一九九二年，ＮＥＣ已是全球電子業巨擘，營業額達三百零六億。即使在一九九〇年代初的不景氣時期及面對電腦業解體的局面，ＮＥＣ仍可說是全球唯一保持在電腦、半導體及電信業前五名的公司。

如何建立策略架構

策略架構不是永久有效。遲早「明日」會變成「今天」，昨日的先見之明會成爲今天的常識。ＮＥＣ若想要在一九九〇年代以降持續繁榮下去，就必須重新投入心力研究未來。有一家公司已做到這一點，就是惠普電腦。有趣的是，它的策略架構是建立在ＮＥＣ的電腦與通訊觀念上。

惠普素來是美國最令人欽慕的公司之一。這家具備創業家精神的機構，每個事業部門一向享有相當大的自由，部門主管也極力維護自己的獨立自主權。惠普也是相當有遠見的公司，它是第一批投入精簡指令集（ＲＩＳＣ）的業者，這種極爲不同的微處理器設計模式使惠普工作站的銷路迅速竄升。一九八〇年代初，有鑑於個人電腦將迅速普及，惠普致力於成爲印表機的主要廠商，到一九九三年其年營業額達五十億美元。由於有此先見之明，惠普得以免於像許多競爭對手一樣，經歷痛苦的組織與規模精簡。

但在一九九〇年代初，公司的幾位高階主管開始擔心，眼前有許多數位產業的新商機可能落在惠普的電腦、通訊與儀器三個獨立事業單位的三不管地帶。更糟的是，有些重要的專長被鎖在某個事業單位裡，開創新市場，特別是在電訊方面的良機，可能就因此飛走。惠普實驗室負責人裘爾．柏鮑（Joel S. Birnbaum）尤其覺得惠普應該檢討：「以整個公司所具備的特殊專長組合，我們有什麼可領先全球的地方？」世上沒有其他公司像惠普這樣同時具備電腦、通訊與儀器三方面的專長，他督促主管們找出「這三者的交集處會有哪些新商機」的答案。

惠普開始慢慢地重新爲自己定位，最後把公司的識別標誌簡化爲HP＝MC^2），M代表儀器（measurement）C^2代表電腦與通訊。一九九三年初，執行長路易斯．普烈特（Louis E. Platt）成立HP＝MC^2委員會，由全公司的技術與行銷高階主管組成。目標是：尋找金額龐大，且能夠充分運用惠普專長；以普烈特的話說即能「把整個市場都翻過來」的新商機。迄今他們已列出不少能開創市場的產品，其中之一是遙控醫療診斷系統，這是結合惠普的醫療器材專長與電腦技術，讓病人可在家裡由遠處的醫生看診。另一個構想是家庭視訊印表機（home video printer），可讓電視迷從手提錄影機永恆地捕捉每一個珍貴的鏡頭，包括家庭購物頻道的產品型錄，或是寶貝子女學會走路的第一步。

惠普向MC^2的未來邁出的第一步，雖然不大，卻目標清楚。它把歷史最久，生產微波爐零組件的部門徹底重組，改名視訊通訊部。它獲得供應診斷系統給福特經銷商的合約，這個系統是用改良的「飛行記錄器」來診斷汽車的毛病。它供應電視機上的控制器給實驗互動式電視的公司，還爲另一個電視實驗計畫提供單價三百美元的彩色印表機。這每一筆生意都打破惠普傳統的部門界線，以往它對商機的看法總受制於這些界線的束縛。公司也建立一跨事業部的電訊委員會負責惠普的跨事業商機，以爲電訊客戶開發創新產品。一位高階主管說得好：「十年後惠普將是跟現在幾乎完全兩樣的公司。」

另一家非常認眞於重建其產業遠見及策略的公司，即設於德州達拉斯的ＥＤＳ（Electronic Data Systems）公司。ＥＤＳ是把資訊技術業帶入新境界的新一代資訊技術公司，一九九二年營收達八十二億美元，其營業項目是協助大企業管理極爲錯綜複雜的資料及語音網路。許多客戶都視ＥＤＳ爲救星，因爲它能讓企業最高主管得以免除頭痛的資料處理問題。爲應業務需要，ＥＤＳ建立了以大電腦爲主的資訊處理中心全球網路。一九八四年通用汽車買下ＥＤＳ後，要求它接收通用公司的整個全球電腦與電信網，使ＥＤＳ規模大爲擴充。到一九九三年全公司計有員工七萬餘人，客戶多達八千餘個遍及三十一國。ＥＤＳ擁有及營運世上最大的民營網路，具有八千五百mips（每秒百萬指令）以上的運算能力、三十五萬部桌上型電腦、二十四萬具電話。每一天ＥＤＳ替遍布世界各地的客戶，處理超過四千二百八十萬次的電腦資訊交換。

成功企業病

一九九二年ＥＤＳ連續第十三年利潤破紀錄，有鑑於對外包（outsourcing）電腦服務的需求日益殷切，ＥＤＳ預期在公元兩千年時營業額可達兩百五十億美元。在旁人看來，ＥＤＳ的地位是穩如泰山，但在一九九一年，公司悄悄地展開一次重要的活動，希望爲公司及資訊技術業開創新機。以ＥＤＳ令人羨慕的成就，實在不像是需要企業更新公司，但正是如此的成功，使沈默寡言的董事長李斯·艾柏薩（Les Alberthal）戒愼恐懼。他很清楚，不論過去的成就有多大，並不能爲公司未來的成功打包票。他還特地請屬下算一算，一九七〇年財星（Fortune）五百大企業中，有多少到一九九一年仍在這排行榜上。答案是不到四〇%，這令他坐立難安。一九九〇年他曾請筆者當中之一，在公司「主管會報」的高階成員到英國訪問時，對他們演講。講題是「偉大的公司爲什麼會喪失領導地位」。演講中請這些主管們想想，是哪些因素動搖了成功企業的領導地位。他們靜靜思考種種失敗的前因後果（圖5—2）後，結論是，ＥＤＳ不比其他成功的企業更能免疫於這種「成功企業病」。他們全體一致決定，要致力於再建ＥＤＳ在一九九〇年代及以後的產業領導地位。

一九九二年ＥＤＳ雖然獲利豐厚，儀表板上的警示燈卻閃過幾次。當時外包電腦服務業的獲利能力遭遇強大的競爭壓力。每家大電腦公司，不論是ＩＢＭ、迪吉多或優利系統，都不願讓Ｅ

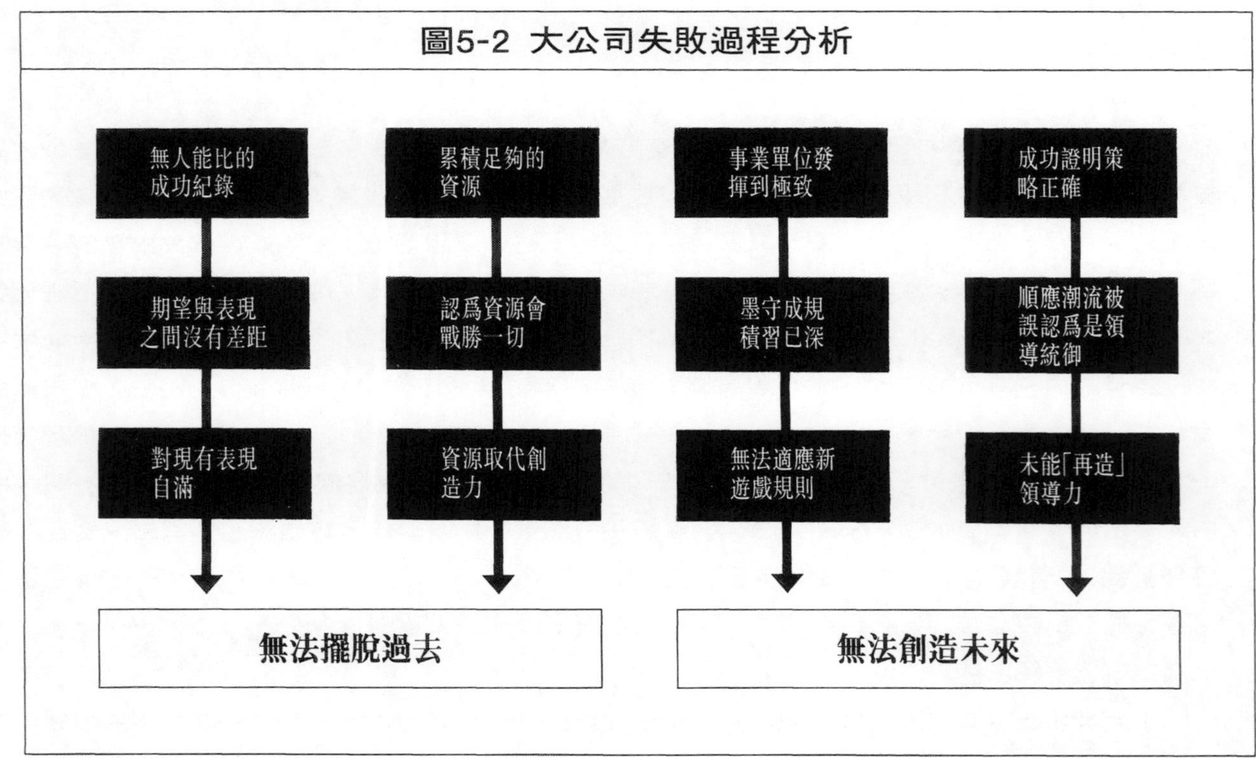

圖5-2 大公司失敗過程分析

ＤＳ獨霸這高利潤的行業，紛紛準備加入競爭。不按牌理出牌的競爭對手如安達信顧問公司等，雖比不上ＥＤＳ擁有遍及全球的資訊網路，但在大型系統的整合生意上，愈來愈能夠與ＥＤＳ一較長短。有些新競爭對手運用高水準的策略顧問技巧，幫助客戶決定未來需要哪些資訊科技，而這類技巧是ＥＤＳ所欠缺的。顧客運用資訊科技的方式也愈來愈複雜。他們知道電腦的價格會迅速滑落，因此要求在長期合約的後幾年享有大幅折扣，這使ＥＤＳ在爭取新合約時增加不少成本。要在美國尖端資訊科技的用戶中開發新客戶也日益困難。例如，全美航空公司的母公司ＡＭＲ、聯邦快遞（Federal Express）及威名百貨等公司，深知資訊科技是創造本行競爭優勢所不可或缺的，當然不肯輕易把控制權交入外人之手。甚至這些公司還成立子公司，銷售它們在資訊科技方面的專長。此外，雖然電腦的威力過去多半集中於中央式，以大電腦爲主的資料處理設施（這是ＥＤＳ熟悉的電腦環境），但愈來愈明顯的趨勢是，電腦業的未來將是桌上型電腦的天下。眺望遠方，ＥＤＳ發現，世上電腦運算的主力及許多令人心動的新資訊網路服務，日後均會以家庭爲主要對象。

「豬八戒上胭脂」

一九九〇年，ＥＤＳ是一家企業對企業的公司，極度仰賴大電腦科技，對小筆生意興趣缺缺，也很少涉入資訊科技在消費市場上的應用。其主要事業單位均根據服務對象的產業別來畫分，對客戶需求之有求必應是有口皆碑。然而其發展方向大半受今日顧客已很明確的需要所左右，很少因爲對這一行的未來有什麼獨到的見解，而決定發展方向。放眼望去，資訊密集產業將如雨後春筍般興起，ＥＤＳ內部有些人不免懷疑，公司是否目光廣闊，能看到這眾多的新商機。

有幾位ＥＤＳ主管也擔心，用來粗略衡量員工附加價值的員工平均營收，幾十年來雖然持續上升，但最近已原地踏步，經通貨膨脹調整後更略微下降。固然ＥＤＳ的獲利引擎還能跑不少里程，但這引擎未來的獲利能力顯然無法像過去那麼高。這就好像一位ＥＤＳ主管比喻的「整修一部舊引擎有如豬八戒上胭脂」。這絕不表示ＥＤＳ已出現病態，這個故事之所以值得一提，是因爲ＥＤＳ覺悟到，有必要在公司還在成就的高峯時，就該居安思危，重建核心策略。此種想法出於對未來商機的期待不下於對未來的焦慮。

一九九○年，ＥＤＳ一小羣非總公司高階主管的經理人，自倫敦商學院（London Business School）接受短期主管訓練回來後，便組成「企業改革小組」，開始定期集會。雖然沒有正式的章程，但成員們相信，公司需要重新思考其企業方向，提高自我期許的目標，發展有用的策略架構。小組最初的想法跟主管會報一樣，想抽出幾天，急就章式地爲公司找出遠景。可是他們很快就瞭解到，他們所需要的不是「少數幾個聰明人關在小房間裡」所得的結論，而是全公司由上到下均針對「我們是誰，又所爲何事」這個最基本的企業理念做一番檢討。他們也發現，要爲ＥＤＳ的未來找出廣泛、深入且具先見之明的觀點，需要的時間或腦力資源均遠非單單一個小組所能辦到，於是小組開始積極在同事間喚起對此事同樣的急切感。

成為定義產業的主角

企業改革小組與主管會報經過多次討論與爭辯，最後決定了爲公司開拓未來的方式。EDS全公司及世界各地總計一百五十位的經理人，以一次三十人分五個梯次羣聚達拉斯，爲創造未來而努力。他們或是公司關鍵「資源的掌握者」，或是才華橫溢、不畏傳統且勇於面對挑戰的低階經理人。集會時，首先是供給這些經理人思考未來所需要的知識工具（何謂核心專長，善用資源的基礎爲何，如何發掘顧客還懵懵懂懂的需要等）。這麼做是爲凸顯，要決勝於未來，先見之明與一貫的作風和肯投資、肯冒險更重要。這五「波」集會，每一波參加的經理人都依指示，詳細思考眼前公司的獲利引擎正面臨著什麼威脅，以及「數位革命」所帶來的商機。其目的在這些人心中建立激發改革小組所感受對未來的關心與希望。

每一梯次都負有「發掘任務」。第一梯次負責深入挖掘EDS可用以改變產業形貌的斷續現象。第二和第三梯次負責針對公司的各項專長與優勢，找出與現行定義極爲不同的觀點，然後拿這些優勢和EDS最大的「專長競爭對手」相比較。他們還仔細思考了第一梯次的成果：EDS可能需要培養哪些專長，對現有專長應如何加以重新組合，以便掌握產業變遷的契機。第四梯次以前幾次的成果爲基礎，推展公司的機會視野。在公司現有各事業單位之間，存在著哪些白色地帶的商機？有哪些資訊密集新產業是公司可能想加入的？第五梯次並負責構思如何結合公司的資源，促進企業專長的培養與商機管理。

企業改革小組成員負責指導每一梯次的集會，每一梯次的參與者都針對本梯次的任務直接提出報告，再指定幾位「高手」，把這一梯次的報告與別梯次的報告整合在一起，由其他梯次的參與者徹底加以討論，並與主管會報詳細交換意見。最後由各梯次較能集思廣益的人員組成「整合小組」，提煉出研討成果的精華，據以研擬出策略架構的初稿，再由公司內部廣泛討論。

在整個發掘過程中充滿著挫折、驚喜和意外的心得，不準時交報告也是常有的事。這是不斷前後來過的過程，答案都是一步步慢慢發掘出來的。最後總共有兩千多人參與建立公司的新策略架構。全公司在這真正是高度參與、熱鬧非凡的活動中投入近三萬小時（其中三分之一以上在正常上班時間以外）。更重要的是，EDS如此產生的對產業及對本身角色觀點，比一年前要更開闊、更具創意、更有未來觀。而且這不是少數技術「大師」或「企業先知」的觀點，而是每一位EDS高階主管都認同的看法及野心，參與者的確感覺這個過程，對培養領導階層與建立策略架構同樣有貢獻。

在外人看來，EDS的策略架構似乎太過簡單，不夠真實。它只由三個名詞構成：全球化、資訊化、個人化。可是這不止是口號，EDS人相信，這三個名詞已勾勒出其「本業範圍」的「邊界」：全球化指能夠利用資訊技術跨越地理上、文化上及組織上的界線；資訊化指協助顧客將資料轉換爲資訊，資訊轉換爲知識，知識轉換爲有效的行動；個人化指將資訊服務及產品大量顧客化，以迎合個人的需要。ＥＤＳ人認爲這是未來的「三化」。他們認爲凡是能夠比對手更快地擴大產業領域的公司，就有可能成爲產業裡「定義產業的主角」。

ＥＤＳ對於要在這三方面向外擴大領域需要哪些專長已有定見，也預見到存在於全球化、資訊化與個人化的縫隙之中會有哪些商機。ＥＤＳ在企業基因根本改造上已有相當進展，目前正積極進行產業的改造，推行一系列的試驗性計畫與合資，以及一些幾年前難以想像的實驗。其中最具代表性的就是與提供旅館房間電影的業者CD-ROM合作。ＥＤＳ協助這家公司改用數位系統，可以直接由衛星上選取影片。ＥＤＳ又與美國西方公司及法國電信公司合作，探究互動式家庭金融服務的潛力。ＥＤＳ並與蘋果電腦合作，想把商品型錄放在光碟機上，好讓消費者隨意瀏覽，然後透過電腦網路向零售商訂購。在外人眼中這些合作計畫似乎互不相干，而且就個別投資金額與對公司直接營收的影響而言，也微不足道，但是公司內部卻認爲這是ＥＤＳ轉型的開端。如果ＥＤＳ繼續遵循這個策略架構，十年後它將成爲截然不同的公司。

企業究竟有沒有策略架構可言，最根本的辨別標準，不在於是否有一本本厚厚繪滿圖表的報告，只要隨意抽問二十五位高階主管：「你預估你們這個產業未來會有什麼變化？」比較他們的答案就知道了。不妨在各位的公司裡試試。找二十四、五位主管，請他們擇要列舉未來最重要的產業變化，答案不可超過一頁，可有一週或一個月的時間思考。但事先不必說明「產業」何所指，也不提「未來」是指多久以後。我們想知道的是，他們到底瞭解多少。然後把答案匯集起來，做一點內容分析。首先，他們如何詮釋未來這個詞？是指明年，五年後，還是十年後，亦即主管們的前照燈投射得有多遠？他們對未來能看到什麼？其次，他們對未來的觀點有多廣？對產業本身及可能造成產業改觀的力量有多少認識，是否能見人所未見？他們是囿於現有市場的局限，還是看到新商機寬廣的遠景？第三，他們對未來的看法有何獨到的競爭力？是否能使競爭對手吃驚還是會令人打呵欠？第四，大家對於未來的變局有何種程度的共識？若缺乏相當程度的共識，很容易造成公司對樣樣都投資，卻無法真正全力投入任何一件事。第五，對產業可能的變化代表何種含義，是否曾做足夠深入的思考，以決定短期內公司應採取哪些行動？對於今年內應確實完成哪些行動以為未來作準備，眾人是否有一致的意見？取得專長及爭取商機的策略是否具備？遠見、廣度、獨到、共識及可行性，是我們判斷某家公司是否真正擁有策略架構，是否真正掌握自己命運的標準。

矢志投入未來

ＥＤＳ立志要操縱全球化、資訊化及個人化的力量，為當前及未來的顧客謀福利。同樣的，ＮＥＣ是致力於電腦與通訊的結合。但矢志不一定代表要巨額投資或冒著以全公司為賭注的風險。NEC在一九七〇年代末因衛星商業系統（Satellite Business Systems）部門失敗遭受不少損失，後來又有一九八〇年代末九〇年代初，購併繼而又出售羅姆公司（Rolm）的例子。美國電話電報公司爲進入電腦業，在最後放棄自行發展，轉而買下安迅電腦（NCR）前，已損失達百萬千萬美元的投資。NEC在起步時，條件與IBM及美國電話電報公司差距懸殊，後來卻以更少的代價在結合電腦與通訊上獲得更多的進展。這證明決勝未來的一個要領：看得愈遠，在決定投入大量無法挽回的資源時，就應該愈慎重。產業未來演變的大方向或許可以預測，但在技術、標準、個別的產品與服務上，演變的確實行進路線卻無法百分之百地預測。

達到未來是漸進的過程，對未來缺少明確的方向將冒著極大的風險。企業若安逸於對明日商機的大小與形式不甚了了，模稜兩可，就會被眼光更銳利的對手搶得先機。同樣的，過分執著於某個方向也會有不小的風險，若未能體認我們對未來的認識有其局限性，則難免有可能走錯方向。

假設我們是站在兩個平行的梯子上，一隻腳踩的是名爲投資的階梯，另一隻踩的是產業遠見。爲未來而競爭的目標在於，務必不要讓一隻腳踩得比另一隻高出一、兩級以上。每當對把握商機最好的方式多得到一些心得，決定投入的資金就可以增加一些。如果站在投資這個梯子上的腳，比另一隻高出太多級，就容易跌倒（投資方向錯誤），反之亦然（眼光太遠而投資太少，則會被競爭對手超前）。

有太多的公司憑著一時衝動，便向不可知的未來跳出一大步，最後卻發現自己跌落懸崖。有此慘痛經驗的經理人，難免會對未來的商機敬而遠之，所以太過執著的結果，反而常導致意氣用事，對未來敬而遠之。

不冒風險的冒險

冒險是常態的敵人。過早放棄可能是通往未來的坦途，和時機未到便搶進某個路線，都可能造成致命的後果。RCA在一九六〇及七〇年代曾實驗很多種錄放影的技術，但因未能充分體認顧客對時間的重要性，著重於只能放影的技術，而太早放棄對磁帶的開發。

前面筆者主張搶先抵達未來非常重要，現在好像又在說：「等別人先邁出盲目的第一步再說。」不是的，我們主張每家公司都應以合理的最快速度向前進。但衡量速度快慢的不是肯下決心投入資金的遲或早，而是能否更快地認出搶先抵達未來的正確路途，包括哪些技術可行性最高，哪些產品或服務概念最能迎合顧客的需要，應該使用哪些行銷管道，什麼是顧客真正想要的產品特色，以及何處蘊藏著龐大的潛在需求。如何自投資中學得最多的相關知識，是決勝未來的關鍵之一。有計畫地發展產業遠見只能幫公司走到一定的地步：確立基本的大方向及指出重要的路標。但是要找出確切的途徑（產品概念、技術、行銷管道等），就必須一路上慢慢學習，經由小規模市場介入、仔細籌畫的購併及策略聯盟等方式來前進。每個管理小組都應該回答這個問題：「要怎麼樣做只需較少且較小的承諾，卻能比對手學得更快？」

要贏得未來不必冒很大的風險。還記得ＩＢＭ想要挑戰全錄在影印機業的地位，結果弄得一身是傷，但是佳能藉由國外合夥人技術授權進入影印機業，以較小的風險挑戰全錄成功。首批感熱紙影印機在美國的經銷業務，是透過舒潔紙業公司進行的。佳能利用借來的技術與管道，可以以低廉的代價瞭解全錄未經營的錄影機市場，等佳能終於發展出可代替全錄的技術，便立即授權給全錄的眾多競爭對手。授權費使佳能籌得充裕的研發費用，而獲授權廠商所反映的意見，則有助於佳能調整研發方向。為贏得明日世界，我們不鼓勵過度的冒險，反而要設法降低好冒險的野心。

我們不是主張不敢對未來下賭注，以致讓機會白白溜走。雖然未來的商機會在「何時」以「何種方式」出現十分難以逆料，但對商機究竟是「什麼」應該有明確的概念。消費電子與電腦勢必會進行一些重要的整合。有一天大部分民眾必然會使用個人無線通訊器；基因工程必然會使疾病的治療方式大為改觀；將來與銀行打交道勢必會透過電話線進行，不必親自出馬；一般家庭也一定有辦法以電子方式接收來自全球大部分地區的資訊。

傑偉士或許不確定如何將六小時的節目，擠進半吋寬的磁帶上，卻很肯定企業若有心在尚待開發的各項技術中闖出一片天，「時間的轉換」（time shift）絕對是不可失的良機。安達信顧問公司有鑑於高階主管多半認為，對資訊技術的投資與回收差距不成比例，而在一九六〇年代初發現縮小此種差距的商機。不過當時這家公司還看不到達成這個目標所有的可能途徑（加強內部員工訓練、革新流程、外包資料處理功能、引進自動化軟體開發工具等），因此當年如果只朝一個方向義無反顧地做下去，則後果堪慮。

賭手段，不賭結果

策略架構是指出建立寬闊專長的大方向，即通往未來有哪幾條可能路線，一旦上路，確切的路徑會漸漸出現。企業下賭注，賭的是邁向未來的手段，而不在於目的地多麼吸引人。沿途我們必須對不同的服務概念、不同的運銷管道及不同的科技加以斟酌。同樣，也不可太早下決定選擇某一路徑。比方說，微軟的主管們雖相信未來的家用資訊服務可能會爆炸，但是他們知道無法預測日後這些資訊主要會由電腦或電視來傳送。爲免投下太大賭注，於是微軟開始考慮是否要與有線電視公司如時代華納或TCI等，聯手開發經電視傳送資訊服務的軟體標準。

當然到最後，針對專長、管道、品牌及產品開發目標作精確的投資，是掌控及利用新商機的必要措施。因爲僅試驗各種可能性，卻不選擇任何目標認真地投入，結果必然會錯失唾手可得的良機，反之把所有的賭注都下在一盤賭局上亦不可取。投資得太少太遲，跟投資得太多太早一樣不智。筆者所要強調的是，發揮想像力且不帶有色眼鏡地思考產業未來的趨勢及動力，可爲公司指點通往新商機及決勝未來的迷津，但這麼做仍有相當程度的不確定性存在（我們反倒覺得大部分公司是因爲對未來缺乏持續的、深入且高層次的思考，才使它們缺乏安全感）。公司唯有更深入瞭解未來的商機有一番如何的面貌與規模，才能夠降低這種沒有把握的感覺。

在盡可能地努力分析思考未來之後，剩下的部分企業便只能自實際行動中去累積經驗：與走在時代前端的顧客結盟，進行產品原型的市場測試，與可能的競爭對手合資開發，鑽研競爭科技等。就這一點而言，我們必須把策略架構當作持續性的工作。一旦隨著經驗的增加，我們對於最有前途的技術、最理想的運銷工具，及顧客真正的需要有了新的認識，投資的優先順序就會愈來愈明顯，風險也會愈來愈小，這時便可再爲寬廣的策略架構逐一添上磚瓦水泥，添加水電設施，並做好內部裝潢。

在擴大企業先見之明及建構策略架構方面，最高管理當局是在見解見識上競爭。然而贏得未來的關鍵不僅止於構思完備的策略架構。架構是通往未來的地圖，但用什麼作動力呢？下面要談的就是，錢不是唯一的燃料。很多資源豐富的公司把未來拱手讓給資源不足的對手，追根究柢，全體員工的熱忱及腦力才是邁向成功的原動力，因此企業要能夠動員公司的每一分熱情及創造力。這是以下兩章的主題。

第6章 以小搏大，以少勝多

我們主張勉爲其難的策略觀點，
有助於拉近策略是「大思想家想出來的偉大計畫」的想法，
與策略只是漸近的一連串決策，
這兩種看法的差距。
爲遷就現實而壓抑企圖心，
將難以激發創造力，
企業的策略潛能也無從發揮。
企業不該過早便考驗理想的可行性與是否合乎現實。
勉爲其難及爲克服困難所產生的創意，
是企業成長及生命力的泉源及動力。

推動企業邁向未來的動力不是現金，而是每位員工的熱情與智慧。這種說法是否有點勉強？

請想想這個例子：假設你是個十幾、二十年前的投資人，請在下列左右兩邊的公司中選擇長期投資的目標：

福斯 對 本田
普強 對 葛蘭素
CBS 對 CNN
全錄 對 佳能
RCA 對 新力
西屋 對 日立
泛美 對 英航
IBM 對 康百克
火石 對 石橋
施樂百 對 威名百貨

你會把錢投向哪一邊？如果不知道今日發展的結果，多數投資人可能會選上方這一類的公司。爲什麼？因爲這些公司有信譽，技術資源豐富，資金充裕。它們雇用業界最具才幹的員工，占有相當大的市場，而且多半都是產品行銷全球。簡單說，就是它們握有資源。然而程度雖然不同，它們的領導地位現在卻遭遇資源看似少得可憐的公司嚴重侵蝕。

投資人可以推說當初看走了眼，但是位於上方這些在本行已有基礎的業者又怎麼說？對於下方這一羣更有活力、更積極進取的競爭對手，它們未能事先預見其潛力，那又如何自圓其說？假設福斯汽車的主管在一九七〇年曾遠走日本做近距離觀察，會得出什麼看法呢？本田首次試製汽車的結果很可憐，當然夠不上德國的工程技術標準，福斯的經理們必然覺得不屑一顧。而RCA與新力又如何呢？RCA幾乎是單手建立起美國的彩色電視工業，每個競爭對手都仰賴RCA的專利，這些專利則來自世上最出色的研究實驗室。新力怎麼可能超越美國消費電子業的開山始祖？

一般公司對資源非常有限的對手往往不放在眼裡。勉強在領先者的雷達幕上可偵察得見的挑戰者，所產生的「光點」也總是太小，很易被忽視。然而自競爭風水輪流轉當中唯一可得的一個結論，即起步時的資源狀況，常不足以預測誰成爲未來產業盟主。一家公司可以坐擁堆積成山的資金，掌控成羣結隊的人才，卻依然喪失領先的優勢。同理，企業有時也能克服嚴重的資源不足障礙，成功地攀上領導產業的高峯。

*筆者想要強調的是，一般總是以有形的資源多寡，而非無形的智謀高低來判斷對手的實力。*就是此種錯誤的判斷，使曼哈頓的媒體大亨們，在以亞特蘭大爲基地的透納，把CNN的雄雄烈火燒向高枕無憂的三大電視網新聞節目時，還給他貼上「南方口音、只會作秀空談」的標籤。然

而決勝未來的關鍵將在智謀而非資源。智謀不但來自結構優美的策略架構，更需要對未來商機有一種感同身受的使命感、一個大夥兒認同的夢想、一個具吸引力的觀點。

小松公司一九六〇年代初的夢想是「圓圈—C」，即積極進攻卡特彼勒較弱的產品及市場區隔，採包圍戰術，希望最後能成爲挖土機業中卡特彼勒全球最主要的挑戰者。多年來佳能的夢想是「打敗全錄」，到一九八〇年代中期，佳能已是世上最多產的影印機廠商。佳能更早的夢想是「打敗萊卡」（Leica），德國著名的照相機廠。一家日本汽車廠基於類似的「打倒賓士」意念，對豪華房車生意展開突擊。不到十年後由這個意念所衍生的車種，在重要的美國市場，銷路不但超過賓士，也贏過寶馬（BMW）。

企業應訂定策略企圖心

能夠激勵公司動起來的夢想，往往比單純的宣戰口號要複雜、要更具積極意義。英航一九八七年初民營化後不久所提出的夢想是，成爲「世上最受歡迎的航空公司」。以當時英航被譽爲服務不出色（英國式輕描淡寫的說法），乘客對這個夢想不敢抱太大希望，也是情有可原。可是到一九九二年，商業旅客雜誌（Business Traveler）評定英航爲跨大西洋最佳的航空公司、全球第二佳航空公司，僅次於新航。即使不是全球「最」佳，至少英航也已成爲少數幾家旅客刻意要選擇的航空公司。

策略企圖心是我們給這種有鼓舞士氣作用的夢想的名稱，它位於策略架構的頂端。策略架構指出未來的方向，但在邁向未來的路途中，激發熱忱與腦力的則是野心勃勃的志向。策略架構是大腦，策略企圖心是心臟。策略企圖心暗示組織需要相當程度的「勉爲其難」，因爲任何公司現有的長才及資源應該均不足以達成其夢想。傳統的策略觀念強調如何以現有資源與眼前的機會「配合」，但策略企圖心的設計卻有意造成資源與期望之間「難以配合」的差距。

策略企圖心可謂公司策略架構的精華，它也代表一家公司希望在未來十年左右，建立如何的長程市場或競爭地位。因此，這種獨特的觀點應能傳達某種方向感。此外，策略企圖心應該與眾不同，對未來有獨樹一幟的觀點。它讓員工有探索新競爭領域的機會，因此它又傳達一種探索感。策略企圖心具有情感上的吸力，是員工視爲理所當然值得追求的目標，因此它又代表使命感。方向、探索、使命，這正是策略企圖心的屬性。

方向感

問問公司職位較低的員工：「我們公司有什麼目標？」根據經驗，很少低階員工能答得很確切，通常都是觀念模糊的理想（「跟著市場走」）或短程的營運目標（「改進獲利能力」、「降低成本」或「加快生產週期」）。多數公司的員工除關心本單位短期績效目標外，並沒有共同的使命感。既然缺少有督促力的方向感，員工們也不會對公司的競爭力產生強烈的責任感。大部分人除非有確切的目標，否則是不肯多費心思工作的。

大家應該都聽過中級經理人發出這類的怨言：「如果上面少插手，放手讓我們去做，我們的表現可以更好幾倍。」這句話還有個變體：「如果我們有更明確的方向，一定可以做得更好。可惜大家對追求的目標似乎都沒什麼概念。」

對於這兩種看似矛盾的要求我們應該如何是好？中級經理人究竟對最高管理當局有什麼要求？其實很簡單：大多數公司都是管理過度，領導不足。多數企業的總部對控制部屬的重視遠過於引導部屬，這句話毫不誇張。部門經理所不滿的是企業官僚作風的緊箍咒，以及在缺乏大方向的指引下必須作決定而產生的挫折感。

日產汽車一位高階主管在一九九二年說：「通用汽車實力雄厚，但他們未能明確地引導這股力量。如果有些（員工）向左，有些向右，那公司便無法前進。」這並不表示日產本身就沒有問題，只是這位主管點出了通用雖然資源豐富，卻因爲缺乏一致的使命感，個人的努力便分散了。公司若沒有整體的方向，幾乎必然會發生部門之間目的對立，事情的優先順序任意決定，尚權宜之計而犧牲一貫政策等流弊，使經理人備感挫折。

官僚體系的存在及其控制資本支出、金錢獎勵、營運規畫、作業指引及組織設計的目的，說起來是爲防止員工各行其是。理論上，它應該是一種有各種制衡方式的體系，可以防止個人追求徇私或相互牴觸的目標。但是企業對努力的方向若無定見，官僚體系就會流於執行主流思想的工具。個人及部門的自由，會因此受限於沒有目的的財務管制措施，以及只知死守對產業深遠變化無動於衷的傳統作業方式。實際上，官僚體系在防止員工腳步不一致上作用不大，反而是使有心結合眾人力量的人必須披荊斬棘才能有所作爲。

官僚體系處處扼殺創意及主動精神，限制個人發揮，卻不告訴我們企業的最終目標爲何。因此，很多公司是手段受到節制，目的卻無人聞問。企業沒有長期的方向，於是對「核心」事業的定義每隔幾年便要調整一次；購併及撤資的決定只考慮短期財務得失，沒有一貫的理念；市場及產品開發也缺乏一定的軌跡。但是對於使用何種市場管道、發展哪些產品概念及應該賺取價值鏈中哪一部分的利潤，企業卻唯我獨尊，不容許個人置喙。方向模糊再加上作風頑固，常會威脅到企業未來的繁榮發展：「我們不確定要往何處去，但走熟悉的路線總不會錯。」

最高階層對於中級幹部及基層員工要求更多自由的呼聲，並非充耳不聞。組織分權化（decentralization）時下非常流行，「授權，授權」，像口號似地在各公司董事會裡叫得震天價響。打擊官僚、分層負責（delegation）及賦予實權（empowerment），正是當紅的管理時尚。它們之所以吸引人也是理所當然的，分層負責與賦予實權不是好聽的口號，而是反制造成眾多公司浪費眾多人才的菁英主義所亟需的解毒劑。於是一些總公司幕僚羣，即企業規矩的守護者，紛紛裁員去職。副總們接到他們只是「教練」，應該讓部門主管「表現」的指示，於是主管的權威遭下放，各單位的資本支出上限放寬，部門檢討頻率降低，預算規畫及資金分配的程序簡化。部門經理則獲指示，把所管轄的部門當作自己的事業來經營。

把策略性決策的責任交付給最接近顧客與競爭對手的人，固然是一劑良方，可是它就像所有的管理妙方一樣，使用過量便可能中毒。打破官僚體系卻不代以明確且令人信服的方向感，必會造成混亂；賦予實權卻不指明方向，則會形成無政府狀態。

個人自由、分層負責常能帶來出乎意料的成功，但若想使公司在複雜的商機中取得領導地位，如互動式家庭娛樂系統（時代華納公司的夢想），開發超巨無霸客機（波音公司正想在一個國際機體廠商集團中取得這方面的領先地位），或開發電動車（福特與通用正在這方面合作），則尚需更進一步。實現這些機會所花的時間可長達十到二十年，並且需要整合公司內外多種的複雜技能。孤立而缺乏指引的創業隊伍，在這些領域是難以有所成就的。

漫遊不會往前邁進。我們以爲，針對明定的策略企圖心發揮創意，效果更好。創意應該不受羈絆，但不可漫無目標。策略企圖心對目標的要求比手段嚴格，可使企業的方向一致。由於通往未來路途上種種的障礙難以逆料，因此策略企圖心必須留有足夠的空間，以實驗各種抵達目的地的方法。它對目的地有限制，但對如何去則保留相當的空間，方法則不限。

探索感

每個人心中都有一股冒險精神，不論是新食譜、新奇旅遊行程的傳單、建築師爲客戶設計的住宅、到偏遠地區的溪流垂釣、在新積雪的斜坡上滑下第一道痕跡或新生兒的誕生，都能令我們享受到探索的樂趣。人人都對探索未知世界感興趣，只是程度上的差異。因此公司的使命若跟競爭對手大同小異，員工就很難提起勁來。

最近筆者之一曾對一家大型跨國公司的十五位最高主管演講，把這家公司的使命宣言（mission statement）拿給聽眾看，結果沒有人有異議，因爲那看起來的確像是他們公司的。其實演講時銀幕上打出的是他們主要競爭對手的使命宣言！

如果沒有區別，要使命宣言又有何用？它爲公司在一個已經過分擁擠的市場建一個獨特且易守的地位，機會如何？事實上，如果把一百家大型工業公司的使命宣言拿來，趁夜裡大家熟睡時混成一堆，然後再隨便配給每家公司，第二天醒來時誰會大叫：「老天，我們的使命宣言怎麼被掉包了？」

對這種普通的使命宣言員工爲什麼要在乎呢？策略企圖心應該給員工一個令人動心的新使命（如大西洋貝爾公司希望對用戶提供全新的資訊服務），否則至少也要提供通往尋常目的地的新路線（如豐田汽車打入豪華房車市場）。

使命感

策略企圖心必須是能讓每位員工尊敬與效忠的目標。這個使命不僅要與眾不同，還要值得追求。阿波羅太空計畫的企圖心跟小松要向卡特彼勒挑戰一樣，以競爭為主要考量，但是它還有相當深的情感因素。甘迺迪總統（John F. Kennedy）在向美國人說明要在一九六〇年代結束之前登陸月球時，特別提醒大家，別忘了探索新疆界的使命。以日本過去長期的語言及地理隔絕，日本人想要開發翻譯電話以彌補語言鴻溝的感情動機，也同樣強烈。到一九九二年底，日本業界與政府合夥，在這方面已投入一億三千多萬美元，努力了七年。

有史以來志向最大、情感因素最強烈的策略企圖，當屬基督命令他那羣人數不多且貧窮的門徒，「到全世界傳布福音」。企業的企圖心雖很少標榜如此崇高的理想，但我們認為，這種企圖心仍必須具有悱惻動人的力量。有太多的使命宣言完全不能激起絲毫的使命感，因此我們寧取真正能對顧客的生活有所影響的目標。蘋果電腦矢志開發真正方便顧客使用的電腦就是一個例子；曾熱忱參與其事，先完成麗莎後又推出麥金塔的人，現在回顧那段全心投入的時期，想必多半會覺得那是自我事業生涯中最有成就感的日子。

就這一點而言，策略企圖心的內涵不僅在於確立目標，也在於讓員工覺得努力有意義。我們常會問主管，如果想像現在是十或十五年後，你希望達成什麼樣的集體成就，用以證明這十或十五年裡，你過的是個人事業生涯當中，最興奮、最有成就感、最有目標的生活？換句話說，你希望留下什麼樣的佳話美談？我們認爲，每位員工都有權享受貢獻一己之力促成佳話美談的成就感，即追求有價值而且超出個人所能企及的更大更持久的成就。很多公司漸漸發現，原來每位員工都有頭腦，但不知道有多少公司知道，員工也有心？有人問正在爲倫敦聖保祿大教堂做工的石匠手，他是做哪一行的？此人答：「我蓋雄偉的大教堂。」有多少替今日企業效命的石匠感覺自己是在蓋教堂，不止是在做工？

幾年前筆者之一曾擔任一家美國電子公司高階主管的顧問，特地到「深入德州心臟」的這家工廠去拜訪。抵達時正逢工人換班，因此有機會與工人聊一聊他們的工作與公司的情形。經詢問，大約三十名左右的員工，請他們說出公司的主要競爭對手是誰時，居然很少人說得出來，在自己的產品線上誰是公司全球主要的對手。至於公司在哪些方面比這個對手強或弱的問題，所得的答案是一片空白。這種反應促使筆者把這家公司高層主管最近正在討論的競爭力相關資訊（市場占有率、業績成長、成本、創新發明及生產力等），告訴這些第一線的員工。此外也與他們討論，若無法保持競爭力會有什麼後果，例如顧客被迫向垂直整合度更高的日本供應商或競爭者採購同樣的零件，會對公司有什麼不利之處。討論快結束時，一個特大號粗線條的員工很小聲地說：

我在這裡工作了八年，要求改進生產、提高品質、降低成本的壓力源源不斷，但我從不覺得自己是一個全球大家庭的一分子，正在打一場全球大戰，也從不真正瞭解打輸或打贏會有什麼後果。

聽此言真教人難過。這羣員工一直受到驅策，要他們更努力，做得更快更好，達到更高的績效，可是卻沒有值得他們重視的計分板。沒有計分板的比賽誰也沒興趣看。而最高階層的計分板（股東的投資報酬），對於距離那些要在股東面前爲自我辯護的人有好幾級的員工，很難產生情感上的拉力。

因此，很多公司用所謂滿意指數來測量員工對待遇及工作環境的滿意程度，但策略企圖心的目的不只在令員工滿意，而是要激起他們的熱情。士氣愈高，決定員工滿意度的因素就愈不限於薪酬和工作環境。根據《新機器的靈魂》（The Soul of a New Machine）這本書的描述，像早期的通用資訊（Data General）公司這種高士氣高理想的組織裡，工作熱忱往往超越對滿意度的要求。爲追求遠大的目標，員工對主管不合理的時限要求，每週長達八十小時的工作時間及最起碼的工作環境，都願意配合。

員工有責任爲公司的成功辛勤工作，這是雇用契約的基本要件，但管理當局也有相對的責任，爲工作賦予比金錢報酬更崇高的目的。要激勵員工的情感及智慧，絕不能只靠個人收入的利誘。再好的薪資制度也無法保證，一心一意追求個人更高的收入，到頭來不會稀釋掉公司的成功。如果沒有策略企圖心爲後盾，把各個部門畫作自負盈虧的利潤中心單位，以及根據每位員工的表現訂定賞罰的作法，可能產生出乎意料的嚴重副作用：部門間只見到競爭，看不到合作的好處；部門間對盈餘分配、內部轉價價格、間接成本分攤，爭論不休，及過分迷信速效或權宜之計。治療這些後遺症的對策，就是使全公司認同具有感情力量的策略企圖心。

只單純地想發展到相當規模或成爲規模最大的公司的目標，也不可能抓住員工的想像力。把營業額提升到二百五十億美元，或像ＩＢＭ的要達到一千億美元，這不是策略企圖心，因爲它沒有指出特定的方向。爲成長而成長很可能造成這樣的後果：漫無目標失策的購併，在不值得的市場上花費大筆投資以搶得占有率，或對持續走下坡的事業投入過多的研發經費。雖然策略企圖心本身多半就有追求成長的含義，但唯有當公司指出明確的目標時，始能激發員工真正的熱情。號召開創新的競爭空間，以業界龍頭爲標竿設法超越它，爲顧客提供他們絕對想不到的好處等，都比達成冰冷的數字目標更能感動員工。此話或許已是陳腔濫調，但唯有立定遠大的企圖心，才會有超水準的表現。

以企業挑戰激發員工鬥志

方向、探索及使命是判定策略企圖心優劣的標準。要把企圖心變爲真實，就必須讓每位員工都瞭解，他們的努力奉獻是達成策略企圖心的關鍵。不僅人人都必須感覺對這個目標有情感上的義務，還必須明白，自身的工作與達成這個目標之間的關聯。簡言之就是，策略企圖心應該「個人化」，成為每個人的志向。個人化的第一步便是訂定明確的企業挑戰，將員工的注意力集中於下一個必須建立的關鍵優勢或專長上。至於每項挑戰的確實內容，則由策略架構決定。

最高管理當局的責任是集中全公司注意的焦點於下一項挑戰，以及再下去的每一項挑戰。或許品質是首項挑戰，接下來是生產週期、產品循環週期，然後是打入亞洲市場、精通某種技術等。最高階層訂下一步步建立專長的步驟，員工便可清楚地知道下一個目標在哪裡。這一點小松企業是以「政策管理」（management by policy）的方式來進行。每年在經過廣泛的意見溝通後，董事長會宣布下一年的關鍵挑戰。某一年他宣布的是品質，次年又變為大幅降低成本，接著是國際擴張及產品線開發（表6—1）。挑戰是今日通往未來的路途上一個個的里程碑，是策略架構的重要元素。

企業挑戰是著手取得新競爭優勢的實戰計畫，它點出中短期內建立公司專長的重點。企業挑戰，是引導企業企圖心所激起的熱忱及腦力的方向盤。筆者認為，集中智慧腦力及工作熱忱的任務對最高管理階層而言，其重要性不下於對資金運用分配的管理。除非每位員工都對公司的成敗得失有很深的責任感，而且有貢獻個人智慧精力的管道，否則想要在全球市場上贏得領導地位，不啻是癡心妄想。我們所知道的公司中，沒有一個主要是因為資金不足而無法實現經營理想的。

假設某公司剛開始時在某些方面已經落後，那最先的挑戰應該著重於迎頭趕上，而不是一心想超前。不過企業挑戰跟企業企圖心一樣，重結果（如將產品開發時間縮短到兩年）不重過程，讓員工自行決定以什麼方法達成公司力爭上游的目標。同時，它也比較在乎想要達成的目標，而不是可以達成的目標。

小松企業在立定目標，決定追上卡特彼勒世界級的品質時，其產品品質不到卡特彼勒的一半。如果當時訂的是每年改進二〇%的品質，或許更爲實際，但那會使小松根本沒有條件在外銷市場上搶奪卡特彼勒的占有率。幸而在宣布品質目標後僅三年內，小松便進步到世界級的品質水準並獲得戴明獎。像這種遠大的目標需要企業有超水準的表現，迫使企業不得因襲傳統，必須另闢蹊徑。這種目標顯然無法靠做得更多、更快、更好來實現，唯有自基本上重新思考程序、角色、責任，打破傳統，才能成功。

建立競爭企圖心

每名員工都應該有自己的計分卡，使個人的工作與公司在某個時期內要追求的挑戰目標產生直接的關聯。卡上所記的可以是個人做到的品質標準、及時完成交付任務或生產力統計等紀錄。當然若績效無法測量，就談不上有沒有改進，但是有多少員工的績效是根據個別員工對公司整體策略企圖心的貢獻來衡量的？我們所知道的例子可謂少之又少。

福特汽車推動品質運動初期所用的方法之一，是將日本合夥廠商馬自達（Mazda）的每個製

表6-1

使小松成為國際企業並建立外銷市場		回應威脅市場的外來震撼		開發新產品與市場	
1960年代早期	開發東歐國家	1975	實施V－10計畫，降低成本10%同時保持品質，減少零件20%，使製造系統合理化	1970年代晚期	加速產品開發，擴大產品線
1967	成立小松歐洲行銷子公司	1977	實施¥180計畫，在美元對日圓還是240：1時，全公司的預算即以180日圓的匯率為準	1979	實施未來與開疆拓土計畫，根據社會需要及公司技術知識，找尋新的事業機會
1970	成立小松美國公司	1979	實施E計畫，針對石油危機成立小組，加倍努力降低成本維持品質	1981	實施EPOCHS計畫，以提高生產效率來調和增多的產品種類
1972	實施B計畫，改進大型推土機的耐用度與可靠度並降低成本				
1972	實施C計畫，改進載重機				
1972	實施D計畫，改進水力挖土機				
1974	成立售前服務部門，協助新興工業化國家進行建設				

資料來源：哈佛商業評論「策略企圖心」（一九八九年五至六月），第六十八頁

表6-1 小松公司如何建立競爭優勢

企業挑戰	保護國內市場 防止卡特彼勒侵犯		降低成本 同時保持品質	
方案計畫	1960年代早期	與Cummins Engine、International Harvester、Bucyrus- Erie簽訂授權協定，取得技術與建立競爭標竿	1965	CD計畫（代表降低成本Cost Down）
	1961	實施A計畫（代表Ace卓越），提升小松中小型推土機產品品質超越卡特彼勒之上	1966	全面CD計畫
	1962	在全公司推動品質圈，讓全體員工接受訓練		

造過程拍成錄影帶，再放給歐洲與美國的工人看。有一集拍的是爲汽車的內車頂裝「襯裡」，一名馬自達工人獨自一人不到一分鐘就裝好，相同的工作在一個典型的歐洲福特廠，要四個工人六分鐘的時間才能裝好。這二十四比一的生產力差距顯然不合理，但顯然也不能完全怪罪於生產線的工人。馬自達總共只有兩種襯裡，福特卻有很多種；馬自達的襯裡送到生產現場時，是根據生產線上所生產的車種順序放置；馬自達的襯裡一扣就扣好了，福特的卻必須煞費周章地用膠黏……這卷錄影帶傳達給工人的訊息非常直截了當：「各位必須幫助公司改善工作流程，我們才能恢復競爭力。」還有：「只有一種標準是重要的，就是世界級的標準。」這是廣義的策略企圖心（「品質第一」）如何化作個別員工企圖心，一個絕佳的例子。

坦誠面對競爭

在管理階層的管理工具中，最被忽視的鼓舞士氣的利器當屬競爭對手及顧客所提供的標竿。有位英國經理人，對我們要求他把競爭對手的標準提供給每位員工的反應是：「我們英國人沒有那麼大的競爭心，人性中殺手式的本能在這裡不太流行。」但只要看過英國球員在橄欖球球場上與法國選手競逐的人，就知道英國的競爭精神不死，而且相當旺盛，跟全歐洲沒有兩樣。競爭心與追求成功的意願並非日本或美國人的專利，可是除非每名員工時時刻刻都知道，在自己這一行世界級的最佳表現是什麼，這種意願及企圖心便難自公司的各個階層，自每個人的內心深處綻放出來。我們所見過的員工，不論哪一階層，沒有一個不想勝利成功的。但培養使命感（「爭取超級杯冠軍」），舉出建立專長的重要挑戰（「我們必須好好加強我們的傳球能力」），並幫助每個人瞭解自己在爭取勝利上扮演什麼角色（是四分衛、前鋒，還是中鋒），這些全是高階主管的責任。

員工若不知道確切的挑戰在哪裡，對提升競爭力就使不上力。他們自己或許肯拚命苦幹，但沒有全公司一致持續的努力，企業是無法超人一等的。同樣的，沒有外來標準的刺激，員工很容易就會覺得，要求改進的壓力不是來自市場競爭的現實，而是出自最高主管的私心。

我們認識一家跨國公司，在高效率速度快的日本對手競爭之下，市場占有率節節敗退。員工經常收到上級發下來的錄影帶，指責他們表現欠佳，要求他們改進。但是第一線工人及中級主管對公司競爭力到底有多差，差在哪裡，在自己的工作範圍內看不到一點蛛絲馬跡。大家確實都同意，公司的成本是高了一點，產品開發的時間或許可以縮短一點，可是沒有確切的資料，大家就不會覺得有力求改進的急切需要。

在最高主管這一方面，他們起先不肯承認競爭力的問題有多嚴重。幕僚人員或部門經理都很聰明，不會把競爭力衰退的痛苦真相向最高當局報告。研發部門的主管怎可承認，公司花費相當於主要日本對手兩倍半的研發經費，但所推出的新產品受歡迎的程度卻比對手少很多；或是公司所用的開發工程師比日本對手多，卻需要兩倍的時間才能把新產品由構想變成商品推出上市？這家全球性廠商的總經理又怎能承認，公司產品的瑕疵率比世界標準高出十二倍；或是某日本對手可以在歐洲小規模地生產，其成本比自己的公司向臺灣工廠採購還要便宜？業務及行銷部門的主管又怎能承認，公司每收入一塊錢的間接成本跟營業額只有一半的競爭對手相當？

當這類令人憂心的資料果真到達最高主管面前時，報告中總是以，日本對手顯然擁有若干在歐美環境下辦不到的特殊優勢這個「事實」，把問題一筆帶過。可是即使這個藉口已到愈來愈無法自圓其說的地步（日本對手也向歐洲廠採購零件，而且惠普電腦及摩托羅拉等美國公司也在日本對手環伺下守住自己的江山），最高主管們還是不願承認，自己的公司在很多競爭力的衡量標準上都落後許多，尤其是沒有人願第一個挺身認錯。

然而每位員工不論職位高低都看得到，這家公司的產品在當地零售店貨架上所占據的空間愈來愈小。當衰退的證據日益明顯，大家便逐漸喪失對最高管理階層的信心。「最高階層爲什麼不採取對策呢？」這成了公司全體的心聲。然而最高主管們雖知道他們無法獨力解決問題，但又拉不下臉來向全體員工求助，於是唯有因循蹉跎。

後來董事長突然被撤換，換上一批新的最高主管，並展開對公司競爭力徹底的反省檢討，打破僵局的曙光才出現。最高主管有檢討結果爲依據，便可以爲公司訂定確切的改進目標，並額外花了不少工夫，爲每一位員工設定目標。這一來大家總算鬆了一口氣，全力投入恢復往日光榮業績的任務中。但是先前因爲不肯面對現實而浪費掉的時間，付出的代價是成千上萬員工的生計。

這個故事的教訓是，訂定企業挑戰時，高層人員必須非常誠實謙虛：誠實地勾勒出眼前的使命有多麼艱鉅；謙虛地承認，公司表現欠佳最高當局也有責任。摩托羅拉是我們所知道的自我批評最嚴苛的公司之一，它絕不以業績「夠好」爲滿足。可惜在某些公司，誠實的批評，尤其是來自下屬的逆耳忠言，往往招來猜忌，而不是使公司標準提升。

如果員工想追求更好的表現，卻無權向公司的正統主張挑戰，那企業挑戰只會製造挫折感，難以產生創新。我們發覺有一種相當矛盾的現象，最能彰顯實權下授的自由，就是質疑公司標準作業程序、工作流程設計及層層節制方式的自由，往往也是第一線員工最常不被授權的自由。在發生問題時允許工廠工人作主把整個生產線停下來，跟容許工人對工作內容的安排及工廠平面的配置發表意見，是兩回事。有人主張追求全面品管是管理革新的關鍵，對外行人而言這種主張實在費解，品質與管理方法革新有什麼關係？其實很簡單，提升品質的根本便是願意對每一個品質問題追根究柢。而問題的癥結通常不像表面上看到的那麼單純，牽扯的領域可能包括與供應商的關係、生產流程設計、資訊系統、廠房設施等。而與品質問題關係最密切的人，才最知道應如何改進，才最能夠提出真正有用的意見。略微增加基層員工的權力還不夠，人人都應享有質疑任何有礙達成策略企圖心的事務。

有福同享，有難同當

企業挑戰的好處之一是，它可以使全公司上下齊心協力於建設企業能力的相同目標。建立新競爭優勢或克服舊有的缺陷，不是單一層級的力量所能竟全功的。品質、生產週期、售後服務及彈性製造等等優勢的建立，有賴每一層級的每個職位齊心協力，不論部門總經理或第一線工人都難以獨撐大局。因此人人都應該瞭解某個企業挑戰的全貌、不同職位間應如何相互配合，以及個人應負的責任範圍。

此外，員工若不認爲公司一旦經營成功，個人相對地也能同等受惠，就不太可能對企業挑戰全力以赴。要使這些挑戰生根，就必須維持「有福同享，有難同當」的氣氛。可是在最高主管薪水相當於基層員工的七十五倍到一百倍的情況下，實在很難讓人有這種感覺。雖然員工們耳朵裡聽到的是：「你們是公司最珍貴的資產。」或「你們是公司競爭力的支柱。」但薪資差距卻傳達著矛盾但更具說服力的訊息。我們不難想像一個低級員工會有這樣的想法：「上面那些傢伙拿那麼多的錢，當然應該知道一切問題的答案。」

我們認爲，很多公司讓工人爲競爭力低落負起大部分責任不太合理。有一家請我們擔任過顧問的公司，當時最高主管正設法要工人降低加薪要求，理由是縮短與外國競爭對手的勞動成本差距。但根據薪資調查結果，外國對手的工資比這家公司還高，但雙方員工的人數雖差不多，對方產值卻較高，且其生產力優勢幾乎全出自工人主動提出的改進製程的建議。各位可想而知，當這家公司的工人最後仍被迫同意凍結工資，他們對改進生產力還會有多熱心。拿這個實例來與日本人的作法相對照，當日本大企業面臨突如其來的財務困境時，經常是職位最高的減薪最多，最低層的減薪最少。這種作法更確實地反映出，誰才真正應該爲應變不及負責任。

最後一點就是公司要給每位員工貢獻他們心力智慧的工具，這些工具可能是統計分析、一般解決問題的技巧、設定標竿的方法、系統規畫及團隊合作紀律等。摩托羅拉設立了企業大學，將這些技巧教給員工，它明白要求員工赤手空拳建立新的競爭優勢毫無意義。雖賦予員工實權卻讓他們兩手空空，等於根本沒有授權。

經如此安排後，企業挑戰即成爲由現狀通往策略企圖心的踏腳石。每項挑戰都激勵員工知其不可而爲之，每項挑戰都可以說是一個小型的策略企圖心。決定誰先抵達終點的關鍵，在於是否能夠全體一致全神貫注於重要的挑戰上。想要在未來的競爭中求勝，比對手更快建立新專長和訂定策略企圖心同樣重要，這才是最主要的競爭優勢所在。不論成功的敲門磚是什麼，管理企業挑戰不出以下幾項要素：根據策略企圖心訂定挑戰內容（如爭取領導地位的下一個合理步驟應該怎麼做）；誠實謙虛地描繪每項挑戰的性質與難度；明確指出在某段時間內應完成哪些改善；訂下衡量指標使每名員工能以整體挑戰爲目標，去努力貢獻；賦予員工跳脫職務或層級界線提供意見的自由。

勉為其難

企業的策略架構及整體策略企圖心，固然必須建立在對潛在的斷續現象、競爭對手的意圖及不斷改變的顧客需要等均有深入的認識上，但策略企圖心必須取法乎上，也就是要有超越公司現有資源及能力所及的目標。可惜企業所採用的規畫及預算標準，往往阻止它追求在現有資源能力範圍以外的境界。眼前可行的近利驅逐了值得期盼的長遠目標。且聽我們說明。

策略規畫實際上是一種「可行性過濾」過程，其著眼點是在解答某項策略是否完全可行的問題。公司是否擁有必要的資源？市場是否能接受？策略方案的淨現值是否是正數？策略規畫關心的是這類問題，它和資本預算在本質上都是爲了篩檢以公司現有條件無法達成的目標，都是要求經理人「腳踏實地」，並非壞事，問這些問題也很合理。不經深思熟慮輕率決定的策略固然絕不足取，但若公司提出企圖心不小的十年策略企圖心，以這些標準來過濾，必然是過不了關的。

但傑偉士的工程師在一九六〇年代初若夠「腳踏實地」，就絕不會開發出家用錄影機；甘迺迪總統夠「腳踏實地」，就絕不會讓美國立下登陸月球的企圖心；山葉在十九世紀末年若只知講求實際，就絕對想不到要把山葉變爲世界首屈一指的鋼琴及樂器製造商。

雄心壯志被可行性所否決，目標遠大的策略企圖心就難以被採納。若說政治是可能的藝術（art of possible），領導便是化不能爲可能的藝術。印度聖雄甘地、美國林肯總統及民權鬥士金恩博士，都是第一流的領袖人物，搞政治還在其次。同理，策略企圖心一定要超越策略規畫的現實考量。雖然策略計畫理論上是以未來爲著眼點，但大多數經理人都承認，他們的策略計畫中，反映今日的問題多於明日的商機。計畫只是預測如何由目前一步步推向未來，而策略企圖心的目標則在於把未來拉到眼前，它強迫企業自問：「如果要建立這樣的未來，如果要達到這樣的目標，我們現在應該如何改變當前的作爲？」

策略企圖心或許不是很切乎實際，但也絕非空談。CNN的透納想創設的是遍布全球的新聞網，不是把美國的預算赤字一筆勾消。策略企圖心是實際存在的目標，是說得出來的目的地。企業策略架構必須是對產業斷續發展、本身核心專長及潛在顧客需要，有深入且具創意的理解。產業先見也必須有札實的根據，它必須爲企業指出真正商機的方向，但不可對公司的發展範圍及前進速度任意設下限制。除非高階主管肯認定一個超出策略規畫範圍的努力目標，否則就沒有策略企圖心可言。未來也將屬於他人。

我們認為最高管理階層有責任建立更高期望，刻意拉開企圖心與資源之間的距離。一般經理人執意強調目標與資源「配合」的觀念，在策略規畫中根深柢固，使人忽略了主管的任務之一，是要製造資源與企圖心之間的不協調。當然，短程的目標總要與手頭的資源大致相符，但是也不必百分之百地相稱，中程挑戰就應該有更高的要求，百分之百的腳踏實地保證使企業衰退停滯。我們需要的策略觀點不但要講究配合（fit），更要勉為其難。

我們主張勉爲其難的策略觀點，有助於拉近策略是「大思想家想出來的偉大計畫」的想法，與策略只是漸近的一連串決策，這兩種看法的差距。勉爲其難的策略是刻意設計的策略，因爲最高主管確實對有哪些目標可選擇，及企業邁向未來的挑戰何在，有更清楚的認識。它也是漸近的策略，因爲最高主管無法事先決定通往未來的每一個步驟。勉爲其難策略也承認一個重要的矛盾現象，即領導工作不可能完全在計畫的掌握之中，但也少不了敘述清晰且廣爲接納的理想。

爲遷就現實而壓抑企圖心，將難以激發創造力，企業的策略潛能也無從發揮。企業不該過早便考驗理想的可行性與是否合乎現實。勉爲其難及爲克服困難所產生的創意，是企業成長及生命力的泉源及動力。這便是訂定策略的第一步，必須在企業現狀與目標之間刻意製造不協調的原因。

但企業終究必須設法拉近策略企圖心所造成的資源與理想之間的差距。我們不贊同爲現實而犧牲理想，我們主張善用資源，以最經濟的油料走最長遠的路程。經理人應如何發揮創意，擴大公司的資源並使資源產生相乘的效果，是下一章討論的主題。

第7章 以一當十，善用資源

把策略以勉爲其難的觀點檢驗，
也能揭開日本公司成功之道的神話，
解釋爲什麼日本公司雖在起步的資源上吃虧，
仍能夠成爲世界領袖。
要解釋新力、豐田或山葉的成功，
與其談日本式管理的特點，
不如談資源善用。
西方主管由此所得的教訓不是去學習日本的文化，
而是應該設法使公司內維持足夠的必須勉爲其難的環境，
促使大家努力尋找可加強資源利用的機會。

圖7-1 製造業勞工生產力（以小時為單位）

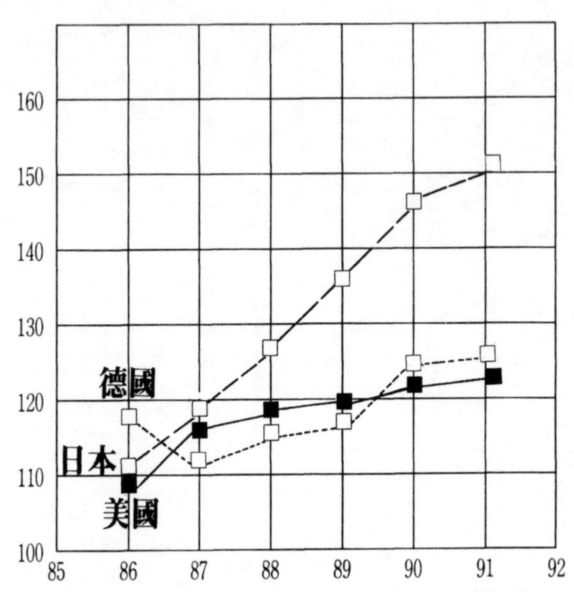

指數：以一九八二年爲基數100。

資料來源：勞工月報（Monthly Labor Review），美國商務部，一九九三年十二月

圖7—1至7—5所反映的事實頗值得玩味。圖7—1是日本製造商驚人的員工生產力紀錄，自圖7—2中可以看出，日本廠商不僅勞動生產力高人一等，間接費用占總成本的比例也比美國與德國一般的情形低。這不是勞動生產力，而是管理及系統生產力。再看圖7—3至7—5，由其中可看出研發支出與研發產出不一定成正比。通用汽車的研發支出是本田汽車的四倍多，可是在底盤技術上卻非公認的世界領袖，至少在顧客心目

圖7-2 間接成本

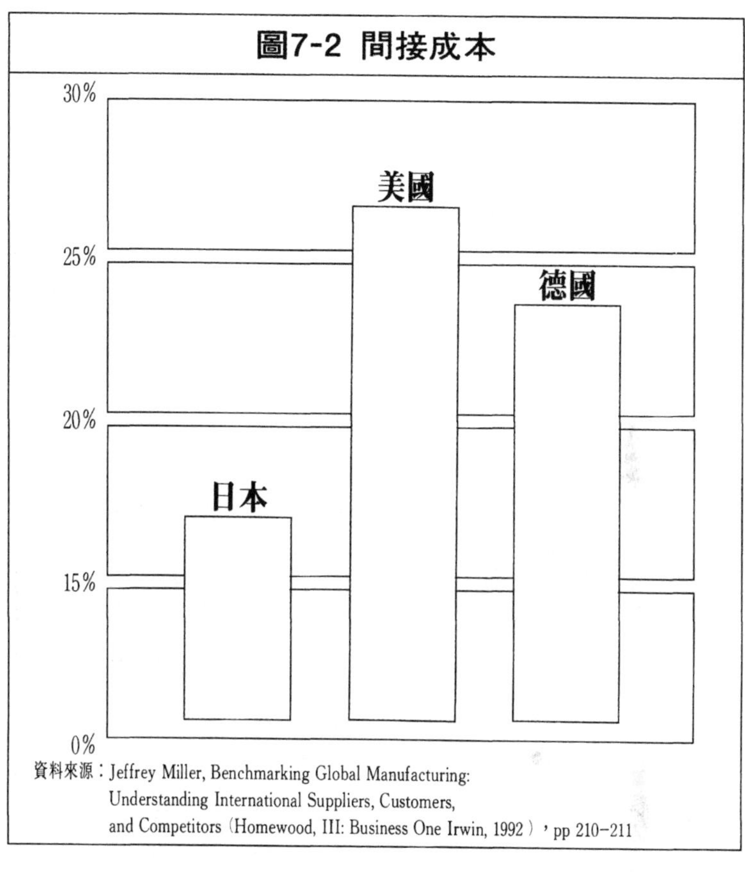

資料來源：Jeffrey Miller, Benchmarking Global Manufacturing: Understanding International Suppliers, Customers, and Competitors（Homewood, III: Business One Irwin, 1992），pp 210–211

中是如此，這是爲什麼？飛利浦的研發預算多年來一直超出新力很多，但是否開發出比新力多出許多的成功產品？在這些統計圖表中，我們看到真實的研發生產力紀錄，這一切表達的是何種訊息？有一羣日本製造公司證明了可以用較少的資本做出更多的成果。這並不是因爲日本人天賦的資源豐富，而是因爲日本公司不在乎現有的資源匱乏。日本人不只是在製造方面精簡，在各方面都精簡。

勉爲其難與善用資源

圖7-3　在美國連續七年取得專利權名列前矛的日本公司（1992年）

1.	佳能
2.	東芝
3.	三菱
4.	日立

資料來源：美國專利局

（leverage）關係密切。這一章一開始就借一個並非完全虛構的例子，說明這兩者的關係。設想在同一產業中競爭的兩家公司：甲公司的資源包括人才、技術、行銷管道、品牌、生產設施及現金周轉，樣樣充足，這些資源經數十年的累積，造成它過去及當前居產業領導地位，但這些無法保證未來可以永遠領先。甲公司除了守住第一的地位外，沒有其他欲望。公司高階主管口中所說的目標是：「與產業同步成長」。因此可以說，甲公司的資源可觀，但雄心平平。

乙公司規模小很多，有形資源也比甲公司少得多，因此別無選擇，只有用更少的員工、花更少的預算，利用有限的設施及只及甲公司一部分的研發經費。但乙公司無視於資源短缺，仍躍躍欲試、雄心勃勃。雖然對方必然會嗤之以鼻，但它一心一意想幹掉甲公司盟主的地位。乙公司主管深知，要實現目標就必須成長得比甲公司快，比甲公司開發更多更好的產品，並且還要設法打進世界各主要市場，建立全球的品牌知名度等；乙公司正好與甲公司相反：資源貧乏但期望高。

圖7-4 研發支出絕對值比較

（單位：百萬美元，1993年）

西門子	5,322	飛利浦	2,079
日立	3,907	新力	1,809
通用汽車	5,917	全錄	922
本田	1,447	佳能	794
A T & T	2,911	IBM	5,083
日本電信電話公司	2,157	NEC	2,274

資料來源：R&D Scoreboard, Business Week International, 28 June 1993, pp 54－57 及各公司報告
*：包括工程開支

甲公司的資源應付其期望「游刃有餘」，乙公司的情況即我們所謂的「勉爲其難」。僅根據這一點我們便可合理地推斷，這兩家公司必會採取截然不同的競爭策略，各自在資源的運用上也會展現不同的創意。

當然甲公司的「策略條件」有利得多，在建立新生產設施上可取得先機，研發支出高過乙公司，又可以價格戰爭取市場占有率，及動員最多的業務員人力等。老實說，以其資源之充裕，甲公司不會把乙公司的挑戰看在眼裡。甲公司的主管很難不採取第一次世界大戰的壕溝戰守勢策略：「我們的子彈比敵人的肉身還多。」甲公司打算只靠資源上的優勢即把對手制服，即使本身的資源運用效率低也不在乎。

乙公司沒有這麼優裕的條件，面對富有

圖7-5 研發支出相對值比較

（研發經費占營業額百分比，1993會計年度）

公司	%	公司	%
NTT	11.1	日立	6.7
西門子	10.0	富士	6.6
湯姆笙	8.3	夏普	6.5
艾波比	8.1	新力	6.1
NEC	8.0	松下	5.6
IBM	7.9	全錄	5.4
柯達	7.9	佳能	5.2
拜耳	7.5	三菱	4.6
飛利浦	6.8	托雷	3.4

資料來源：R&D Scoreboard, Business Week International, 28 June 1993, pp. 54–57 及各公司報告

註：托雷（Toray）

的對手，它唯有打游擊戰，希望能在對方的驕傲自大中找到縫隙。它必須比敵人機動，而不企圖以火力勝過敵人，這正是北越面對美國強大的軍力時所看到的簡單事實。據說有一位年長的西方將領，某次趁訪問河內之便，問某位越南老將軍一個他始終耿耿於懷的問題。雖然美軍不斷設法找出並炸毀他們的橋樑，北越卻能來去自如地讓士兵及輜重渡河，這是怎麼回事？答案很簡單，北越把橋就建在水平面之下，空中偵察機根本看不到，但人員及輜重可以走。我們不免想到，資源富足的軍隊會如何應對北越所面臨的挑戰？或許是派更多的兵員駐守橋樑，或是建造備而不用的橋樑，運來更多的工兵及營建設備，並加派高砲部隊。懷抱著大膽但明確的目標，北越士兵隱身隧道中，破壞敵人的

設施，號召平民伸出援手，設陷阱，狙擊敵人，其活動力與決心絕非美軍所能企及。

需要為發明之母

北越與美國的作戰經驗雖然痛苦，卻是寶貴的教訓，也是善用資源很好的個案研究對象。需要為發明之母，同樣地勉為其難也是善用資源之母，這個真理在企業競爭上與你死我活的戰場上同等真切。戰術創造力是資源短缺的產物，不自量力的雄心壯志及反傳統的資源分配，不見得一定能彌補資源上的缺陷，但是一頁頁的軍事史一再證明，這是值得一賭的策略。

雖然資源充裕就投資而言，是能使公司處於戰略上的優勢，但並不能增加決策的智慧。不用爲資源煩惱，在多處下賭注、雖表示有承受多次失敗能力，但往往犧牲了有節制、有創意的策略思考。通用汽車在工廠自動化上投入數百億美元後，誰也不能說通用的作法不夠策略化，這是指把「策略化」解釋爲願意做大膽的先發制人的投資。的確，正如在通用漢川克廠（Hamtramck）的員工所說的，通用是太策略化了；公司作策略性投資的能力，遠超出吸收新科技、重新訓練員工、改造工作流程、活絡供應商關係及擺脫管理教條的能力。若企業不具備善用資源的能耐，不懂得如何以較少的資源達到更大的成果，換句話說，就是「策略化」所冒的風險若等於甚至大於可能獲得的報償，那策略化就沒有好處可言。賭注愈大有時收穫愈多，但也一樣可能帶來更大的災難。企業沒有勉爲其難的企圖心，缺少善用資源的能力，那資源富足充其量也可能只是拿了一張作策略決策時可以掉以輕心的執照。

相形之下，乙公司的雄心遠超過其資源，它會做什麼樣的策略性決定呢？一則乙公司不會採取「約翰韋恩」式的競爭策略（單槍匹馬對抗眾敵），反而要利用機會改變而非遵循現有的遊戲規則。它會找甲公司防禦工事中「鬆動的磚塊」，而避免在競爭對手掌握得很好的市場上與之正面交手，其投資應集中於少數自認爲有潛力成爲世界領袖的核心專長上。如此乙公司勢必投資於精簡式生產，並特別重視事半功倍。由於產品設計師沒有對手多，乙公司也不得不縮短產品開發時間，以及整個產品線的開發成本。要加速產品開發，自然會刺激跨功能的溝通。公司會鼓勵尋找更多更有能力的供應商，同時供應商也要擔負一大部分的開發責任。不用說，乙公司是經不起過多的管銷開支跟多餘的管理層級。由於人力資源不足，每位員工都要一人當兩人用。爲免力量分散，高階主管也要針對各個策略目標尋求全體的共識。

把競爭當作包圍戰而非正面衝突、積極加速產品開發週期、緊密結合的跨功能小組、著重於核心專長、與供應商關係密切、鼓勵員工參與計畫等，都是一般所指的「日本式」管理的要素。其實只要以勉爲其難作爲策略的出發點，自然而然就會推論出這每一項要素。所謂「日本式」管理，即本田、佳能、新力、夏普等公司過去所實行的管理，不見得是強調集體思維（groupthink）、貶抑個人、追求大和魂的結果，勿寧是勉爲其難的產物。

推動創造優勢引擎的應該是這種勉爲其難，亦即雄心永遠要超越資源限制。野心太大資源太少的公司很快就會發現，不能只是模仿實力雄厚的競爭對手，不能在開支上跟對方相比，負擔不起同樣的市場開發費用，經不起同樣的無效率與冗員冗料充斥，也經不起跟領導廠商亦步亦趨的風險。因此，有幾家日本公司被迫開創全新的競爭優勢（如精簡製造及時間壓縮管理），並設法以更有效的資源運用方式（如先依賴代銷業者的管道，先不要成立自己的業務團隊），來追趕對手現有的優勢。

我們相信ＮＥＣ、ＣＮＮ、新力、葛蘭素、佳能、本田等公司，其成功的關鍵在於不合理地想要以小搏大，有雄心壯志且因此激發出創造力，而並不在於共同的文化或組織傳承。如果還需要進一步的證明，請看日本最大的銀行及經紀商們，在世界各市場上不怎麼出色的表現即知。這些公司在日本的跨國企業中相當突出，是因爲他們進入世界市場時已擁有無比的資源優勢，但事實證明，物質上的優勢無法代替因資源短缺所激發的策略創造力。再說一九九〇年代初日本的泡沫經濟破滅，這顯示日本公司跟西方資源充裕的企業一樣，難以免疫於優裕所產生對策略漫不經心的弊病。

謙受益，滿招損

把策略以勉爲其難的觀點檢驗，也能揭開日本公司成功之道的神話，解釋爲什麼日本公司雖在起步的資源上吃虧，仍能夠成爲世界領袖。要解釋新力、豐田或山葉的成功，與其談日本式管理的特點，不如談資源善用。西方主管由此所得的教訓不是去學習日本的文化，而是應該設法使公司內維持足夠的必須勉爲其難的環境，促使大家努力尋找可加強資源利用的機會。

筆者之一曾向某大美國跨國企業的高階主管，解釋勉爲其難的道理。這家企業在一九七〇、八〇年代是世界始終最能保持成功的公司之一。演講中被一位高階主管打斷：「當然，你想必知道本公司是業界的第一把交椅，只有排第二的公司勉爲其難才有用。」筆者順勢請他就營業額、市場占有率或投資以外，舉出另一個他的公司仍居第一的指標。這麼做的目的是：這家公司是靠往日的成就而生存，等於把在本行的腦力領先地位讓給更具野心的對手。這家公司無法勉爲其難的原因，不在於它是本行的龍頭，而是它不曾爲其領導地位賦予新的意義，使之更符合多變的產業環境，因此就不能提供員工新的勉爲其難的雄心。

如果乙公司真的實現了遠大的目標，也不保證它不會跟甲公司一樣志得意滿，忽略繼續地積極改進資源運用。成功的果實中埋有失敗的種子，過多的資源很可能使乙公司變得像甲公司一樣缺乏創意。問題不是出在公司是否是產業領袖，而是出在員工的志得意滿。居於領先地位的驕傲心態與掉以輕心，只有靠不斷地提升全公司的期許，或重新塑造領導地位的標準，才能避免。成功者唯一的疫苗就是更新勉爲其難的意識。產業領導地位是永遠追求的標的，不論是工友或業務員或最高主管，都不可認爲這個目標已經達成了。

勉爲其難促成善用資源的動機，不過要把這一時興起的念頭，轉變爲完全成熟的善用資源能力，還需要許多照顧與耕耘。要善用每一次資源運用的機會，則有賴創造力與毅力。企圖心過人但資源運用能力不及格的公司，會被譏爲做白日夢。反之，如果有了基本的資源運用能力（例如有運用企業聯盟成功的紀錄，有跨越事業單位界線轉移技術的能力，有訂定競爭戰術的創造力），但企圖心不高，又會被視作「懶人」。既沒有野心，又不能使資源產生相乘效果的是「輸家」，兩者兼顧的公司才是「贏家」。

資源運用的基本前提

在探討善用資源的各條途徑前，且先看看幾項基本前提：

第一，公司可以看作是資源（技術、財力、人力等）及依產品或依市場畫分的事業單位的組合。有愈來愈多的學術研究及著作採取這種「企業資源基礎觀點」。

第二，資源有限不必然會妨礙企業爭取領導地位，資源富饒也不保證永享領導地位。否則，我們不會目睹劇烈的競爭地位易主的實例。在這些例子裡，像通用汽車、福斯汽車、西屋電器、ＩＢＭ、全錄及德州儀器等似乎打不敗的領先者，都不得不屈居下風。

第三，公司的市場地位與資源所能產生的競爭力之間，不一定成正比。本田的研發支出雖比通用汽車少很多，但在引擎及底盤的核心專長上已建立世界級領導地位。ＮＥＣ的研發支出也比競爭對手低了不少，但在西門子（電信設備）、德州儀器（半導體）、IBM（電腦）的競爭之下卻贏得相當的市場占有率。克萊斯勒開發家用廂型車霓虹（Neon）所耗費的資源也只及底特律一般水準的一小部分。IBM挑戰全錄的影印機領先地位失敗，佳能卻能在一九七〇年代以規模僅及全錄十分之一的小公司，後來居上取代全錄成爲世上最活躍的影印機廠商。CNN早年作一整天二十四小時新聞的預算，大約也只及CBS做一小時晚間新聞所需經費的五分之一。如此大的差距需要一番解釋。

第四，是因善用資源而提高效率，最主要是靠擴大生產力的分子（營業額及淨利），而非縮小分母（投資及人力）。以減少投資而非增加投資效益爲目標，旨在縮小分母的企業重組刪減資源的成分大於運用資源。效率欠佳的公司如果不改進資源運用能力，只一味追求精簡，生產力固可以提升，但這只是短暫的現象，因爲技術領先地位、品牌忠誠度、行銷網路及對顧客的服務，一時之間還不會退步。但除非能開發資源運用的新途徑（如何以較小的研發預算保持技術領先地位，花較少的廣告費建立品牌忠誠度，以更經濟有效的作法擴大行銷網，以較少資源來加速顧客服務），否則這家公司在數月或數年內就會發現，分子也跟著縮小，又需要進行一次非志願的手術。如此惡性循環，公司只會繼續苛扣資源，直到投資人另請高明，找到有資源運用成功紀錄的新經營者爲止。

由此可知，節制資源不需要發揮創意，善用資源卻需要；善用是指不斷地尋找非資源密集的新方法達成策略目標。精簡人事、削減投資，不比在固定或緩慢成長的資源基礎下，設法提高生產力，需要最高主管發揮智慧。少花錢比創新發明容易，所以企業機構多偏好精簡。經理人與作業改善顧問們必須檢討，他們究竟解決了多少效率問題。如果在他們眼中「效率」只包括分母，如果他們未曾顧及有關分子部分的資源善用問題，那要達到並維持世界級的效率，可能性不大。

第五，是最高管理階層對資源分配的重視遠超過資源善用。雖然眾多的教科書、課程及顧問始終在設法提升高級主管分配資源的效率（透過投資組合規畫及資本預算技術，把正確的資源畫分給最具潛力的商機），但對最高主管累積及指揮公司資源的角色卻不甚重視，尤其是在財務資源以外的領域。最高主管更著重於評估公司計畫在策略上的可行性，卻忽略如何增進資源利用的效益，因此資源的附加價值將十分有限。

不論某產業現有的競爭者中，在起步時各享有哪些資源優勢，也不論其資源分配效率如何，遲早每個產業的競爭都會集中於資源善用能力的高低，而非資源揮霍的能力。衡量一家公司資源善用能力最原始的標準，即其相對市場占有率的升降與相對投資或資源占有率之比爲何，另一個標準是營業額成長與資源之比。因此，通用汽車與ＩＢＭ在作策略性投資（在此所謂策略性的高低視投資額後面有幾個零而定）的能力與意願上，評價都很高，但在資源運用上卻都只得「差勁」二字。飛利浦過去曾做過太多的「策略性」投資，在資源運用方面成績又極差，因此雖然資源條件得天獨厚，卻曾面臨過嚴重的財務危機。

由此可得第六也是最後一個前提：資源運用能力將是最終的決勝關鍵，在爭取產業領導地位的長期抗戰中決勝負的癥結即在此。僅是搶先抵達未來還不夠，還要比誰花費的資源較少。

資源善用

善用資源有五種基本方式：更有效地將資源集中於策略目標，更有效地累積資源，整合互補資源以創造高層次的附加價值，盡可能保存資源，縮短消耗與回收之間所需的時間，以迅速回收資源。

集中資源

「**目標統一**」長時期集中追求單一的策略企圖心，可以使個人、功能部門及整個事業單位的心力，均投注於同一目標。我們認識的公司中有很多長期目標不一致，我們常請經理人回顧他們過去六、七年的策略計畫，看看在長期方向上是否一致。他們檢討的結果往往是，企業的發展軌跡、市場定義、投資計畫，甚至對核心專長與核心事業單位的定義，都改變得太快，遠超過產業環境的變遷。策略企圖心旨在使每個月、每一年的策略性決定，有一定程度的「累積」。

目標太分歧或相互矛盾，跟沒有明確且值得期待的目標一樣糟。企業對成長及開發新事業的優先順序沒有集體共識，很可能造成資源分散、局部效果（但整體效果不是最佳）。這不是說，每一家多事業部的公司都應該或都能夠有一個統攝全公司的目標。但即使在有數個部門同時在同一產業中競爭的公司，我們也常發現事業單位主管之間對未來的產業結構，及公司適於採取的策略企圖心，都抱持著極為相左甚至有時互相排斥的想法。部門經理似乎對「勾心鬥角」比異中求同更感興趣，只要哪一種觀點對本身部門未來取得經費的威脅最小，他們就鼓吹這種未來觀點。在此種情況之下，無怪乎中下層主管會各行其是。

目標統一也需要公司對如何整合所有資源達成勉為其難的目標，有所瞭解。這種目標是內部意見分歧的公司不可奢望的，唯有個人、團隊、功能部門及事業單位的努力，能跨越組織界線並隨時間而累進成果，才談得上善用資源。這個原則很簡單：繞圈子是無法到達目的地的。

這其間還有一層道理，即高級主管每兩三年輪調的作法是有其看不見的代價。促使大公司改變策略的往往不是出現了新競爭對手、新科技或政府管制上的大變動，而是主其事者換人了。任期短暫的主管交替頻繁，使公司方向左右擺盪，員工無所適從，進步的腳步放慢，這是很常見的現象。我們知道的公司中，每兩年換一位高階主管的，沒有一家曾達成一個十或十五年的策略企圖心。善用資源需要前後一致的作法，主管像跑馬燈似地轉換，企業便難以持續累積對未來的見解。當然管理階層如果尸位素餐，勉強維持長任期的主管就失去意義，但假設公司已投資於建立先見之明，也企圖在未來爭得第一，就務必使重要的主管能夠守住崗位相當一段時間。

「資源專注」目標統一是在長時間內使目標不致分散，專注則是在特定時間內使資源不會稀釋。相信有很多公司，一旦發現自己在成本、品質、產品週期時間、顧客服務及在其他項目上落後，就企圖同時把所有問題一起解決，然後又會覺得進度爲什麼如此之慢。任何事業單位、任務編組或部門，均無法同時兼顧所有的改進目標，尤其是在每個項目的落差都很大的時候。根據實際經驗，一羣員工一次最多只能顧及兩個重要的改進作業目標。

要把品質要求落實於整個公司，跟改變妨礙品質的工作習慣、程序及管理人員的態度，都是很艱巨的任務。要實行即時製造也不容易，因爲這必須完全重新思考工作流程、後勤支援、資訊系統、大幅變更工廠布置及訓練員工與供應商。此外若沒有札實的全部品管基礎，根本無法建立即時製造的優勢。把產品開發時間減少一半，或是把顧客滿意度提高五倍十倍，都是同樣了不起的任務。但如果不把焦點集中在少數幾項作業目標上，只會徒然分散力量，使公司在每一個項目上均永遠處在落後的局面。

再以小松公司的品質運動爲例。很多公司已跟品質奮戰了十幾年，卻仍然達不到世界級的標準，小松卻在三年內由沒沒無名，一躍而得到戴明獎。究竟差別在哪裡?小松開始推動完全品管計畫時，每位主管都得到明確的指示：如果要在品質與成本之間作選擇，一定選品質。小松的主管們知道，雖然終有一天品質會不花分文可得，但短期內爲追求品質，必然要付出代價。這代價包括機器停機時間、投資於改善設備及訓練費用等。於是小松幾乎全神貫注於品質一段相當長的時間；在到達世界水準後，它一方面繼續注意品質，一方面則依序專注於價值工程、製造合理化、產品開發速度及如何以低成本增加產品類別。每一階段的進步都是下一階段改進的基礎。

資源專注不是忽略其他的藉口，否則就太天真太危險了。最高主管指出作業重點，其實只是事先決定在實際執行的員工碰到時間與資源有限，必須妥為分配時，應如何取捨的標準。專注使摩托羅拉獲得不下於小松的驚人成績。一九八七年摩托羅拉訂下六個標準差的品質標準（即產品瑕疵率爲百萬分之三．四）爲企業目標，除此之外均是次要的。如今摩托羅拉的瑕疵率已由百萬分之六千降至四十，預定在兩年內即可達三．四的目標。

就策略能力而言，成本與品質是相輔相成的；就作業改善目標而言，降低成本與提升品質卻互相衝突，都同時祇要有限的管理時間與員工注意力。有一度大家以爲，要在產品多樣化或成本上領先是不可能兩全其美的。其實不是：只要徹底瞭解影響成本的因素，就能設法找出既能兼顧產品多樣化又能發揮成本效益的方法。但是在成本與產品多樣化這兩方面都距離領先羣倫很遠的公司，便須按部就班地順序建立這些策略能力。

若想把稀少的資源分散於多個中程目標上，結果是樣樣不專精。舉個簡單的例子，如果有人在三公尺外，突然同時把五個高爾夫球丟過來，你的直覺反應是什麼？除非是世界一流的特技高手，否則本能的反應一定是閃躲。如果上級同時交下五、六個改進目標，卻不畫分先後順序，中級主管就會有同樣的反應。假設一次只丟一球，你就可以從容地接住，然後再繼續接第二第三球，你很快便能接滿五球。

中級主管常被指責不能盡職地將上級的指示付諸行動。然而中級主管也常被迫填補上級的疏忽，必須自行揣摩作業改進目標的先後順序。來自上司的訊息含混衝突，就不足以凝聚士氣完成改善任務。當然一旦公司能在大多數的主要作業項目接近世界級標準，對成本、品質、產品種類與產品週期等的相互運作也充分瞭解，的確可以同時全面出擊。但是對不熟悉的領域就勢必要有明確的重心，要有事先訂定的取捨標準，和集中力量。簡言之，改進的目標愈大，資源愈少，就愈需要資源專注。

資源專注對產品研發的重要性不下於訂定作業改進目標。許多公司對產品創新採取「百家爭鳴」的態度，但具創意的人不久就發現，公司的支援實在太微不足道，使他們的構想只有胎死腹中。３M共有六萬多種產品，素來也以創新層面廣泛而自豪。但有鑑於不作重點發展，許多大好商機永遠只能小本經營難以出頭，便展開「前進計畫」，要每個事業單位選出一至兩項他們認為３M大有可為的產品。公司希望最後能彙集成大約有五十個項目的未來重要計畫清單，作為集中研發資源的標的。英國藥廠貝坎（Beecham）基於類似的想法，也把研發中的新藥數目減少了二六%，把想要醫治的病症由一百種減至五十八種。

企業若注重目標統一與資源專注，員工的庸才還有可能成為三個臭皮匠，勝過諸葛亮，反之，目標與資源分散，個別員工縱有才幹也會適得其反。

「**瞄準價值**」專注的確實意義不僅在於某個時間內只注意某些事，更需要專注在正確的對象上；即瞄準於對顧客所看到的價值最能發揮效用的活動。其間的秘訣就在於，如何以最低的成本，創造出最高顧客所可感受到的最高價值，微軟便將資源瞄準在提高個人電腦使用價值最多的事情上（即作業系統、使用者介面及核心應用程式）。同樣的，英航致力於維護利潤，避免陷入折扣戰泥淖的辦法，就是瞄準最能讓長途國際航線旅客感到受用的服務項目。其創新服務之一是在倫敦希斯洛機場設置舒適的貴賓室，讓連夜飛行抵英的旅客可以沖澡，洗燙衣物，吃簡便的早餐，然後再去赴重要的約會。對於必須長途飛行，紅著雙眼，灰頭土臉，趕著赴約的人，這種待遇可謂天上掉下來的。由此可知，資源能瞄準對顧客最貼心的領域，才算是充分被善用。

累積資源

「**學習**」企業是儲存經驗的蓄水庫，員工每天都會接觸新顧客，對競爭對手有更多認識，想出新的解決問題的辦法，並在其他方面有所長進。但企業成敗的差別不在於有些公司的經驗比其他公司來得深入或來得好，而在於能不能自累積的經驗中汲取教訓。有些公司能自每一次新的經驗學得更多的心得，有些公司則只是學會如何更有效率。如何自累積的經驗中，挖掘出改善與創新的構想，是資源運用上的要素之一。

舉例來說，本田所推出的新車型數目只及福特或通用汽車的幾分之一，但爲什麼它以較少的經驗基礎，在開發新車型上卻不必耗費與福特或通用一樣長的時間與同樣高的成本？本田是經驗曲線的反證。並不是累積產量愈多，生產力就愈高，經驗對改善生產力的效用取決自經驗中學習的效率高低。經驗愈少，要自其中取得公司應如何改進的線索，就愈必須仰賴系統的方法。日本有個常見的說法，即有問題才是福，因爲有問題就代表有改善的機會。有些公司卻持相反的態度，碰到問題不是加以掩飾，就是推給別人。企業成敗的關鍵之一就是，每次的經驗，每一次的成敗，都應當視爲學習的良機。

舉一些確實的資料爲佐證。德國管理學教授赫曼．西蒙（Hermann Simon）曾發表德國經濟研究院（Institute of the German Economy）的一項研究報告，內容是比較日本與德國工人對改進生產力的貢獻。他研究了德日兩國工人所提出的改善建議及這些建議所產生的影響，得到的結論是，日本工人的表現比德國工人好五百一十四倍。以西門子公司的規模而言，其間的差別相當於每年可因此提升效率而節省多達二十二億馬克。日本增進生產力的方式是加大分子，提高每個工人的改善建議數目，而不是縮小分母，削減員工人數。

自經驗中學習的能力取決於多項因素：讓員工嫻熟於解決問題的藝術；有一定的討論場合，讓員工找出共同的問題，一起尋找高層次的解決之道（品質圈就是這類的討論場合）；要有未雨綢繆的心態；並且不斷以世界最高的標準作為自身努力的標的。在學習之前，企業往往必須先遺忘過去。企業自經驗中學習能力的高低，跟遺忘曲線也密切相關。唯有最高主管對常規及慣例有開放的胸襟，員工才能發揮善用經驗以爭取競爭優勢的潛力。

「借用」「借用」其他公司的資源是善用資源的另一秘訣。透過策略聯盟、合資經營、內部授權及外包制，公司可取得外界的資源與技術。發揮到極致時，借用資源已不僅是取得合夥對象的技術，更要把這些技術消化吸收，據為己用。在取得新技術上，消化吸收比購併整個公司更為有效。購併時，購併的一方不但是付錢購買本身所欠缺的重要技術，對本身已有或不覺得很有價值的部分，也得照單全收。而且購併時企業文化的融合及政策協調等方面的問題，也比結策略聯盟來得大。

日本某公司的高階主管一語道破借用資源的道理。他說：西方公司「只知砍樹，我們卻會造房子」。也就是說，讓合夥人負責吃力的資源密集的科學發明工作，我們則利用這些發明創造新市場。別忘記，是新力首先將貝爾實驗室所開發的電晶體技術，應用到商業用途的。技術愈來愈無國界：科技論文的流通，外國出資贊助大學研究工作，取得國外高科技創業公司的股權，國際學術會議等，在在使得科技迅速突破國界的限制。開發全球各地的技術市場可能是善用資源的重要方法之一。在一組有外資介入的七十四家加州小型高科技公司的抽樣調查中發現，其中八五%的公司有同一家日本公司股東。讓別國播科技種子、我們採科技的果實，也是資源運用的良方。

在價值鏈的任何階段均可借用外力來豐富本身資源。佳能、松下和夏普均以原廠委託製造（OEM）的方式，把零組件及成品賣給惠普、柯達、湯姆笙、飛利浦及其他廠商，藉以籌措財源，進行在影像處理、視訊技術及平面螢幕等方面的尖端研究。幾乎我們所知道的每一家日本公司，在投入主要核心專長領域的研發支出占全球支出比率上，在主要零組件占世界產量的比率上，都高出其品牌在最終產品市場的占有率。即使到現在，韓國電子業者三星公司約有半數的產出，仍是以原廠委託製造的方式，賣給下游合夥廠商。我們可以把這看成是借用下游合夥廠商的市場占有率，來支持本身的研發工作。其目標在於，從吝於或無力於投資核心專長追求領先地位的公司，取得主動投資的地位，以掌控下一代的技術專長。

在這種情況下，上游合夥廠商應努力設法吸收下游合夥廠商，有關顧客需求、購買型態及配銷管道的知識。這樣說來，企業聯盟往往是一場學習競賽。若上游合夥廠商吸取下游合夥廠特有知識技術的速度，比下游學習上游來得快，那討價還價的力量必然轉移到上游的手中。更概括地說，凡是合夥廠商間相對的學習能力不一樣，那學習吸收能力特強的一方必占上風。這一方到頭來很可能擺脫原有的合夥關係，恢復自由身，要不就是會善用它對合夥對象漸增的控制力。

企業若想透過借用外力善用資源，則吸收能力與創新能力同樣重要。根據我們研究策略聯盟的心得，顯然有些公司在借用外來資源上一貫地優於其他公司。簡單來說，就是有些公司是以好爲人師的態度，來締結聯盟或進行合資；有些公司卻以學生自居。顯然要借助外援，驕傲自滿不如謙虛且求知若渴來得有效；所以有些企業的總資源與自己內部開發之資源比是大於一，有些企業卻小於一。有些企業容易一不小心便讓合夥對象學去了本身的技術，這可說是利用資源的負面影響！

借用外力的方式不勝枚舉：與供應商建立緊密的關係以便善用其創新發明，與重要客戶分擔開發的風險，向條件更理想的資源市場去借用資源（如德州儀器公司透過衛星連線，雇用印度的廉價軟體程式設計師），或是參與國際研發集團（等於是向國外納稅人借錢）。不論形式爲何，動機都一樣，就是擷取公司以外的資源以補本身之不足。

整合互補資源

「調和資源」善用資源的另一種方式取決於公司是否有能力調和不同形式的資源，以發揮個別資源最大的價值。這便是資源轉換過程的重點。調和牽涉到幾種技巧：技術整合、功能整合及新產品想像力。且聽我們一一加以解析。通用或福特汽車很可能肯花費比本田更多的資金，追求在與引擎有關的個別技術上的領先地位，如內燃機設計、電子控制、活塞作用時間、先進材料、噴油及省油裝置，甚至想在這些領域搶得科學上的領先地位，可是卻在引擎整體的性能上落後本田。

其間關鍵不在於擁有個別而分離的技術，而在於是否有調和這些技術，製造出世界一流引擎的能耐。這有賴於技術通才、系統化思考以及從複雜的技術優劣點中追求最佳效果。企業若不善於微妙的調和藝術，空有打先鋒的蠻力，即使在少數技術上絕對領先，或許也意義不大，因此而耗費的資源也可能根本未曾真正發揮作用。就善用資源而言，技術整合的協調能力往往與技術創新能力同樣重要，而且可能也是追求產品最高性能最有效的途徑。

第二種調和能力是整合各種不同的功能技能，包括研發、生產、行銷及業務，以生產成功的產品。凡功能分工及組織結構細密以致有礙整合的公司，個別部門表現再好，也難以匯集到整體產品的表現上。因此縱使在每項功能領域上的投資都多於競爭對手，在市場上的回收卻不見得更高。

有時候問題不在於整合分散的技能，而在於能否就現有技能想像出新的排列組合。新力公司在調和各種核心技能方面，常展現不凡的想像力。新力隨身聽即是結合生產錄音機與耳機的技能產品，由此開創出嶄新的廣大市場；山葉結合了小鍵盤、麥克風及磁卡，開發出專為兒童設計的自彈自唱卡拉ＯＫ音樂系統。善用資源不只是對過去的投資追求更好的回收，也是創造嶄新的功能組合，並因而提高各功能的附加價值。

「平衡」調和與平衡不同，一是將個別的技術作創意的組合，一是取得擁有能使企業專長充分發揮的相關資源。不過這兩種均涉及對互補資源的利用。

舉個例子來說明。一九七〇年代初，英國ＥＭＩ公司發明電腦斷層掃瞄器（ＣＡＴ）。雖然這是破天荒的大發明，但ＥＭＩ缺乏有力的國際銷售服務網及合用的製造技能。由於資源上如此的不平衡，ＥＭＩ彷彿是只有一隻腳的凳子，空有技術，沒有行銷及製造支援能力。因此它雖認爲應該可以占有電腦斷層掃瞄器相當大的市場，卻只能望洋興嘆，眼看滾滾財源落入奇異、西門子與其他競爭對手手中。這些對手一旦想出規避ＥＭＩ專利權的辦法，便挾其行銷威力及製造基礎，把原發明公司擠出了市場。

公司像凳子一樣，若要平衡，至少需要三隻腳：強大的產品開發能力、以世界級成本與品質水準生產產品及提供服務的能力，及夠廣夠大的行銷、配銷及服務基礎結構。簡言之就是發明、製造與交貨的能力。凡有任何一隻腳太短的公司，就不能充分運用它本身的專長。能夠掌握補本身不足的資源，企業才能自本身特有的資源上取得最多的利益，這也是善用資源的一個關鍵。

許多小型高科技公司都有與ＥＭＩ相同的苦衷。有很強的產品開發能力，在品牌或行銷上卻處於弱勢，或無法控制成本品質，因而很可能享受不到本身創新發明的豐美果實。這類公司雖可與擁有重要互補資源的公司合作，可是在談判分配利潤的條件時很可能屈居下風。這正可解釋，爲什麼日本公司雖願意暫時借重外國合夥人的下游資源，卻仍孜孜矻矻地建立自己的全球品牌形象及全球行銷網。它們知道若欲從自己的創新發明得全部經濟利益，便不可完全仰賴他人的市場通路，因此便設法掌握自身所欠缺的重要資源。新力便是基於這種考量買下ＣＢＳ唱片公司及哥倫比亞電影公司，與其軟硬體互相增益其在顧客心目中的價值。

在國際酒業領域裡，ＩＤＶ、西格蘭（Seagrams）、健力士（Guiness）曾自詡爲品牌創造者及經理人。但現在他們已覺悟到，若要充分掌握奇瓦士（Chivas Regal）、約翰走路（Johnny Walker）或史密諾（Smirnoff）等名酒的利潤，就必須控制全球的經銷商。這引發了各公司競相購併世界各地經銷商的熱潮。

不論是哪一種不平衡，配銷強產品開發弱，或製造強配銷弱，或另一種情況，道理都是一樣的。如果某家公司不能有效地控制其他層面，就無法充分利用它所專長的這一層。控制並不一定指擁有所有權，但通常應該不止於短期的權宜合約關係。一旦控制重要互補資源所帶來的額外利潤，超過取得這些資源的成本，也就是平衡發揮善用資源的效用了。

保存資源

「資源再利用」某種技術或專長再利用的頻率愈高，資源善用便愈成功。佳能將光學上的專長應用到照相機、影印機、眼科檢測儀器、半導體生產設備、手提攝錄機及很多產品上。其卡式顯像系統首度出現於個人影印機系列產品，後來移植到雷射印表機及普通紙傳真機上；夏普把液晶顯示（ＩＥＬ）的專長運用到計算機、電子掌上日曆、迷你電視機、寬螢幕投影電視機及膝上型電腦上；本田將引擎相關的創新發明循環利用於摩托車、汽車、船尾馬達、發電機及花圃耕耘機上，難怪這些公司的研發效率無人可比。據說在日本沒有任何技術會被放棄，一定會保留到將來再用，以上這幾家公司證明此言不虛。

不過除非高層主管對於開發工作的優先要務達成共識，否則資源回收再利用的可能性就要大打折扣。因爲部門主管寧可把稀有的資源藏起來備而不用，也不肯借給別的部門。我們有時會請一家公司的各部門主管，舉出他們心目中公司的前十大商機爲何。在每位主管的排列順序差異很大的公司，對如何跨越部門界限再利用有限資源便無法建立共識。

當然資源再利用不限於科技上的專長，品牌一樣可以重複利用，因此日本的作法也就不足為奇了。資源有限的日本公司幾乎一致選擇「共通」的品牌，而不賦予個別產品單一的品牌，好善加利用品牌的規模經濟。顧客對高品質的共通品牌（家族品牌）感到熟悉，難免會有強烈的先入爲主的觀念，對帶有此一「廠商標記」的新產品至少會考慮購買。想想新力推出新產品時，會享有如何的有利地位；要向零售商及消費者建立起新產品的信譽，又多麼輕而易舉；只要打上新力的標記，市場的接受程度就會大增。

彈性製造能力，即迅速地將生產甲產品的生產線轉爲製造乙產品，也是資源再利用的另一形式。若干日本汽車廠可在同一條生產線上製造多達七種款式的汽車，美國公司卻很少能夠如此之運用。如此的彈性可減少轉換車型的停頓時間，提高資源的利用。

辛苦得來的知識資源也有眾多的再利用機會：與全國的業務分支機構分享推銷商品的構想，把一家工廠改進作業方式的心得移植到其他工廠，在多種商品上重複使用相同的零組件系統，迅速散布提升顧客服務的要訣，把有經驗的主管借給供應商等。要想自資源再生上獲得最大的利益，就必須把企業看作是一個廣爲開放的技術與資源庫；部門經理必須認清自己只是重要資源的管理人而非「所有人」；公司必須有確實的溝通網路，讓人知道該向何處去找尋資源；主管間也必須有團隊合作的精神。這些都是資源再利用的組織基礎。

「結盟」有時企業可拉攏潛在的競爭對手，一同對付共同的敵人，有時可以集體合作建立新技術標準或開發新技術，或一羣公司爲某項立法聯手出擊。這類作法的目的在結合其他公司的資源，擴大本身在產業中的影響力及實力。企業借用資源，可收他人之長，補己之短；結盟則可納入他人的力量，共同追求一致的目標。

想要與別家公司結盟時，首先要找出雙方共通的目標，這便是誘餌。著手結盟時第一要問：應如何說服合夥人，我方的成敗與對方有何切身關係？結盟往往是基於敵人的敵人就是朋友這個邏輯，因此略用些權術似乎無可厚非。一羣美國半導體廠商，由於都有意於重建美國的半導體製造設備產業，因而在政府協助之下成立了Sematech公司。

有時結盟在誘餌之外還需要棍子，通常這是指對其他公司不得不仰賴的某些關鍵性資源，握有控制權。也就是雙方有這樣的默契：「除非照我的方式，否則你別想玩。」富士通與電腦業者的夥伴關係即是一個好例子。它與英國ＩＣＬ、德國西門子、美國Amdahl結盟。大家有一個共同目標，即挑戰ＩＢＭ的霸主地位，這是誘餌。棍子則是這些合夥人對富士通的半導體、中央處理器、磁碟機、印表機、終端機及零組件，極度甚至完全的依賴。

結盟不涉及股權的取得。雖然富士通最近蒐購了ＩＣＬ大部分股權，但並不急於接管這家公司。它這麼做是爲防止ＩＣＬ的母公司把這個長期合作夥伴賣給競爭對手。其實ＩＣＬ在技術上的依賴已使富士通在許多方面控制了ＩＣＬ，再取得股權似嫌多餘。但這並不表示富士通懷有陰謀，要打擊ＩＣＬ的獨立地位。一九八○年代初是ＩＣＬ主動要與富士通建立合夥關係，是ＩＣＬ比富士通更感覺到，不找個有力的盟友將無法與電腦業鉅子相抗衡。

「保護」聰明的將領不會讓自己的部隊冒不必要的風險：不要進攻防禦堅強的據點，要隱藏自己真正的意圖，進攻前小心地偵察地勢，仔細研究敵人的弱點，聲東擊西將敵軍引開真正想攻打的地點，巧用出其不意的計策等。敵人在數字上愈占優勢，就愈應該避免正面衝突。這麼做的目的是盡量使敵人遭到最大的損傷，同時盡量減少本身所冒的風險。這便是「保護」的觀念。

想在對手國的市場上打擊對手，與強大的對手硬碰硬，接受產業領導業者對市場結構的定義，或成爲「公認的產業慣例」的俘虜，都彷彿「約翰韋恩」單槍匹馬地對付所有的歹徒，這種作風在好萊塢使得開，在全球競爭中則不然。在善用資源上，柔道或許比拳擊更有用。柔道的首要原則便是借力使力，利用對手的體重與氣力，轉移而非吸收對手的進攻力，讓對方失去平衡，然後讓慣性及地心引力打贏這場仗。

美國成長最快速的電腦公司之一戴爾，不敢奢望與康百克的經銷網及ＩＢＭ的直銷人力相比，於是選擇透過郵購銷售其產品。而大型電腦公司由於與現有的經銷網路牽連太大，效率反而不及戴爾高。倒不是因爲大公司缺乏郵購資源，而是大公司面臨經銷商的強大壓力，因爲經銷商是保持現狀的最大受益人。在競爭對手成功地改變了遊戲規則後，對手重要的成功因素便一躍而爲企業競爭的主流思想。這種競爭上的創新是保護資源的重要方法。

尋找防禦鬆弛的領域，即「鬆動的磚塊」，是保護資源的另一個方法。本田在小型摩托車上的成績，小松及早打入歐洲，佳能進入「便利」影印機市場，均未能引起地位穩固的廠商的注意。瞭解對手對其本身市場的定義，是尋找防禦鬆弛的競爭空間的第一步。目標則是在強大對手疏忽之處建立自身的實力。

回收資源

「加速成功」資源善用的另一項決定性因素，是資源消耗與資源回收之間所需經歷的時間，回收指自市場所獲得的營收。回收速度快便可增加資源的利用。回收速度比資源條件相同的競爭對手快一倍，就代表多一倍的資源運用優勢，這基本的算術或可部分說明日本公司為何如此積極於加快產品研發的時間。

一九九〇年代初期，有人估計底特律三大汽車廠，平均需要八年時間開發全新的車種，日本公司僅需四年半，而個別車型的變化式樣則只要一半的時間。這使得日本車廠投資回收的時間縮短，產品更能夠跟上潮流，使顧客換車的機會增加。日本公司有條理地對產品開發優先順序達成

表7-1　善用資源的各種層面

目標統一	建立策略目標共識
專　　注	明定確切的改善目標
瞄準目標	強調高附加價值活動
學　　習	充分運用每位員工的智慧
借　　用	取得合夥人的資源
調　　合	以新方式組合各種技巧
平　　衡	取得重要的互補性資產
再 利 用	重複使用技巧及資源
結　　盟	找出與他人共通的目標
保　　護	防止讓競爭對手取得資源
加　　速	縮短回收時間

共識（專注），無懈可擊的功能整合（調和），與能幹的供應商結成緊密的網路（借用及結盟），結果是日本公司開發新車型需要投入一百七十萬人次／小時的工時，相形之下美國公司通常需要三百萬人次／小時。於是日本業者不僅投資回收快，要在某個車種上看到盈餘所需要的營業額也比較少。

在此筆者無意於列舉一長串的資源善用策略，我們只想刺激經理人們多發揮想像力，尋找投資最少回收多的良方。表7—1擇要列出以上所談的各種資源運用的訣竅，企業的資源運用能力至少有部分可根據這個清單來加以計算。我們鼓勵讀者能設想出其他的利用途徑，但圖7—6所列舉的資源運用五大類別，相信已涵蓋了整個資源運用可能的範圍。充分的專注，有效的累積，創新的截長補短，小心的保存，還有盡速的

圖7-6 資源運用類型

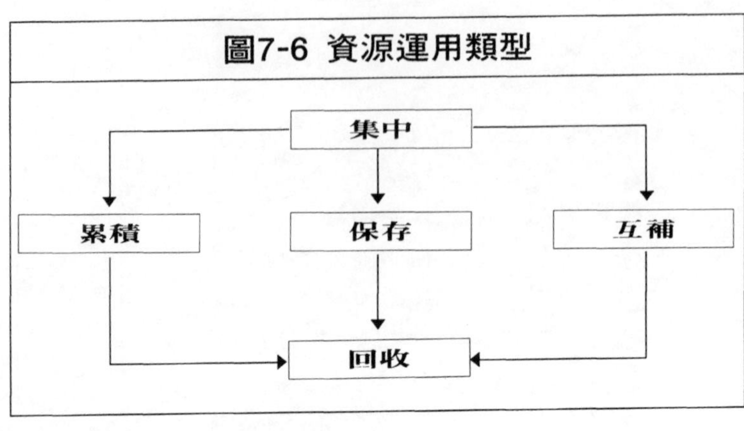

回收資源，能做到這些，企業便能縮短現狀與未來目標之間的距離。

擴大策略思考方式

目前主流的策略思考方式極為重視資源分配這個課題。的確，資源有限，最高管理階層必須妥善小心地加以分配。但以創新的手法運用資源，以便有效地擴大企業的資源基礎，豈非同樣也是最高當局的重責大任？運用難道比分配次要嗎？如果答案是否定的，那為什麼主管與策略專家幾乎全都只關心分配的問題？

「但願我們有更多的資源，就可以採取更具策略性的行動。」這是主管們經常發出的感歎。但如果把策略視為資源運用及勉為其難，那麼這些主管大部分真正的難題顯然就不是資源不足，而是優先目標太多，不能以一當十，未發揮創意思考，以善加利用既有的資源。難怪他們會覺得在資源上綁手綁腳：自某個角度看也的確是如此。但即使給他們更多資源，若不徹底改進運用這些資源的能力，結果也只能暫時紓解主管們的挫折感。

先見之明與策略架構是地圖，勉為其難與善加利用是燃料。但具備這些重要的條件後，邁向未來的路途仍可能相當漫長且辛苦。下面幾章我們要探討高階主管人員怎麼做，才能順利地由今天的市場航向未來的市場。

第8章

搶先塑造未來

首先到達未來的公司也可建構後來者難以複製的基本設施或「基地」，未能搶得先機的公司或許就只能依賴領先者。

雖然如此，許多公司仍假設追得快比打頭陣要好。

這種想法是基於兩種假設，第一項假設是，做先鋒先天的風險就比較大；第二是，做先鋒的先天一定會犯錯。

這兩項假設，反而使有心的後來者坐收新市場的漁翁之利。

如果不能把腦力上的領先轉化爲市場上的領先，而且要搶在對手之前，那策略架構設計得再好也沒有價值。在以下三章裡要談的便是如何把先見之明變爲事實，以便在決勝未來的路途上跑得比競爭對手快。

搶先進入未來當然有很大的好處，但先決條件是對拓荒的風險要有認識，要善加管理。搶先一步可以使企業在某個新產品類別建立近乎壟斷的地位，如克萊斯勒的家用廂型車（minivan）及新力的隨身聽系列產品。企業可因此建立新產品的標準，並因擁有關鍵的智慧財產權而獲得可觀的權利金，如松下的錄影機技術及英代爾的微處理器。企業還可訂下其他公司要參與競爭的規則。

如何搶第一

史瓦布發明「華爾街天才」（Street Smart）軟體後，經紀商與共同基金公司便苦苦地設法應對，因爲他的軟體可以讓投資人透過數據機（modem）及簡單易用的軟體買賣股票及追蹤持股情形。之後他再次讓競爭對手下不了臺，打算讓投資者透過單一無手續費的投資帳戶「一枝獨秀」（One–Source），同時投資數百種競爭對手的基金。正當史瓦布與銷售共同基金的競爭者談判代理銷售計畫時，富得利（Fidelity）的各種基金都還未包括在談判對象中，迫使富得利不得不作痛苦的抉擇：讓史瓦布搶先得逞，把競爭對手全納入自己的經銷網中。雖然這可能影響市場占有率，它最後還是決定追隨史瓦布的腳步。

首先到達未來的公司也可建構後來者難以複製的基本設施或「基地」，例如美國電話電報公司在一九九○年代初決定進入美國行動電話業，但因錯失一九八○年代初的良機，現在只好以較高的溢價購併一開始就進入這一行的麥考公司，接收其基本設施及客戶羣。在另一個截然不同的產業環境中，威名百貨搶先設置分店的地點，都選在只容得下一家如此大規模零售店的地區。搶得先機可以使企業更快地回收過去在建立專長上的投資，也可迫使短期內無法回收的競爭對手縮小或放棄投資計畫。

未能搶得先機的公司或許就只能依賴領先者，英國路寶（Rover）汽車公司在未被寶馬購併前，曾十分仰賴本田汽車，是本田的工程及製造技術救了路寶。不能領先的公司也經常難以控制本身的命運，即使是「迎頭趕上」對手，也算不上完全成功。三星與金星公司借著與日本開發廠商簽訂技術協定，進入錄影機市場，但其產品週期的利潤比松下小得多。同樣的，IBM比康百克及東芝晚五年進入膝上型電腦領域，白白把豐厚的利潤讓給對手。膝上型電腦的開路先鋒靠著IBM這慷慨的贈禮，增強了在個人電腦業的競爭地位。

雖然如此，許多公司仍假設追得快比打頭陣要好。這種想法是基於兩項假設，但在自願把開疆闢土的角色讓給對手之前，應該仔細檢驗這兩項假設。第一項假設是做先鋒的先天風險就比較大；第二是，做先鋒先天的一定會犯錯，反而使有心的後來者坐收新市場的漁翁之利。且讓我們一一討論。

搶先進入未來固然會有不小的報酬，但不可否認也有相當的風險，我們的目標是使風險小於報酬。開路先鋒固然背後常遭暗箭，但許多公司刻意觀望及尋找避險的途徑，使創造力無從發揮，也低估了無法領先所可能遭受的風險。對企業關係最重大的風險就是財務風險：金額大且一去不回的投資未能帶來預估的收益。但爲搶先未來不是「英雄式」的、以整個公司作賭注的投資，也不是比賽誰花的錢多，因爲這場競賽絕不僅只於是一場投資比賽。善用稀有資源的創造力，可以幫助公司把開拓新競爭空間的風險減至最少。

追隨者未必可圖利

大家常認為跟進比較划算，「讓別人犯錯」比較穩當。跟進者的目標是讓魯莽的對手，輕率地進入天使都不敢涉足的危險境地，讓衝動的開路先鋒承受時機不對、產品尚不成熟或顧客並不真正需要或想要其新服務等的風險。但除非拓荒的公司對眼前商機評估錯誤，或瞭解未透徹前便放任地投資，否則搶先而失敗的風險不致高過領先所能獲得的報償。要緊的是，竭盡所能以最快速度最低代價，設法瞭解顧客真正的需要，瞭解產品或服務概念是否合適，及市場策略是否需要調整，可以透過如下的方法達成：讓主要顧客在開發階段初期便參與開發工作；經常進行小規模市場試驗，讓員工或顧客測試新的產品概念與產品原型；與結盟夥伴一起分攤投資風險；藉合夥對象之助，對不熟悉的或新顧客羣或新技術有所認識。

不論如何，我們不是要做絕對的領先者（即做世上第一個發明畫時代新產品的先鋒），而是做個因爲能把價格與性能做絕佳組合，使推出的產品終能開啓新興的龐大市場的領導者。失敗的拓荒者常怪罪「市場尚未成熟」，然而市場永遠是現成的，不成熟的是產品或服務本身，因爲太貴、太不好用、品質太不可靠或有其他性能上的缺陷。失敗者是對才逐漸顯現、情況尚不明朗的市場機會作過度的投入，又不能吸取本身的經驗教訓，難怪到最後不得不完全放棄或退出。奇異公司突發奇想推動工廠自動化卻效果不彰即是一例；日本投下無數經費實驗高畫質電視，又等不及想說服美國電視業者及政府主管機關採用其高畫質電視標準，又是一例。

只求跟進還基於另一項假設，即後來者可以在最後關頭介入，並且當著開拓者的面把商機搶走。這種想法有幾項前提：一是開拓者一定會弄得灰頭土臉，以致對掌握新商機無能為力。可是這不是必然的結果，而等別人跌倒再來撿便宜，也是個很大的賭注。ＩＢＭ在一九八○年代初，心甘情願地把微處理器的領導地位讓給英代爾，而英代爾充分把握送上來的良機，ＩＢＭ很快就發現，自己把個人電腦很大一部分的利潤送給了這個也是競爭對手的合夥人。直到一九九四年，個人電腦推出後十三年，ＩＢＭ才能真正向英代爾稱霸微處理器的地位挑戰。ＩＢＭ與摩托羅拉、蘋果電腦合作，希望能號召用戶及生產廠商，愛用直接挑戰英代爾Pentium晶片的威力電腦

（Power PC）。

當然有時候我們是可以制伏一個規模較小、能力較弱的創新公司，也有可能超越一個無法完全投入新商機的大公司，但有意的把拓荒工作留給對手，打著時機成熟時再上場的如意算盤，就必須有把握對對方的實力與投入的程度作出正確的判斷。看著對手犯下投入過多財力物力或時機尚未成熟的錯誤，是一回事；但因爲對未來毫無概念而坐失良機，可是完全不同的另一回事。

企業喜歡在後跟隨，通常也因爲一個不可言喻的錯誤假設，即後來者擁有現成的技術與專長，很容易迎頭趕上。成就一項世界級的專長往往需要十年時間才能建立，因此，這個如意算盤不太能成立，除非後來者事先即曾對新商機有所準備，也一直努力在發展相關的專長。飛利浦、湯姆笙及增你智（Zenith）由於讓日本對手在手提攝錄機上搶得先機，現在已發現要趕上幾乎是不可能。現在飛利浦唯一能夠占絕對領先地位的大眾電子產品即彩色電視機，但幾乎沒有一家廠商在過去十年裡因這項產品賺過錢。企業如果對未來的市場不能及早攻城掠地，到頭來可能發現，最肥沃的地帶已落入敵人之手。

開拓者倘若不曾投入過多資金，卻建立了必要的核心專長，並持續追求以低成本低風險的方式取得市場知識，那追隨者想要後來居上是相當困難的。但這並不表示，企業應該仿傚或超越對手不成熟或太大膽的研發或市場投資，而是企業必須判斷，何時應該讓對手向錯誤的方向衝刺，何時應該加倍努力趕上朝正確方向積極前進的對手。企業想要區別誰是誰非，就必須對通往未來最可能的途徑，技術成熟最可能需要多少時間，政府管制的演變，及發展互補力量等方面，有自己的見地。好整以暇地把公司的前途，寄託於等候開路先鋒先犯錯，是不負責任的作法。

對未來之路要有獨立且先知先覺的看法，尚有另一項理由。因爲即使搶先的企業跌倒了，要成功地填補它所留下的空位，也可能必須在幾年前便開始建立必要的專長。比方新力公司終於在錄影機工業上鎩羽後，能受惠的同業只限於少數公司，其中以傑偉士爲主。但這些受惠者均曾在相關專長上投入近二十年的時間。反之，一旦市場起飛，原先未能及早參與這場競賽的消費電子業者（增你智、湯姆笙、奇異），就只能剩下要向哪個同業去買（通常是傑偉士與松下）相關專長的選擇了。

把握行進路線

企業要搶先抵達未來，就必須找到現在與未來之間最短的路徑。夢想不會一夜成真，從夢想一個根本改變的產業至其出現真正有規模的市場，可能需要多年時間。如何以最短的時間及最少投資，把先見之明轉換爲真正的商機，便是我們的目標。前面曾提到未來的競爭可分爲三個階段：第一階段是爭取知識上的領導地位，建立產業遠見，勾勒策略架構；第二階段是搶先塑造及縮短由今日通往未來的路途；第三階段是，一旦新商機「起飛」，且新產業結構開始成形時，便積極爭取市場影響力與地位。第一階段的競爭是構思不同的產業結構或新的商機領域，目標是比對手更能思考，更具想像力。第二階段則是積極塑造這構想中的未來使之對我方有利，目標是跑得比對手更快，拉大彼此距離。

路徑上的競爭跟知識上的角力一樣，公司與公司之間並不會正面地、產品對產品地衝突，而是進行市場前（premarket）或市場外（extramarket）的競賽。然而多數主管（及策略教授）念茲在茲的卻是第三階段的市場競爭，此時大多數技術問題已遭解決，有具體的商品或服務可以上市，價值鏈已經定型，買方與賣方的角色也較爲明確。但在這決勝未來的最後階段，在許多角逐者已一路被淘汰，產業結構已漸次固定後，其情況就彷佛觀看馬拉松的最後一百公尺一樣。勝利的冠冕屬誰一目了然，但對選手幕後辛勤的訓練及心理建設，與開始比賽後前一大段的致勝戰術卻一無所知。

舉個市場前競賽的例子。無遠弗居的完全互動式電視這個夢想，在一九九四年仍離實現真正大規模市場相距十年以上，但已有各種公司分別在佛羅里達奧蘭多（Orlando）、加州卡斯楚谷（Castro Valley）及其他地點實驗互動式電視服務。惠普、通用器材（General Instruments）、美國電話電報公司、微軟、矽谷圖像（Silicon Graphics）及飛利浦等多家公司，或合作或競爭，正爭相開發互動電視所用的電視訊號轉換器、視訊伺服器及軟體標準。種種競爭的動作包括結交建盟、累積專長、樹立標準、市場測試。每家公司都希望爲自己找到由產品概念到實際市場間最短的路徑，並且把自己擺在能夠掌握市場大餅最大一塊的地位。

贏在起跑點上

因爲可供選擇的路線一定不只一條，所以我們有必要思考路徑規畫與管理的問題。蘋果電腦、美國電話電報公司、康百克、天帝（Tandy）、摩托羅拉及惠普，各採取不同的方向生產掌上型電腦及通訊設備。通常總會有幾家公司不約而同地想在差不多的商機範圍裡，發掘未來的寶藏。但對未來整體商機看法相近的公司，對通往未來的路途，包括應選擇哪些技術，希望建立哪些標準、產品或服務應是什麼模樣，卻可能各有各的算盤。每家公司的「理想」路徑各有千秋，視其在起跑點時的技術、資源、市場條件而定，也取決於每家公司對未來商機的獨特觀點。舉例來說，新力對未來理想的多媒體有一種看法，任天堂也有一種看法，蘋果電腦有另一種，飛利浦、微軟又各有己見，這些觀點在某些方面則有相通相輔之處。至於每家公司究竟能自多媒體賺得多少生意，多半要看哪個產品概念獲勝，哪些技術標準獲普遍採用，哪些應用軟體最爲通行，以及哪些頻道最受用戶重視。

新力和松下（傑偉士）在開發錄影機時，就選擇了通往未來的不同路線；飛利浦和新力在發展數位錄音上也各行其是，飛利浦的數位卡帶（digital compact cassette）是一條路，新力的迷你雷射唱片（minidisc）是另一條路；美國、歐洲、日本對高畫質電視（HDTV）也採取不同的方向。日本主要電視台ＮＨＫ及製造廠商支持一種名爲ＭＵＳＥ的類比標準，歐市花下大筆經費資助另一種與ＭＵＳＥ打對臺的Ｄ－ＭＡＣ類比標準，美國則有多家公司則競相發展數位化標準，將由聯邦傳播委員會（ＦＣＣ）自其中選出美國國家標準。電腦公司如ＩＢＭ、昇陽、惠普、迪吉多，競爭的則是針對精簡指令集技術，建立新的電腦架構。

企業不但要設法找尋通往未來的捷徑，同時也要設法迫使對手走上距離更遠、投資更大的歧途，要不就是號召對手加入我們的陣營，幫助我們實現理想。在飛利浦與日本競爭對手交手的多次戰役中，如果成敗是決定於改良產品及降低成本的速度上，飛利浦往往是在最後關頭功虧一簣。不過飛利浦也經常表現出把對手推向漫漫長路的本能。當年眼看新力就要在數位錄音帶（ＤＡＴ, digital audio tape）上領先，飛利浦成功地透過子公司寶麗金（Polygram），發揮對錄音界的影響力，在新力邁向未來之路上樹立障礙，並設法使松下不支持新力所提出的標準。ＤＡＴ因此出師未捷身先死，飛利浦則爲開發與推廣ＤＡＴ替代產品ＤＣＣ（數位卡式錄音帶）爭取到必要的時間。同樣的情形也發生在高畫質電視的爭霸戰中，飛利浦藉著身爲歐美某企業聯盟的會員，拖延日本企圖說服美國採用ＨＤＴＶ爲標準的攻勢，最後更使日本無功而返。這使日本公司不得不放棄滿懷希望的路徑，也使飛利浦與美國公司獲得寶貴的時間，足以發展可替代ＭＵＳＥ的數位化標準。「反ＭＵＳＥ」聯盟成功地使高畫質電視的競賽又回到起點。當然，以日本在顯像專長上持續累積的成績，不論哪一種標準獲勝，日本業者都能掌握到相當大的經濟利益。

擴大影響力

前面提過，由於甲公司的理想路途不見得適合乙公司，因此各家公司都會想盡辦法左右產業的發展方向。公司在開創未來上的投資能夠回收多少，要看哪個產品或服務概念能贏得最後的勝利。因此，若想在新商機領域中奪得相當大的收益，企業就必須擴大自己在產業發展方向上的影響力占有率（share of influence）。

擴大影響力之爭關係到追求未來利益占有率（share of future profits）的競賽。公司的影響力占有率與未來利益占有率取決於四項因素：

1.建立及維繫聯盟關係的能耐（取得及調和別家公司的資源以截長補短）。

2.是否能建立關鍵性專長，以便在新商機中提供顧客所看重的價值（唯有擁有這類「核心」專長，才有希望在未來獲利）。

3.迅速累積市場知識的能力（率先找出未來初萌市場需求的「金礦」為何）。

4.在全球消費者心目中的印象占有率及配銷能力（即品牌的全球知名度及事先建立起全世界的知名度、配銷網，好在新產品或服務概念成熟時，比競爭對手搶先一步）。

在不少產業裡現在又多了一些愈來愈重要的決定性因素：左右政府管制措施、影響新技術標準及掌控智慧財產權的能力（請看圖8—1有關管理未來路徑關鍵的議題要點）。

在這五個市場前的競爭領域中，某公司若在任一方面或多方面特別擅長，就可能享有與本身規模不成比例的影響力，而擴大影響力的目標就在於擺脫企業規模的限制。每家公司都希望自己體位不大力氣大。要舉影響力與公司規模比例大於一和小於一的例子不難：通用器材規模不算大，卻擁有影像壓縮技術（將大量影像訊號壓縮在相當小的無線電頻寬上）的特殊專長，因此在互動電視與高畫質電視的開發上，均居於頗重要的地位。相反的，電腦業過去十年裡的演變過程中，迪吉多的影響力一直小於一。它在搶搭個人電腦革命的巴士上，在發展精簡指令集架構的關鍵專長上，在體認電腦業已由硬體轉向服務的潮流上，都慢了一步。

一家公司若能建立並領導以相同產品爲目標的企業聯盟，就不難大大提升自身的影響力。本章要探討的是，爲創立未來常需要仰賴企業聯盟，但集結及維繫這類聯盟會面臨什麼挑戰。隨後幾章將分別討論核心專長、市場學習及建立全球品牌等主題。

企業聯盟——如何成為結盟的中心

未來最錯綜複雜的商機中，如互動電視、機動車輛的自動導航系統、細胞醫療術、遙控居家醫療診斷、衛星個人通訊裝置、全國待售房屋電視頻道、內燃機替代產品等，有很多都需要結合

圖8-1 管理行進路線

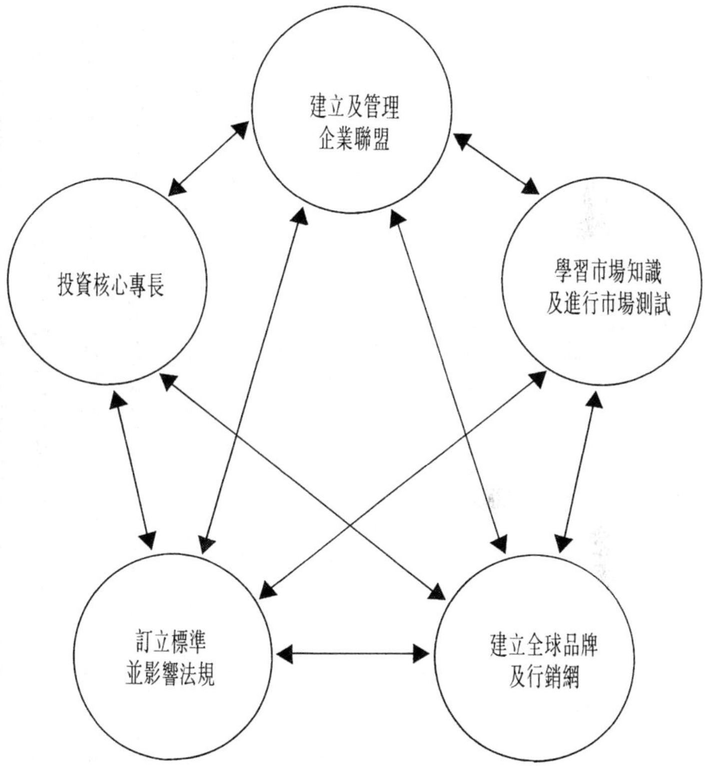

建立及管理
企業聯盟

投資核心專長

學習市場知識
及進行市場測試

訂立標準
並影響法規

建立全球品牌
及行銷網

不同種類公司的技術與專長。未來的競爭不限於公司與公司之間，也會發生於聯盟與聯盟之間。有些聯盟是以相當比例的共同持股來凝聚向心力，美國西方公司投資時代華納娛樂公司（Time Warner Entertainment）就是一例。有時聯盟以合資設立新公司的形式出現，ＩＢＭ便與蘋果電腦成立卡蕾達（Kaleida），開發多媒體的商機。惠康（Wellcome）與華納藍柏（Warner－Lambert）及葛蘭素合資，針對這兩家藥廠暢銷的處方藥，開發適於店銷的成藥產品，並在惠康的連鎖超市中銷售。有些聯盟則只是密切合作開發某項產品，如蘋果電腦與夏普合作生產「牛頓」（Newton）個人助理器。

基於數項理由企業必須結盟，最明顯的就是，沒有一家公司能擁有實現某種新產品或新服務所有必要的資源。雀巢與可口可樂正在合作透過販賣機販售罐裝熱飲，這種生意在日本以外的地方聞所未聞。此種結盟結合了雀巢在茶與即溶咖啡上的專長，與可口可樂強大的國際配銷及販賣機網路。美國最近出現不少地方性電話公司（如貝爾南方公司、貝爾西南公司及美國西方公司）與有線電視公司〔如時代華納、豪塞傳播（Hauser Communications）等〕結盟及進行少數股權投資的案例。每一家參與其事的公司都預見到，利用互動電視爲家家戶戶提供各種服務，使打電話、娛樂與線上零售結爲一體，是潛力無窮的行業。它們也體認到，單靠一己之力無法實現這個遠景。有線電視業者明白，它們需要借重電話公司複雜的計帳制度及訊號轉換專長，電話公司也瞭解自己需要有線電視業者的寬頻傳輸及節目播放專長。

企業結盟另一個理由是爲平息政治顧慮。歐洲消費電子公司如飛利浦與湯姆笙等認爲，與美國同業合夥不僅是爲了取得技術，也希望能完全參與聯邦傳播委員會主導的高畫質電視標準訂定過程。結盟也可以化解潛在的競爭對手，減少未來可能的對立，或是阻斷競爭對手取得合夥對象資源的機會。

飛利浦與松下簽約以支持飛利浦發展數位卡帶，一來是希望借用松下的全球配銷實力，二來也是先下手預防松下可能與新力合作開發數位卡帶的替代品。結盟還可以分散風險，這是歐洲四國航太公司聯合成立空中巴士公司（Airbus Industries）的主要考慮之一，同時也是摩托羅拉廣邀全世界夥伴加入「銥」計畫的重要因素。總經費達三十四億的銥計畫，旨在建立衛星無線通訊系統，使行動電話與呼叫器在地球任何角落都能通訊。這個系統須仰賴六十多個環繞地球軌道的衛星，即使以摩托羅拉資源如此豐富的公司也難以獨力完成。

如今每家大企業幾乎都有一缸子的盟友，卻缺乏整體合夥關係的宏觀理念，對產業前途欠缺獨特的基本觀點，也未曾刻意集結擁有互補技能的公司，以便實現這個對未來的觀點。於是乎各式各樣的盟友雖結了很多，各個合夥關係之間卻互不相干，各有各的目的，不相聯屬。

累積式多邊合夥關係

反之，筆者心目中的結盟是一種有明確「累積式理念」的多邊合夥關係。比方日本電視遊樂品廠商世嘉（Sega），爲躋身世界一流的娛樂公司，已分別與美國電話電報公司、時代華納、TCI、先鋒（Pioneer）、山葉、日立及松下簽約合作。這些合夥對象能帶給世嘉必要的技術，使它能透過有線電視網下載（download）電腦遊戲，爲電視遊樂器注入栩栩如生的圖像，興建「虛擬」樂園，還有很多很多好處。再舉一例：不論「牛頓」這個產品最後的命運如何，蘋果電腦已整合了幾個合夥對象的技巧及專長，包括太平洋貝爾公司、藍登屋（Random House）出版公司、摩托羅拉、貝爾聯合實驗室（Bellcore）、藍天電視（SkyTel）及夏普。這幾個聯盟關係當中雖有親疏之分，但均使蘋果電腦能接觸到本行以外的專長，而且也都屬於同一個開創新產品類別的大計畫。圖8—2是其他幾種爲開創競爭空間所結成的聯盟。

牛頓這個聯盟中，蘋果電腦是「節點公司」（nodal Company），位居聯盟的中心，掌控關鍵的影響力。任一家公司在某個聯盟中的影響力，大部分取決於它所擁有的專長與其他合夥人比起來有多重要、多特出；企業是否能塑造未來商機的演進過程，也多半要看它是否已建立獨特且珍貴的核心專長。通用器材在視訊壓縮上的專長，促使它締結了一系列發展互動電視的合夥關係。由於蘋果電腦在設法取得世界級零組件開發及製造技能上，可以選擇的合夥對象，比日本人要找懂得人與機器的介面且重視爲使用者著想的公司要多，它在聯盟中的影響力自然大了許多。取得核心專長的領導地位是吸引合夥人的磁鐵，也是公司在聯盟中擁有實力的主因。

時間一久，不同專長或能力的相對重要性或許會轉移，造成聯盟中的權力重分配。這一現象

圖8-2 創造新競爭空間的聯盟

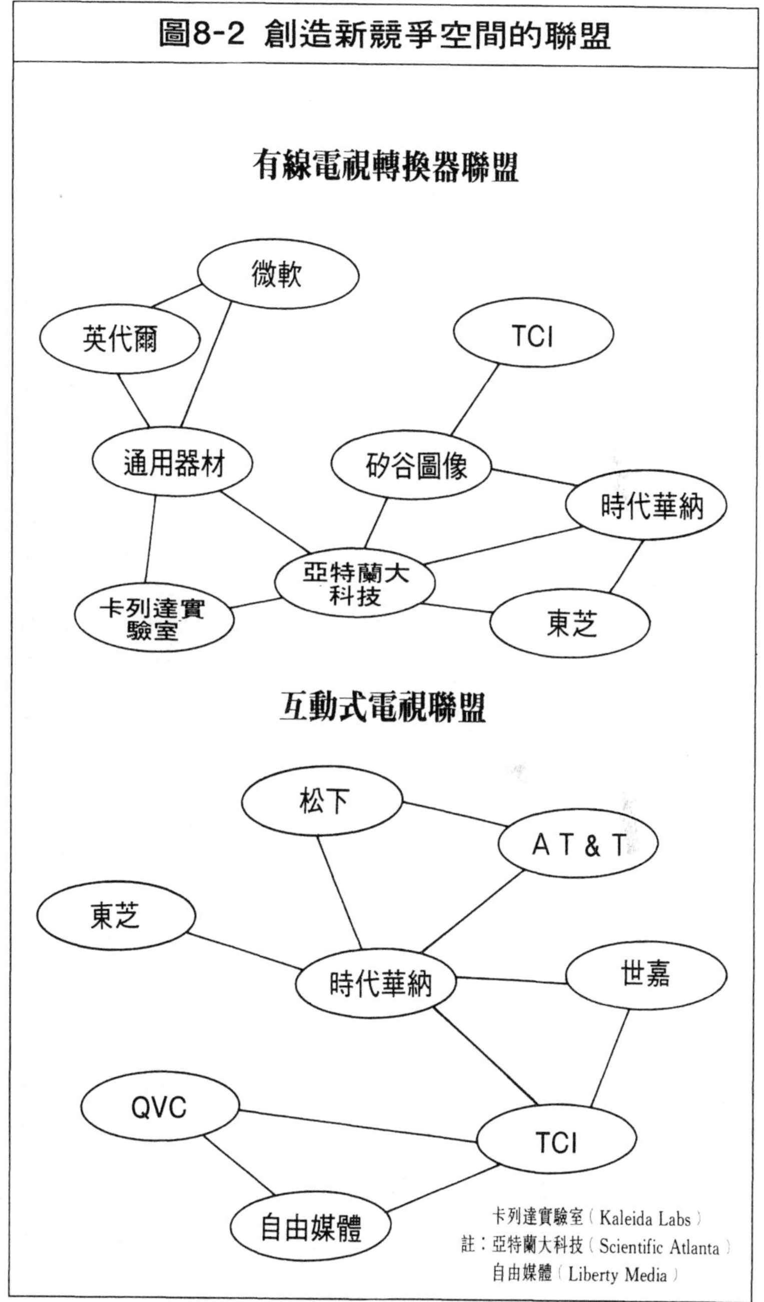

卡列達實驗室（Kaleida Labs）
註：亞特蘭大科技（Scientific Atlanta）
自由媒體（Liberty Media）

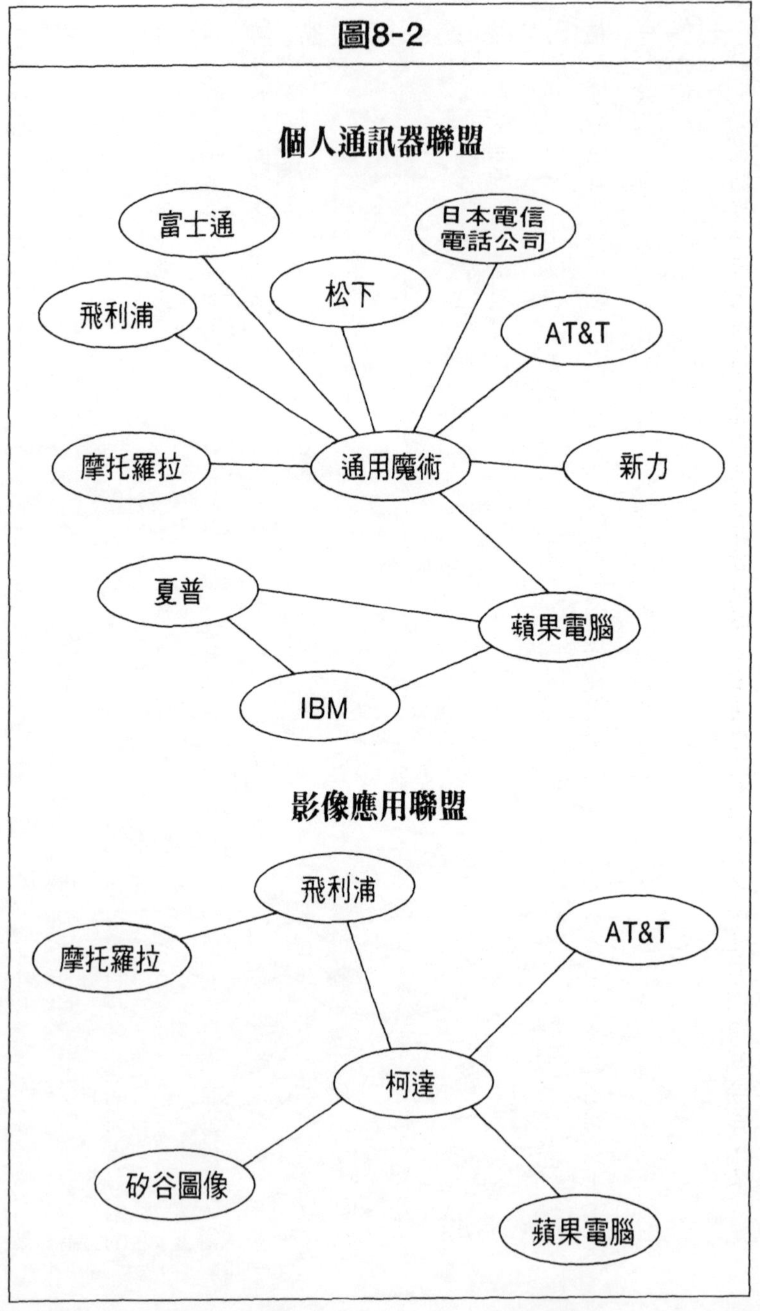
圖8-2
個人通訊器聯盟
富士通
日本電信
電話公司
松下
飛利浦
AT&T
摩托羅拉
通用魔術
新力
夏普
蘋果電腦
IBM
影像應用聯盟
飛利浦
AT&T
摩托羅拉
柯達
矽谷圖像
蘋果電腦

見於開創了個人電腦業的ＩＢＭ、英代爾、微軟三結義。ＩＢＭ的配銷及品牌實力，在這個行業的早期相當重要，但在別家競爭者紛紛加入戰場後便大不如前，造成ＩＢＭ的「市場占有率」滑落。當年是ＩＢＭ主導全局，到一九九〇年代初，微軟已有充分信心，推出在多方面與ＩＢＭ的ＯＳ2架構直接較勁的視窗作業系統，而當初微軟曾保證要支持ＯＳ2的。

在市場演進初期共同合作的廠商，經常在最後階段成為競爭對手。新力和飛利浦曾一同開發雷射唱片，後來卻在雷射唱盤的市場占有率上激烈競爭。通用魔術公司的合夥人（蘋果電腦、新力、摩托羅拉、飛利浦、美國電話電報公司、日本電信電話公司、富士通及松下），合作建立了掌上型通訊器的通訊及軟體標準。然而一旦這種產品的市場起飛後，合夥人就會變成對手。每家公司都會提供消費者不同的個人通訊器，事實上這個合資公司規畫的結構，就是使每家合夥公司只知道整個開發過程的局部。公司內設有一道道的「萬里長城」，可以防止每個合夥人對別人發展未來產品的計畫知道得太多。

因此，企業聯盟的維繫，常需要小心處理競爭與合作兩方面長期的平衡，聯盟各成員間則需謹慎地節制其競爭本能，以免合夥關係夭折。長期處於激烈競爭之下的公司，彼此之間幾乎很難合作共創未來。西門子執行副總裁華特．庫梅斯教授（Walter Kumerth），談到電子業結盟如雨後春筍的現象時，特別提到這一點：

> 我們這一行未來的情勢會非常非常複雜……同樣的幾家公司會在某個領域合作，又

在另一個領域拚鬥，這唯有互信及共同的商業倫理才辦得到。如果你已跟某人打架打了多年，要攜手合作是很困難的。

以新力與松下激烈的競爭且有時還涉及個人的意氣之爭，這兩大日本鉅子往往覺得，各自與飛利浦合作反而倒比互相聯手來得容易。底特律的「三巨頭」雖合資開發電動車，必然也會面臨類似的緊張關係。

政治技巧

節點公司必須認清，不見得每個合夥人對結盟都同樣地投入。它們可能表現出不同的興趣，不同的參與程度。有些認爲自己在聯盟中只占「旁聽席」的，只想瞭解某個構想的進度及顧客的接受度，它們的目標不是對節點公司的提議一口氣就許下重諾或做大筆投資，位於另一個極端的公司則肯大力投入放手一搏。一開始我們就要認清，各合夥人對開創未來懷抱著相異的立場。節點公司必須要有此種認識，並對不同夥伴有不同的對策。

企業在聯盟中的影響力也取決於各成員對未來的觀點，誰的比較「吸引人」，誰的是真知灼見，以及它們各自對實現這個未來有多麼執著。雖然合夥人之間對未來的目標廣義來說應有一致的共識，也應有最低限度的認同感，但難免有一、兩個聯盟成員會比別人有更深入或更強烈的看法，對開創未來會有較迫切的感覺。這種合夥人通常是對技術趨勢更清楚，對生活方式有更強的洞察力，要不就是與政府管理當局有更好的聯繫。具備這類條件的節點公司，有助於凝聚聯盟的向心力，而其全力投入的態度也會使公司扮演聯盟核心的角色。正因爲如此，而不在於能力上的差異，使得法國航太公司（Aerospatiale）成爲空中巴士集團的龍頭。

爲開創明日市場而結成聯盟並善加維繫，需要各種細膩的政治技巧。企業必須能洞察所有合夥人的參與動機。每個管理當局都應自問：如何使別家公司的利害與我們的成敗相結合？如何孤立巴不得見到我們失敗的對手？如何經由結盟或股權買賣，「纏住」擁有關鍵性互補資源的公司（新力及松下購併美國電影公司唱片公司的部分動機即在此），使競爭對手無法取得相同資源？如何說服敵人的敵人成爲盟友？哪些公司依賴我們？應如何善用此種依賴性？我們與其他同行之間有哪些「共同的目標」？簡言之就是我們應在哪些方面，與什麼人競爭、合作、圍堵或取得主控權？

要增加在聯盟中的影響力還有一點，就是能夠認清各個合夥人爲了圖利本身，所持的不同主張與觀念，並加以利用、壓抑或轉移目標。要維繫聯盟，就需對各高級主管的個人意見及每個合夥成員的相對實力，具有政治敏感度。也不能只圖一己之私。如果在每一階段都只顧追求本身最高的利益，很可能使維繫聯盟於不墜的善意及互惠感被破壞殆盡。

建立標準

有鑑於開發未來日益複雜且耗費時日，企業已覺悟到無法「獨撐大局」。垂直整合及一味把所有的零組件與專長均鎖在公司內部，已沒有意義；「虛擬整合」（vertical integration）現正取代垂直整合。合夥人之間的關係不是以交易爲導向而是長期的合作，這種合夥關係不涉及所有權且無法律拘束力但彼此相互依賴。一家公司之所以能推動、主持及管理策略聯盟，不是靠法律約束或片面的依賴，而是出自高明的政治技巧，擁有重要的專長，對未來明確且發人深省的觀點，及過往對合夥對象信守承諾的完整紀錄。

決勝未來往往牽涉到如何率先建立新標準，以整合由多家供應商提供的產品與服務。建立標準十分重要是基於兩項理由：一來，缺少共同標準可能使未來遲遲無法降臨。由於NEC、富士通及日本IBM公司，分別在日本提供不同的個人電腦作業系統，使當地的個人電腦市場比美國晚起飛了很久。如果不是只有一、兩種標準，販售互補性產品的廠商就沒有規模經濟，因爲它們必須爲不同的標準設計不同的產品。結果是成本難以降低，消費者必須付出高價，市場發展受限。互不相讓的標準使顧客無所適從，因而不願購買產品，寧可等到態勢明朗後再說。當某個產業終於淘汰得只剩下一、兩種主要標準後，市場便會飛速成長。

因此想要決勝未來的公司渴望標準愈早出現愈好，這不僅加速市場發展，也可減少資源不斷投入到頭來卻慘遭出局的技術的風險。當然也有不少阻礙標準及早出現的因素，其中兩個便是技術與市場的不確定性。雖然競爭各方可能簽署支持同一種標準，例如日本業者在高畫質電視發展早期的情形，但如果技術始終未能成熟，顧客的需要總不甚了了，則這個標準便很難持久。

另一個重要阻礙因素是，角逐各方的利益相左，這正是標準戰對未來競爭十分要緊的第二項理由。簡單說，誰的標準贏得最後勝利，多半便決定了未來誰能賺錢。雖然大家都希望盡早看到標準出現，但也希望自己選擇的科技能變成普遍的標準。個別公司對未來固然會鎖定大方向，如精簡指令集、微處理器或家庭互動電視，但對於最後的產品究竟是什麼模樣，則或多或少都有自己的看法，而且大家在起跑點上的技術實力與其他專長也不盡相同。這使得每家公司各走各的路線，而走得愈遠（即消耗的資源愈多），如果其路線不能成為標準，後果就愈嚴重。

獲勝的標準可能帶來相當可觀的報酬，個人電腦廠商每賣出一部安裝DOS（磁碟機作業系統）的機器，微軟便要收十三到十四美元權利金。單以美國每年個人電腦出貨量達二千多萬部，微軟就占了其中的八一％，這個權利金的總數便極為可觀。微軟因DOS及視窗而掌控著作業系統標準，也使它在開發應用軟體上居於有利地位。因成為技術標準而帶來的大量收入，也使公司能完全回收在研發工作上的投資。不論是英代爾或摩托羅拉，每一代新微處理器的開發都要消耗巨額經費。但近年來英代爾在個人電腦微處理器上的投資，回收比摩托羅拉快很多，因為英代爾的「X86」系列是目前個人電腦的標準。一旦顧客在某種標準上投入不少錢（如以DOS為基礎的應用軟體），就會要求新產品要與現行標準相容。這當然使擁有現行標準的廠商，在爭取未來標準的領先地位上占盡優勢。就是基於這種優勢，使微軟能一路帶領客戶由DOS到視窗，再到視窗，十分順利。同樣，英代爾把用戶由286帶進386、486，再到最新的Pentium晶片，始終一路領先。松下先後開發VHS、Super VHS（攝錄機標準）及VHS－C，也一直保持錄影帶的世界領先地位。

下面兩章裡我們要討論另一個塑造產業未來的重要任務，建立可衍生明日產品及服務的核心專長。

第9章

闢建通往未來之門

建立專長的列車一旦駛離車站，
再想要上車就難了。
所以一切從零開始的公司想要很快就趕上摩托羅拉在無線通訊上的專長，
沙奇公司在金融工程上的技巧，
或美林證券全世界、全天候的交易能力，
都會困難重重。
專長的建立靠學習的累積多過發明的大躍進，
縱使產品週期愈來愈短，
但要在核心專長取得領先地位，
仍可能要耗費數年而不是數月的時間。
因此專長領導地位之爭通常先於產品領導地位之爭。

我們一再使用「核心專長」這個名詞來稱呼，能夠在一羣產品或服務上取得領先地位所必須依賴的能力。本章的主旨則在說明，決勝未來的一個重大挑戰，即如何先發制人地建立能開啓明日商機大門的專長，以及如何爲現有的專長尋找新的應用之道。

想要擄獲超水準的明日市場利潤，企業就必須建立能對未來顧客所重視的價值有超水準貢獻的專長。然而要在重要的核心專長上取得世界級領先地位，可能需要五年、十年，甚至更久的時間，因此企業若想在未來大發利市，現在就必須判定應該爲未來建立哪些核心專長。根據我們的經驗，很少有公司懂得如何善用眼前的專長，在現有的事業單位範圍以外，開創新的競爭空間。至於觀念清晰，知道應該如何培養全新的核心專長的公司，更少之又少。缺少此種體認的公司在未來的市場上很可能被別人超越。

通往未來的大門繫於核心專長

核心專長是開啓未來商機的大門。在某項核心專長上領先就代表有潛力，只要動動腦，想出利用這項專長的新方法，潛力便得以發揮。以夏普與東芝爲例，它們已爲了發展平面顯示器相關專長的領先地位，投入數十億美元。作如此大的投資不是基於「商業考量」，不是爲了開發特定的產品，而是如果能壟斷相關的技術，將可爲公司帶來無窮的商機，所提才不惜工本地投入。平面顯示器的潛在市場，小自電子記事簿大到膝上型電腦，到迷你電視、液晶（LCD）投影電視及電視電話，可說是不勝枚舉。事實上，在這每一項可能的應用途徑還不夠具體、還難以預見、還不具備開發的商業價值之前，夏普與東芝很早便矢志建立這方面的專長。當時的液晶顯示器市場主要仍集中於計算機，並不足以支持做這種大手筆的投資。但是如果等到實際的需要已經產生，或產品概念已要求發展此一核心專長的時候才採取行動，不免就要落在步伐較快的公司之後。到一九九二年夏普已在總值二十一億美元的液晶顯示器市場上，占有三八％，預計這個市場到一九九五年可成長到七十億美元以上。

先發制人地投資核心專長，不是盲目地跳入不可知的未來或作一場豪賭。固然我們對五年或十年後才會出現的產品不容易掌握，但即使不是商業天才，甚至不需要是企管碩士，也知道只要控制著一大部分全球生產省電可攜帶型高畫質顯示器的產能，未來必然有無盡的商機等著你。僅只爲了在提供未來重要的顧客利益上，建立全球的領導地位，以及設想把這個利益實際帶給顧客的諸多方法，便促使這兩家公司展開建立專長的過程，如今夏普與東芝正回收當年先見之明的金錢報償。任何公司想要進入攜帶型顯示器是關鍵零件的產品領域（不論是IBM的膝上型電腦或蘋果的個人數位助理器），都遲早要跟夏普或東芝打交道、做生意。

顯然最值得珍貴的便是能夠打開多種潛在產品市場的專長，用金融活動來作比方，投資核心專長取得領先地位就彷彿投資選擇權，領先者有權選擇參與用得著這項核心專長的各種產品市場。惠普在儀器電訊及電腦上的專長，使它有權選擇參與許許多多需要這些技能的市場。本田投資發展傳動系統的領先地位，最初雖是著眼於摩托車業，後來卻使它有機會進入割草機、發電機、海事引擎及汽車等行業。新力毫不懈怠地追求在迷你化專長上領先世界，使它得以進入廣大的個人視聽產品市場。3M在黏著劑、顏料及高等材料上的核心專長，衍生出成千上萬的產品。相反的，企業若不能在其核心專長上領先，被三振出局的可能性就不止限於一種產品市場，並且會白白放過大好的產品商機。

專長領導

核心專長是一羣技能及科技的組合，能使公司爲顧客提供某種特殊的利益。新力提供的利益是「好攜帶」，其核心專長則是迷你化；聯邦快遞的利益是即時運送，核心專長是極高水準的後勤管理；後勤管理的專長也使威名百貨能讓顧客享受更多的選擇，更充裕的貨品及物美價廉等好處；EDS給予顧客的好處是密實無縫的資訊流通，而其核心專長之一是系統整合。摩托羅拉則以專精無線通訊的專長提供顧客「無遠弗居」的通訊。

企業決心建立新的核心專長，應該定位在創造一系列新的顧客利益或改進現有的一組顧客利益，而不是針對單一產品市場而來。新力在隨身聽、手提雷射唱盤及掌上型電視發明前，就決意致力於發展好攜帶的相關專長。這種決心不是基於對單獨的新產品或服務詳細的利潤預測，主要還是出於對提供一系列顧客利益能爲公司帶來利益的深刻認知。

如果只考慮投資於核心專長取得領先地位，能爲某單一產品爭取到多少競爭空間，那絕對是不划算的。夏普與東芝固然早早就致力於發展平面顯示器，美國業者的態度卻呈強烈對比，只因在現有產品如膝上型電腦或小型電視需用到這種零件時，美國廠商才會對它感興趣。西方公司多半只著重於在特定產品市場上爭勝，因此多年來都很樂意向日本採購平面顯示器。後知後覺的美國公司，很晚才領悟到這種技術的應用範圍有多廣，甚至有很多軍事上的用途，如果以後仍完全依賴日本供應，則不僅是把現有產品的一大部分附加價值拱手讓人，也會讓日本供應商及競爭對手享有開闢新市場的優勢。這種覺悟終於促使美國國防部在三年內撥款一億一千萬美元，由二十餘家美國公司研究平面顯示技術。在一九九四年，美國政府提供五億五千萬元給未來平面顯示器製造商的議案已在華盛頓討論，唯有時間能夠告訴我們，這麼做是否能激發美國業者在平面顯示器的專長急起直追，或是仍舊起步太晚，無力挽回頹勢。

建立專長的列車一旦駛離車站，再想要上車就難了。所以一切從零開始的公司想要很快就趕上摩托羅拉在無線通訊上的專長，沙奇公司（Goldman Sachs）在金融工程上的技巧，或美林證券全世界全天候的交易能力，都會困難重重。專長的建立靠學習的累積多過發明的大躍進，因此很難「壓縮」建立專長所需要的時間。縱使產品週期是愈來愈短，但要在核心專長取得領先地位，仍可能要耗費數年而不是數月的時間。

因此專長領導地位之爭通常先於產品領導地位之爭。美國電話電報公司在幾十年前便開始研究視訊電話，但有一項重要的核心專長即視訊壓縮技術尚不夠精良，因此無法經由一條電話線傳送流暢具電視畫質的影像。再以錄影機爲例，傑偉士改良錄影帶專長花費近二十年，後來才獲得ＶＣＲ的成功。飛利浦在光學媒體儲存及播放專長上也投入了一樣久的時間，才取得領先地位。

企業與企業的競爭

我們分析競爭策略的單位大部分都是以個別產品或服務爲準。在探討定位、經驗曲線、進入市場順序（order-of-entry）、定價、成本與差異化、競爭訊號與進入市場障礙等問題時，也多半以一項產品或相近的系列產品爲對象。商業爭戰同樣也從產品的角度來衡量：健怡可樂（Diet Coke）對低糖百事（Diet Pepsi），蘋果的筆記型電腦（Powerbook）對ＩＢＭ的ThinkPad，或全美航空對英航的大西洋航線頭等艙服務。其實企業尚有更深一層的競爭。全美航空與英航競相發展機隊管理、客艙服務及訂位系統等專長；福特與本田的競爭則不止是金牛（Taurus）對雅哥（Accord），更牽涉到幾十年來在傳動系統、汽車電子及車型等方面爭取領先地位的角力。

在專長上競爭不是產品對產品，甚至也不是事業單位對事業單位，而是企業對企業。佳能爲了搶先在電子影像、電子印刷及精密光學等多項專長上，攻占領導地位，便同時必須與許多「專長對手」一別高下，包括東芝、柯達、尼康（Nikon）及惠普；威名百貨則與凱瑪特、施樂百在後勤管理上一爭長短；葛蘭素與默克爭相發掘開發新藥的專長。把專長競爭看作是企業之間的競爭有幾項理由。

一是前面已提到過的，核心專長不僅不局限於個別產品，它能夠同時提升多種產品與服務的競爭力。因此，核心專長不僅是超越任何單一商品或服務的，同時也超越任何事業單位，它的壽命比任何產品或服務更久。雖然自從新力公司首度取得貝爾實驗室對電晶體的授權，到現在組成新力迷你化專長的各種技術已有了顯著的改變，而且新力利用這項專長所開發出來的產品範圍也已經擴大改變，但迷你化多年來始終是新力競爭力的重心。摩托羅拉的核心專長無線通訊，也比構成這項專長的許多技術及借用過這項專長的不少產品來得長壽。

再者，由於核心專長對多種產品與服務的競爭力都能有所貢獻，因此在爭取專長領導地位上的勝負，對公司的成長潛力與競爭力有深遠的影響，遠超過對個別產品輸贏的影響力。摩托羅拉若失去無線通訊專長上的龍頭地位，就會有多項事業單位包括呼叫器、雙向行動無線電及行動電話受到波及。

第三是，要達到核心專長領導地位所需付出的投資、所冒的風險及等候的時間，往往超越單一事業單位所具備的資源及耐心，有些專長更是非有企業總部直接的支援不可。最高主管不可任由個別事業部門各行其是，自行決定應發展哪些鞏固未來市場地位的核心專長，因爲各部門最關心的只在於如何維護現有產品或市場的地位。

最重要的原因是，最高管理階層唯有建立並維護核心專長才能確保企業的永續經營。核心專長是開發未來產品的泉源，是競爭力的「根」，產品與服務則是「果實」。每家公司的最高主管不僅爲保護公司現有的市場地位要競爭，也要爲在新市場上爭得一席之地而拚命。因此凡是不肯負責培養及維持核心專長的主管，等於在消耗公司的未來。

何謂核心專長？

根據經驗，許多公司對於什麼才是核心專長認識不清。在介紹過基本觀念後，不妨再提出更具體的定義，然後再談「專長競爭」是什麼。

技術的結合

專長是一羣科技（technologies）與技能（skills）的綜合體。舉例來說，摩托羅拉的快速生產週期專長（fast cycle-time production，即盡量縮短接獲訂單與交貨之間所需的時間），是建立在許多基礎技能之上，如同一產品線零件規格盡量雷同的設計原則、彈性製造、高明的訂單系統、存貨管理及供應商管理等。聯邦快遞在路線規畫及運送上的核心專長，是結合了條碼技術、無線通訊、網路管理及線性規畫，此種整合正是核心專長的正字標記。核心專長代表個別技能組合及個別組織單位學習心得的總和，因此很難爲個人或單一工作小組所完全掌握。

技能與核心專長之間的界線有時很難畫分。老實說，如果一家中型公司或事業單位的主管在檢討其核心專長時，居然找出多達四、五十種甚至更多，可能就是把技能科技誤認爲是核心專長了。反之，如果只找出一、兩種，或許就是把核心專長看得太大，反而無法看得真切。最恰當的是能找出十至十五項核心專長的定義標準。不過主管們若對專長的各種層次，上自全方位專長（如聯邦快遞的後勤支援），下至核心專長（如包裹追蹤），再到個別技術（如條碼），均瞭解透徹，那如何區分技術與專長就只是如何方便討論的問題了。總之，最高主管要確切管理公司所有的核心專長，就必須把每項專長再加以細分，一直分到每位員工有何特殊才能如此細密的地步。

核心對非核心

不論稱之爲「專長」（competence）或「能力」（capability），前提都一樣：企業之間的競爭是市場地位與市場實力之爭，同樣也是精於某項專長之爭。這個觀念當然並不新鮮，但奧妙就奧妙在怎麼分別哪些是「核心」，哪些是「非核心」的專長或能力。若要列舉所有對決勝未來可能關係重大的「專長」，結果一定是舉不勝舉，項目太多反而失去意義。高階主管們不可能對每一項專長都面面俱到，必然要有輕重緩急之分，因此企業的目標就是集中全力於長期競爭致勝關鍵的核心地帶。凡成爲核心專長必須通過三項考驗。

「顧客價值」核心專長對顧客所重視的價值必須有超水準的貢獻。能讓公司爲顧客提供重要利益的技能，就稱得上是核心專長。區別核心與非核心的標準之一，就在於它貢獻的是核心還是非核心的顧客利益。根據這個標準，我們把本田在引擎方面的技能視作核心專長，把它處理與經銷商關係的技巧視爲次要能力。雖然上門的顧客與本田經銷商有打交道的經驗，對整個銷售過程不能說不重要，但算不上是對顧客提供的核心利益。很少顧客是因爲經銷商的某些特殊能耐，才選擇本田汽車，不選別的廠牌。本田也不能說它的經銷網路能帶給顧客，比豐田、寶馬或其他一流競爭對手好很多的購車經驗。反而是本田製造世界一流引擎及傳動系統的能力，確實可帶給顧客相當寶貴的好處：超級省油、發動容易、加速靈敏、噪音小、震動少。值得一提的是，本田在美國推出最新雅哥車型的廣告裡，對引擎部分著墨甚多，對經銷網則隻字未提。這並不表示銷售業務永遠無法成爲核心專長，多年來ＩＢＭ訓練有素的業務人才，是調和顧客需要與公司技術能力的重要橋樑。

核心專長必須對顧客有知覺的價值有重大貢獻，但這並不表示顧客會對核心專長有所體認，或注意到其存在。很少人說得上來爲什麼開本田車，會比開比方說雪佛蘭Lumina來得順手，是什麼原因。懂得麥金塔電腦善體人意的使用者介面，是受到哪些專長支援的人不多，但用戶都知道它很好用就是了。顧客眼中看到的是自己能享受哪些好處，不是能提供這些好處背後的技術問題。

顧客是決定何者是何者不是核心專長的最後裁判。企業要辨別自己的核心專長，就須不斷自問，某項技巧或技術是否對「顧客重視的利益」有相當的貢獻。一般公司雖多有產品或服務的成本明細資料，卻很少對其產品或服務的價值作一份明細表。公司應該弄清楚：某產品或服務的「價值成分」有哪些？顧客願意付錢換取的究竟是什麼？顧客爲什麼願意爲某產品或服務付更多或更少的錢？哪些價值因素對顧客最爲重要，也因此對實際售價最有貢獻？經過如此分析，相信必能找出真正能打動顧客的核心專長。

不過這種方式有一項例外是不可忽略的，即與生產及製程相關的專長，它們能夠爲廠商獲得節省相當成本的好處，因此即使這些好處不見得能轉嫁到顧客身上，也可以算作核心專長。比方說，一家化學廠可能有某種製程專長，可使它製造某一類塑膠的成本比世上其他同業便宜五分之一。這種塑膠很可能是大宗商品，其市價是根據同業中效率最低者的成本結構而定，那麼具特殊專長的高效率廠商或許就想要「囤積」這個成本優勢，而不分享給顧客。這種凡是能在提供顧客利益過程中獲得顯著成本優勢的技能，當然也應稱之爲核心專長。

「競爭差異化」能夠使競爭力獨樹一幟的能力才可稱爲核心專長。這不是說必須是某家公司獨有的專長才能稱爲核心，而是指普遍存在於整個產業的能力，通常不能算作核心，除非這家公司的專長水準遠超出其他同業。所以我們可以說，傳動系統確實是本田的核心專長，但在過去一、二十年來不能算是福特的核心專長。

每個產業都有一些先決技術與能力，是入行必備的，可是卻不足以產生相當的競爭差異，這類技巧我們稱之爲「檯面上的條件」（table stakes）。就像在拉斯維加斯要上大賭注的賭桌，一注至少要一百或五百美金，公司要作某一行也需要一些起碼的能力。對包裏遞送業而言，檯面上的條件少不了駕駛技術熟練有禮貌的司機。可是缺少能幹的司機固然會使貨運公司難以爲繼，但司機的態度與才幹迄今一直不是主要貨運公司競爭的特點之一。此即「必要」專長與「差異」專長之間是有區別的。把無所不在或易於模仿的專長當作是核心專長，沒有多大意義。

有時經理人或許會認爲，某項專長雖然普及，但仍有相當的發展空間。如果覺得還有很大的改良餘地，且顧客會非常在意這種改良，那這類專長便可以當作未來發展核心專長的目標，英航設法提供比一般水準高出甚多的座艙服務就是一例。

此外，不只顧客是判定核心專長的實際裁判，競爭對手也是。根據經驗，企業常把一組特定的技能看作是核心專長，即使在本行內這組技巧並不稀奇，或是公司本身在這方面的水準距離最高標準尚遠。請把本身的專長拿來與競爭對手相比較，始可免於敝帚自珍。

「展延性」本章一開始就提到，核心專長是通往明日市場的大門，某項專長如果經得起顧客價值及具特殊競爭力的考驗，看在個別事業部門眼裡或許便算得上核心專長，但是如果無法由其中衍生出成羣的新產品或服務，則站在整個企業的立場可能就不覺得是核心專長了。這也就是說，經理人在判定核心專長時，必須非常努力地把注意力，自目前應用到這種專長的實際產品上，轉移到想像如何能把這專長運用到未來廣泛的產品領域內。

世界著名的球狀軸承廠商ＳＫＦ或許很想把軸承當作自己的核心專長，但這麼做反而不必要地限制了它進入新市場的機會。ＳＫＦ的工程師與行銷人員必然已努力地檢討過，每一次可能應用其球狀軸承專長的機會，可是要裝這種軸承的地方就只有這麼多。不過ＳＫＦ的成長不必完全寄託於爲球狀軸承尋找新出路，因爲只要不再以產品的角度，改以技巧的角度來看本身專長，很快便能發現新商機。ＳＫＦ的專長包括抗摩擦技術（瞭解不同材質應如何組合以產生摩擦或減少摩擦）、精密工程（它是歐洲極少數能以機器處理堅硬金屬，且誤差非常小的公司）及製作完美的球體裝置的能力。由此或許可以推論，ＳＫＦ可能可以生產錄影機用得到的圓形高度精密讀寫頭，雖然現在這種磁頭多半由日本製造。ＳＫＦ也許也可生產原子筆尖的小鋼珠，這又是日本公司做得比較多的零件。唯有能協助企業進入新市場的專長，才稱得上是核心專長。在評估某一專長的展延性時，高階主管應擺脫以產品爲中心的險隘觀念。

什麼不是核心專長？

如何分辨什麼不是核心專長也十分要緊。我們常發現對資產、基本設施、競爭優勢、關鍵成功因素及核心專長混淆不清的現象。首先必須澄清核心專長非會計用語上的「資產」，它不會出現在資產負債表上。工廠、銷售管道、品牌或專利均不是核心專長，它們是一些東西卻非技能。不過工廠管理（如豐田的精簡製造）、配銷管道（如威名百貨的進貨補貨）、品牌（如可口可樂）或智慧財產權（如摩托羅拉保護及利用其各項專利的能力）則可能構成核心專長。

專長不像有形的資產會逐漸「消耗」，但核心專長可能隨時間而喪失價值。通常專長用得愈多，就會愈精進愈有價值。本田逐步將引擎方面的專長普遍應用於摩托車、汽車與發電機等的同時，也累積不少對內燃機工程的心得。由於其核心專長應用範圍很廣，本田可以把自某一產品市場上得出的心得，擴及到另一產品市場上。難怪本田有能力生產十分精巧卻馬力十足的引擎，因爲產製摩托車的經驗早已告訴本田，必須盡量擴大馬力與馬達重量及馬達尺寸的比例。

判定核心專長最主要的標準即它是否能帶來競爭優勝，是否在競爭力上別樹一格且能提供特殊的顧客價值或降低成本。但所有的核心專長雖均是競爭優勢，競爭優勢卻不一定全是核心專長。同理，核心專長雖可能都是關鍵成功因素，但並非每項關鍵成功因素都是靠核心專長。公司或許獲得授權可獨家使用某種技術；或是獲得某項產品的獨家進口權；某事業單位旗下的工廠或許享有接近原料供應地的地利之便；某公司的工廠可能均設在工資低廉的地區；顧客或許就偏愛某公司的產品，因爲要「愛用國貨」，也可能因爲它是外國貨，譬如香檳當然要喝「正統的」（即法國製）香檳。以上都是競爭優勢，也是成功要素，但都不是核心專長。

核心專長顧名思義，就是一種態度、一種能力、一種技巧。企業可以擁有多項不是由技能或態度所得來的競爭優勢，這些優勢對成功同樣重要、同樣有貢獻，只是管理起來跟依人力運作的專長有相當的差異。

我們之所以要強調此種分際，理由之一是企業很容易因資產或基礎上的優勢而掉以輕心，吝於在建立特殊核心專長上投資。比方說，保時捷多年來以世界級的工程技巧，而在講究技術的汽車買家中享有極高的聲譽。可惜其品牌的強勢及可以要高價的地位，使保時捷無視於其在工程技術上逐漸失去相對優勢的事實。保時捷的技能並沒有退步，只是競爭對手，主要是日本公司汽車工程技能進步得更快。到一九九〇年初，日本車廠已能製造與世界水準媲美的跑車（日產３００ＺＸ、本田ＮＳＸ、豐田的速霸路），且價錢比保時捷最高級的９１１低很多，性能有時更優越。一九八〇年代這十年，保時捷順應雅痞喜用名牌的風氣，漲價好像漲過了頭。終有一天消費者發現，這麼高的價錢不見得有性能上的優勢作後盾，結果造成保時捷在美國的銷售情形從一九八三年的最高峯，共計三萬零七百四十一輛，慘跌到一九九三年僅剩下三千七百二十八輛。

我們把承襲自過去的遺產（品牌、資產、專利、占有率、配銷基礎設施等），與要在未來獲利所不可或缺的專長加以區分。自公司的盈利中減去由上述遺產帶來的利潤，便算得出其真正的能耐有多大，也就是企業透過管理及運用其特殊專長所具備的獲利能力有多大。

英代爾是個有趣的例子。一九九三年其盈利達二十三億美元，是世上最賺錢的半導體公司。但這些利潤並不足以完全正確反映英代爾的專長，因爲還有兩項重要的「遺產」牽涉其中：一是智慧財產權，英代爾毫無疑問是一家不斷創新的公司，生產設計精密的微處理器。然而，如果申請半導體設計專利跟申請零售概念的專利一樣容易，那英代爾的利潤有不少就會被擅長還原工程（reverse engineering）、能仿造英代爾晶片的競爭對手所搶走。經由專利法制定及法院執行所創造的智慧財產權，實際上是向每位顧客徵收使用費；第二項遺產是英代爾擁有現成的個人電腦安裝基礎。其X86的系列晶片之成爲個人電腦的標準，多半要歸功於IBM無比的配銷實力。是IBM使X86架構脫穎而出，成爲產業標準。如此穩固的地盤使英代爾處於相當有利的地位，把消費者由286帶到386、486，以至於以Pentium晶片爲基礎的電腦。

英代爾的主管們務必想一想，如果沒有這兩項遺產，公司的獲利能力會如何。如果沒有法律禁止仿造晶片，也沒有任何一方享有現成的個人電腦安裝基礎，則英代爾的Pentium晶片與IBM、摩托羅拉、蘋果電腦合作的威力晶片之爭會有什麼結果？想必英代爾的獲利能力會大爲減少。事實上，智慧財產權在全世界均受到威脅，而且到某個時候，隨著技術的轉移，英代爾將無法再只是延續過去的設計或依賴既有的安裝基礎，就可帶動公司的進步。新的競爭階段終將來臨，屆時英代爾唯一可仰仗的優勢就只有本身的設計、製造及配銷專長。追根究柢，維持競爭力於不墜的不是公司繼承的遺產，而是其專長，這其間的差別經理人務必要分清楚。

核心專長不等於垂直整合，核心專長這個觀念並不建議公司所銷售的產品必須完全由自己製造。舉例來說，佳能雖然十分瞭解自己的核心專長何在，仍向外採購其影印機所用的七五％的零件。企業應設法控制的是，能對顧客價值作最大貢獻的專長。不見得每一雙打有耐吉（Nike）廠牌的運動鞋都是耐吉本廠縫合而成的（這可以外包，就好比保險公司所用的表格是外包製作的），但耐吉確實掌握著採購、品質、設計、產品開發、運動員愛用、配銷及廣告等方面的專長。

許多產業均有遠離垂直整合，邁向「虛擬整合」的趨勢。那些結爲聯盟或網路的公司均各自專精於數項核心專長，經理人雖必須瞭解在某市場或某產品上的競爭，需要哪些專長，卻不必強求樣樣專長自給自足。蘋果電腦深諳個中道理，因此結合了一羣公司，協助它開發並推出牛頓個人助理器。不過我們不可太過誇大網路公司或模組公司的好處，畢竟公司在虛擬的企業網路上，具備什麼實力、有多大的影響力及能否獲利，仍有賴其本身核心專長的特殊性及相對重要性。有些專長十分重要，在顧客心目中就等於某家公司，而且又有助於跨入新市場，就有必要掌握在自己手裡。我們很難想像，新力會向外採購影視方面的專長，卡吉爾（Cargil）要借重別人在採購大宗物資上的專長，優比速快遞（UPS）需要外求重要的無線通訊專長，或帥奇新穎的低成本製造技能也要依靠別人提供。如何決定哪些技術應該不假外求，哪些可以，就看對如何分辨「核心」專長是否認識透徹。不論如何，核心專長這個觀念絕不允許垂直整合非核心活動。

專長價值的變化

十年前的核心專長，十年後可能就變成普通的能力。比方在一九七〇及八〇年代，以每輛車的瑕疵率來計算的汽車品質，無疑是日本車廠的核心專長。可靠耐用是顧客重視的價值，也是日本車廠引以爲傲的特色。西方汽車公司花了十年才趕上這品質上的差距，但到一九九〇年代中葉，以瑕疵率爲標準的品質已是每家汽車廠必備的基本條件。這種變化也見於其他產業，核心專長經過相當時日後就成爲基本要求。品質好、上市快、服務迅速，過去的確是用以差異競爭者的優勢，現在在許多行業卻成了例行優勢。

有時是產業結構劇烈的變化導致核心專長的價值大減。以國防工業包商爲例，凡與美國國防部合作過的廠商，均累積了承接國防部合約的特殊專長，包括其特別的投標規定，冗長的產品開發週期、特殊會計制度及對保密準則的要求等。隨著冷戰的「結束」，美國國防採購大幅縮水，這些包商發現有些專長已不如十幾二十年前來得有用。它們徒有龐大的技術能力，卻無法迅速打入商用市場，部分原因就是很多往日的專長在非國防市場上沒有用武之地。

核心專長競爭的多種層次

在第二章曾提到，決勝未來有三階段（智慧領導地位之爭、通往未來路途之爭、市場占有率及地位之爭）。而專長上的競爭則分四個層次（圖9－1）。要取得核心專長上的領導地位，就必須瞭解這每一個層次的競爭的本質。企業與策略教科書多半把百分之九十九的注意力，投注於品牌占有率競爭，即第四層次之上，筆者認爲殊爲不當，因爲未來的競爭主要會發生於第一至三層上。且聽我們道來。

層次一：發展與取得構成專長的技能及科技

第一層次的競爭是取得構成核心專長的技能及科技。這種競爭牽涉到科技、人才、結盟對象及智慧財產權。有遠見的公司會爭取能夠組合爲核心專長的個別技能與科技。就製藥廠而言，可能就是爭相「簽下」頂尖的教授及大學系所，進行長期研究專案。對日本電子廠商來說，或許是應及早買下加州新創不久的小公司股權或獲得這些公司的授權。對大經紀商而言，也許就是要每年聘請最優秀的應屆財經博士。

有意在新領域建立核心專長的公司，可能也會爭先恐後地與相關各方，建立未雨綢繆而且可

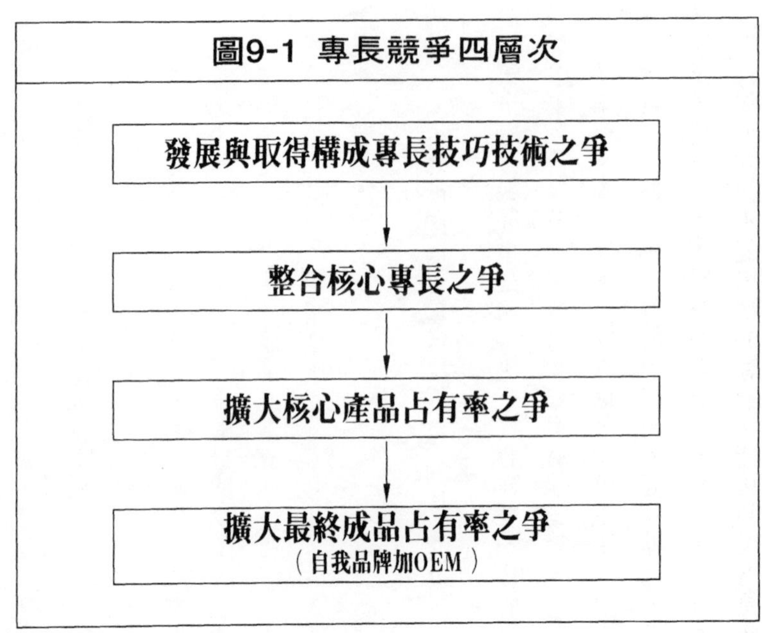

能排他的關係，例如爭取政府研究計畫的機會，設法先與擁有相關技術的公司設立合資企業，或引誘未來的顧客簽定長期開發合約。另一種爭取專長領導地位的方式，即率先登記專利，以防本身造福顧客的專長遭到仿冒。

這個階段的善用資源，主要指獲得並「吸收」外來的技能與科技。亞洲企業，尤其是日本公司，素來擅長於引進西方的科學及構想，組合成世界級的專長。引進的方式則透過策略聯盟、技術授權、聘用返國留學生及投資創業公司股票等。

長期合作關係往往使企業能夠深入接觸合夥對象的壓箱絕活。法國消費電子廠商湯姆笙，就從合夥生產錄放影機的傑偉士學到不少，如何巧妙運用技術及製程改良技能組成世界級製造專長的秘訣。剛開始合作時，湯姆笙對如何製造錄放影機幾近一竅不通，當時這還是世上最複雜的消費電子產品。大約五年後，湯姆笙卻可以不太需要傑偉士的協助，自行在新加坡設廠生產錄放影機。

日本業者尤其懂得師人之長。ＮＥＣ先後與休斯公司（Hughes）、英代爾、漢威電腦（Honeywell）及其他數十家公司締結重要的策略聯盟，因此自外國合夥人學得不少心得。通用汽車也經由與豐田汽車合資設立ＮＵＭＭＩ公司的機會，一探豐田的低科技高品質的製造專長。我們所想指出的是，企業若想引進接近開發完成的專長，而不止是單一的技能或科技，可能需要與相當有實力的合夥人建立長期關係。

層次二：整合專長之爭

公司在聘用關鍵人才、取得獨家授權或結交合夥人上是短兵相接，在集合分離的技能成爲專長上，則是比較間接的角力，但重要性卻不相上下。前面曾說過，專長是各種技能、科技及知識的綜合體。一羣分離的技能並不必然構成某項專長，核心專長就彷彿一塊織錦，是由許多種科技技能的線條組織而成。一家汽車公司可以進用最優秀的工程師及科技人員，投下數十億進行研發工作，可是仍做不出最好的引擎來。要建立傳動系統的專長，必須整合有關內燃機引擎工程、電子引擎管理系統、先進材料等方面的知識，要緊的是，協調各式各樣互不相干科技技能的能力，但這需要通才而不是局部的專家。能夠超脫本身所學的狹隘觀點，開放胸襟欣賞別人的專長的專家，實不多見。正如吸收與發明同樣重要，整合的重要性也不下於創新。如果說以往日本公司的開創力不及某些西方對手來得發達，但日本人的吸收及整合能力已足以彌補這方面的不足且綽綽有餘。

許多企業還能把自身所承襲的多種科技技能，綜合成爲更高層次的新專長，柯達就一直在做這種嘗試，希望打破自己所專精的精密化學與數位影像及電子技術之間的藩籬。因此而開發出來的產品，有一種叫作Tele-Cine，可以把電影的影像由影片轉換爲數字形式，利用電腦加以處理，然後再轉回影片上，絲毫不影響其色澤，也不會失真。柯達因此還獲頒奧斯卡金像獎。

在這個階段，資源應用不再是求助於外來和尚，而是多方重複應用既有的專長。以ＥＤＳ爲例，它把在時程（scheduling）、定位系統及追蹤方面的專長，廣泛應用到租車、航空公司及卡車運輸業等截然不同的行業上。

層次三：核心產品占有率之爭

這個層次的競爭是環繞著我們所謂的「核心產品」，以服務業來說則是核心平臺（core platform）。核心產品或平臺通常是介於核心專長及最終產品之間的一種中間產品，很多公司會把這類產品以ＯＥＭ的方式賣給其他公司，甚至競爭對手，以設法取得「虛擬」市場占有率，這個階段的資源運用則是「借用」下游合夥人的配銷管道及品牌。此種虛擬占有率及因此而獲得的收入與經驗，使公司得以加速建立核心專長的工作。

佳能出售雷射印表機引擎給蘋果電腦、惠普及其他雷射印表機廠商。引擎是印表機的心臟，而佳能是世界此種引擎產量最豐富的廠家，其核心產品的占有率比品牌占有率高出很多很多。佳能很滿意於仰賴合夥人的配銷實力，自己則專心於追求在雷射及噴墨印表機專長上領先。

要直接計算佳能的專長占有率會有困難，但根據其「核心產品」的占有率，仍可以看出大致的情形。日本業者尤其重視以擴充核心產品的占有率來支持其建立核心專長，幾乎所有的日本公司，還有所有韓國主要的跨國企業，均利用OEM的關係提升核心產品占有率。有些核心產品是當零組件來賣，有些是裝在以別家廠牌出售的成品內部，這類的實例包括替奇異生產微波爐，替RCA生產錄影機，替ICL生產電腦，替福特生產引擎及傳動系統，替波音生產機身零組件，替蘋果電腦生產平面螢幕。亞洲公司核心產品占有率與品牌占有率之比，經常是大於一。韓國三星的產品中，足足有三分之一是掛著別人的牌子或裝在別家公司的產品中出售，因此其產製品占有率遠超過品牌占有率。臺灣的公司雖然在海外沒沒無聞，但英代爾臺灣分公司經理相信，任何西方電腦製造廠商若無臺灣供應商爲後援，便難以競爭：「我認爲，如果不向臺灣採購，現在沒有一家電腦公司活得下去。臺灣已成爲電腦爭霸戰中的軍火商。」宏碁、大同、英業達、旭青及仁寶等臺灣公司，出售零組件的對象包括蘋果電腦、戴爾電腦、IBM及虹志（AST）等多家企業。

企業的目標應該是在某種核心專長領域，建立壟斷或盡可能接近壟斷的地位，否則要壟斷最終成品的市場，既有法律的限制，又有配銷通路的掣肘。但核心產品的占有率不受這些限制，連帶使核心專長占有率也可自由發展。松下發明VHS系統後，多年來世界錄放影機大部分的零組件都是松下所製造，因而使它能在這個專長上精益求精。基於以上的原因，產業的競爭多集中於核心產品層次，而非最終成品層次。雖然有眾多的業者生產膝上型電腦，但僅有夏普及東芝兩家公司大量生產，使電腦成為真正能夠隨身攜帶的平面顯示器。一九九三年夏普在平面螢幕市場上的占有率（近四〇%），遠超過其電腦廠商客戶個別品牌的占有率。核心產品與最終成品的市場競爭層次截然不同，無怪乎夏普及東芝在平面螢幕上的獲利情形，比組裝成品的增你智及虹志電腦要豐富且穩定。

擴大市場視野

核心產品占有率的觀念也適用於服務業。麥瑞（Marriott）把在餐飲供應及設施管理上的核心專長，出售給想把會議場地管理或員工餐廳外包的公司，並透過麥瑞連鎖旅館，使顧客直接享受到這些專長。聯邦快遞開創出新的行業，把其系統及顧問服務當作核心產品，出售給任何需要管理複雜後勤業務的公司。此時聯邦快遞出售的不是最終的產品包裹遞送，而是第三層次的服務。

全美航空公司願意與競爭對手共享其訂位系統，並組由旗下的資訊公司ＡＭＲＩＳ出售資訊服務，以專注在建立資料管理專長上的投資，更重要的是，減低對手投資建立類似專長的意願。久而久之，對手在投資金額及知識基礎上想要趕上全美航空便會愈來愈困難。如果考慮全球各航線機票費率計算之複雜，爲爭取愈來愈多的旅客而採取轉運中心式的航線安排，以及以里程獎勵計畫來加強乘客的忠誠度等趨勢，航空業的確是愈來愈接近資訊管理業。但設計資料結構，選擇軟硬體組合，訓練成千上萬的航空訂位人員及旅行社，建立能夠「即時」呈現每一班次價格不同機位的系統，這些均需要複雜的技能，當然也算是一種專長。全美航空將這些核心資料管理「平臺」，賣給可能成爲競爭對手的同業，對維持其領先的地位相當有幫助。

有愈來愈多的公司意識到出售核心產品的價值。近年來ＩＢＭ開始改變公司一貫的政策，願意把核心產品（零組件或模組件）賣給任何人，不分敵友一律歡迎。一九九〇至九三年間，ＩＢＭ出售技術的營業額由三億擴大到三十億美元。如此轉變的原因有數端：在ＩＢＭ享有絕對配銷優勢的那幾年（當時電腦幾乎全透過直銷銷售，而ＩＢＭ不但業務人力最充沛，素質也最高），它對銷售核心產品毫無興趣，但ＩＢＭ的行銷管道即已有足夠的量及市場占有率，讓它得以保持在半導體、軟體及電腦架構等專長上的領導地位。隨著配銷管道的多元化，新競爭者的加入，ＩＢＭ的主管們發現，除非擴大對市場的「視野」，否則在關鍵核心專長上的地位將不保。ＩＢＭ直銷業務人員能掌握的市場一年比一年小，同樣的，主管們也發現ＩＢＭ這個品牌已造成打入新市場不必要的限制，此外，其核心專長的某些競爭對手（如NEC、新力及夏普），在水平多角化發展上也強過IBM。這些對手的產品範圍較廣，較利於建立專長的工作，因此IBM需要經由其他管道銷售核心產品及平臺所能帶來的量，以便於維持其核心專長領導地位。

決定把核心產品賣給外人，用在打著敵對品牌的商品中，常會使業務人員及高階行銷主管緊張。他們一定會問：「如果把核心產品，也就是我們『王冠上的珠寶』賣給對手，那如何保持競爭差距呢？」可是他們忽略了另一個問題：「如果限制產品只能由自己人銷售，因而影響到公司收入及市場學習機會，又怎能維持核心專長的絕對領先地位？」根據我們的經驗，凡是來自內部對外銷售核心產品疑懼愈多的公司，其公司內銷售管道的效率就愈比不上其他配銷通路。對手購買我們的核心產品，便能提供顧客性能特色相近的產品，此時內部業務人員唯有設法供給額外的附加價值才能吸引顧客。如果辦不到，或本身的業務人員行銷成本反而大於外人，那就沒有理由讓他們獨享公司的核心產品。

就這一點而言，出售核心產品反而對業務及行銷人員形成良性的刺激，給主管壓力，讓他們不能僅靠公司「上游」所創造的競爭力，便可高枕無憂。他們也必須製造足夠的附加價值，才不愧對因自己而增加的管銷費用。出售核心產品也是公司在某種核心專長上是否真正領先的溫度計，如果競爭對手和其他業者並未排隊搶購核心產品，那麼這家公司的核心專長或許不值得內部人員引以爲豪。

內部空洞化的危機

我們發現很少有公司把核心專長占有率、核心產品占有率及品牌占有率，分得很清楚，通常高階主管最關心的「占有率」是品牌占有率。這可能並不合適，尤其是如果主管們因此而打算向外採購對最終成品競爭力十分重要的核心產品，就更不妥了。向外購買核心產品的比例太大，時間一久，就會愈來愈受制於供應商。英國路寶汽車公司在經BMW解救，脫離本田的掌控之前，一直十分依賴本田提供引擎等關鍵零組件及車輛底座設計。本田雖擁有路寶二〇%的股權，其實際的掌控能力遠不止於此。當一家公司的品牌占有率大幅超越核心產品占有率時，就有失去控制本身命運的危險。當然，這並不是主張產品全部都要在同一公司內完成，只是提醒主管們，要認清什麼是對競爭力及成長非常重要的技能，對這些技能務必不假外求，以免大意失荊州。

近年來，美國公司對依賴可能的競爭對象提供核心產品所造成的危險，警覺心已大大提高。在產品週期短的產業，一旦供應商決定停止供應下游客戶關鍵的核心產品，對下游廠商的競爭力會造成不堪設想的後果。美國已有不止一個案例，是因爲這種情形而控訴日本供應商背信，但是提出訴訟者當然很難反駁供應商不是故意拖延，只是「正在設法解決一些小故障」的託辭。

對外來核心產品的依賴不一定都是一面倒，也可能是相互的。福特和馬自達的產品交流，不論是否是核心產品，已行之有年。飛利浦與松下也一樣。此外，美國各電腦公司雖仰賴日本及臺灣業者提供核心產品，亞洲的電腦公司也必須靠微軟及英代爾等美國同業，供應電腦的基本智力。如果核心產品的交流是雙向的，每名合夥人都瞭解也設法保障本身特有的核心專長，對彼此關係中合作與競爭的成分都有所警覺，那向外採購不一定會造成「空洞化」。再次強調，我們不是主張公司一定要生產全部的商品，而是在採購別人的零組件時，務必仔細考慮對長期競爭力會有什麼影響。

由此得出我們的結論：企業整體的策略必不止於個別事業單位策略的總和。鑑於核心專長是制訂策略層次最高也最持久的單位，因此它們必然是企業策略的中心主題。最高主管對於應建立哪些新專長必須有一定的看法。他們必須明白，公司現有的專長是否正在逐漸腐蝕，還是正在增強中。他們必須能夠分辨，哪一事業單位應該縮減，該事業單位的哪些專長應當保留。他們必須對對手正努力建立專長的情況瞭如指掌，也必須認清，公司的「專長競爭對手」或許並不等於目前在最終成品上的競爭對手。只單純地看到最終產品或服務爲主的公司應如何建立正確的核心專長觀念，將在第十章討論。

第10章

落實核心專長觀點

缺乏核心專長觀點，

可能使企業對於愈來愈仰賴供應商的核心產品失去警覺心。

只在意擴大品牌占有率的經理人，

或許覺得「租用」競爭對手的專長，

比投資建立自己的專長要來得划算。

一旦由其他市場所發展出的專長帶來本行的新競爭者，

企業或許就會措手不及。

大多數公司裡，核心專長都不是自然存在的一種觀念。企業最基本的認同感一般均建立在以市場爲中心的個體上，即通稱的「策略事業單位」（strategic business unit），很少建立在核心專長上。在組織中強調最終產品不是壞事，但也應該同樣強調核心專長以補其不足。公司不但是一羣產品或服務的組合，也是許多專長的綜合體。

忽略核心專長的危險

不從核心專長的觀點來看自己及對手的公司，將面臨種種的危險。第一種危險是成長的大好機會可能白白錯過。CBS既有電視網，又有相當成功的唱片事業，可是爲什麼沒有想到MTV的商機？這個白色地帶反而被維康公司（Viacom）撿到便宜。介於現有市場三不管地帶，無法加以歸類的商機，經常會被忽略。企業費盡心思替各個事業單位畫分既有的競爭範圍，但是否也應投注相同的心力，分配開創新競爭空間的任務？

其次，即使是某人看出了新商機的所在，回應該商機所需的專長若在別個單位的手裡，可能就無法把「擕帶」著那些專長的人力運用到這新商機上。主管因本位主義不肯放人的情形太普遍了，也太少有公司明訂辦法，使最好的人才可以貢獻於最被看好的商機上，徒然使得種種專長被埋沒，無用武之地。

第三，公司依部門化分散為更小的部門之後（這是最近的流行趨勢），專長也變得四分五裂，力量大減。畫分事業單位可能使跨單位的專長運用困難重重，延緩累積學習心得的過程，有礙專長的進步。每個單位雖願意致力於建立專長，但只限於能夠提高今日產品競爭力的專長。一般而言，個別事業單位很少具備建立新核心專長所需的本錢及耐心。

第四，缺乏核心專長觀點，可能使企業對於愈來愈仰賴供應商的核心產品失去警覺心。只在意擴大品牌占有率的經理人，或許覺得「租用」競爭對手的專長，比投資建立自己的專長要來得划算。前面已說過，這條競爭力的捷徑往往十分危險。

第五，僅專注於最終成品的公司，常未能適度投資於有助於明日成長的新核心專長。未來的成長植基於今日建立專長的努力；現在的新專長投資是爲明日的產品收穫播種。

第六，企業若不瞭解核心專長與競爭的關係，一旦由其他市場所發展出的專長帶來本行的新競爭者，企業或許就會措手不及。請看通用汽車或美國電話電報公司介入信用卡業的例子。這兩家公司培養金融業專長，是爲了支援其核心事業，後來卻藉此進入新行業。這類例子經常發生在金融服務業，因爲不論最終的產品重點何在，每家金融服務公司所角逐的都是類似的專長領域（圖10—1）。爲甲產品市場培養的專長後來卻用於乙市場，這種情形屢見不鮮。

第七，不注重核心專長的公司，可能在縮編表現欠佳的部門時，大意地拋棄了有價值的技術。摩托羅拉就在一九七〇年代把電視製造廠賣給松下，退出電視工業。雖然這退出競爭激烈的

圖10-1　金融服務業核心專長

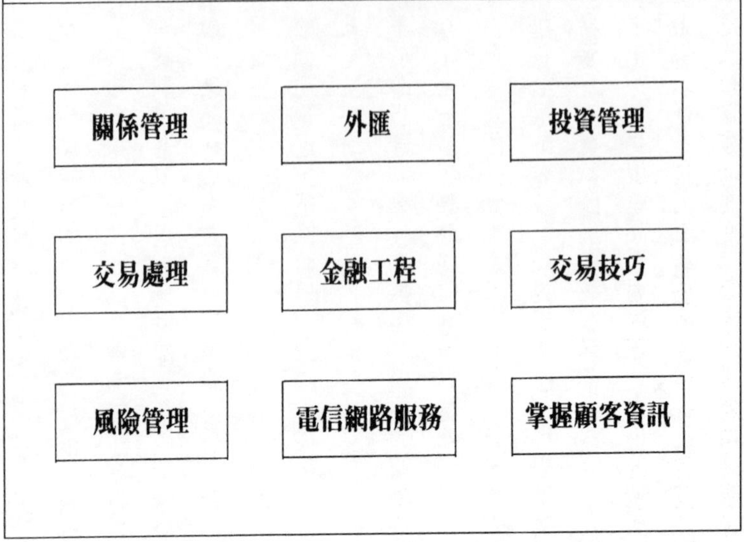

關係管理	外匯	投資管理
交易處理	金融工程	交易技巧
風險管理	電信網路服務	掌握顧客資訊

消費電子業的決定，在當時是相當有遠見的，但今天摩托羅拉可能巴不得當年曾保留那個事業單位的某些專長，因爲最近它已體會到有重建視訊顯像專長的必要。爲保護核心專長，企業應善加區分不好的部門，及深藏在此部門裡有潛在價值的專長。

建立一致的核心專長觀點

要使核心專長觀點在企業內札根，全體管理人員均須充分瞭解及參與五項重要的專長管理工作：

1. 辨別現有的核心專長。
2. 擬定核心專長取得計畫。
3. 培養核心專長。
4. 部署核心專長。

5.保衛核心專長領導地位。

辨別現有的核心專長

主管們對核心專長若缺乏共識，企業便難以積極地「管理」這些專長。因此公司對核心專長的定義是否明確，以及眾人對這項定義認同的程度如何，便是管理核心專長能力最基本的考驗。主管們通常對「我們公司擅長什麼」多少有些概念，但很少人能看出最終成品的競爭力與某些特定技巧之間有何明顯的關聯。所以說，管理核心專長的首要任務便是，列一張核心專長的「存貨清單」。

我們觀察過一些公司在界定其核心專長時往往隨興所至，而且有政治考慮在內。通常初步的討論結果都是一長串技術、技巧、技能的「流水帳」，只有少部分可以算是核心專長。每位主管都要把自己主管的活動列爲「核心」，所以我們應極力設法把專長與包含專長的產品或服務畫清界線，把核心與非核心加以區分，把技術與技巧做有意義的匯集及整合，然後訂出真正能敘述反映其本質及促進大家瞭解的專長名稱。對大公司來說，要得出這樣有見地、有創意、有共識的核心專長定義，很可能需要數月而不止數週的時間。

我們發現，在這個過程中，企業往往會落入幾種陷阱。最常見的就是把這項工作推給技術部門，其危險性不言而喻。核心專長是公司的靈魂，因此管理核心專長必須是整體管理工作的重要一環。如果這只是技術部門的責任，那核心專長對創設新事業部門的作用就會大打折扣。我們也常看到技術部門把持核心專長，以鞏固其地位，爭取資源。

其他的陷阱包括，誤把資產及現有基礎設備認作是核心專長，或無法擺脫自產品的角度來看公司能力的習慣。還有，最高主管若急於把事做完，反可能來不及對所選定的核心專長名稱作深入廣泛的瞭解。在公司裡，應有相當多的人能夠用大致相似的語彙描繪核心專長，對於它所涵蓋的技能也應有共同的認識。在摩托羅拉有人談起半導體產品部門時，大夥兒都知道這個部門包含哪些產品；同樣的，每個人也應當對摩托羅拉所專長的「無線」通訊有相當確切的概念。

還有一項常見的缺失，就是不曾把「顧客重視的價值」考慮進去。瞭解專長與顧客利益之間的關係，對分辨真正核心的專長十分重要。

我們常建議企業讓幾組人馬同時進行界定核心專長的工作，每一組的成員應盡量容納不同背景的員工，包括不同職務、不同部門、不同層級及不同地區，以期集思廣益。

不僅達成對核心專長的共識相當重要，找出構成每項專長的成分也不容忽視。比方色彩、油墨、染料、色素、塗抹、紙料處理及許多相關的成分或技巧，結合而成柯達公司在化學顯影上的核心專長。企業必須將這些個別的成分分析出來，並爲擁有這些技術的人才建立人才庫。有一家公司便成功地繪出這樣由大而小的明細表，最上層是專長、專長下是技術技能，再下是「專長擁有人」個別員工，這些資料存放在電腦中，任何人想取得某項專長，只要透過電腦就能找對人選。要方便大夥兒運用及分配公司的核心專長資源，資訊就必須如此公開。

企業還應將自己的專長與別家公司作個比較，不過最值得注意的，不見得是與傳統的競爭對手比較。例如，柯達固然應關切富士、Agfa、３M等老對手，也不得忽略佳能、新力、日立、東芝及蘋果電腦等，企圖以不同方式開創影像處理商機的企業。

高階主管務必全程參與辨別核心專長的過程，其間可能要召開多次會議，經熱烈討論，不同見解紛紛出籠，有突發奇想的高見，也有對發現新商機的興奮。發掘核心專長的工作是高階主管的責任，無法授權，也不可壓縮在兩、三天，藉到外地度假開會來完成。這個過程旨在對公司現有成就所依恃的技巧，作廣泛深入的探討，擺脫只看到眼前市場的近視心態，凸顯公司各部門「共享的資產」，指出創立新事業的方向，加強對專長競爭這個觀念的認知，並爲管理這些公司最珍貴的資源奠定基礎。辨別核心專長不能用機械化、照章行事的方式進行。

擬定核心專長取得計畫

公司應培養哪些專長雖是根據策略架構而定，但畫一個專長暨產品矩陣，較易看清楚取得及分配專長的目標。這個矩陣可區分現有及有待取得的專長，分辨現有及新發現的產品市場（10—2）。

「填空」左下角這一格反映的是公司現有的專長、產品或服務的組合。找出哪些專長，可

圖10-2 建立核心專長主要課題

核心專長		現有市場	新市場
	新專長	**十年後第一** 爲保衛及擴大現有市場地位，我們需要哪些新核心專長？	**機不可失** 爲參與未來最令人振奮的市場，我們應培養哪些新核心專長？
	現有專長	**填空** 若改進對現有專長的利用，有哪些可以增進我們市場地位的機會？	**白色地帶** 把現有核心專長作有創意地重新安排或重新組合，我們可創造哪些新產品或服務？
		市場	

支援哪些產品，有助於發現、引進企業內其他部門的專長，以強化產品市場地位的契機；這項工作我們稱之爲「填空」。自表10─1可以看出，佳能在產品線上應用其核心專長範圍極廣。同樣的，奇異成功地使發電機部門及噴射引擎部門的專長相互交流，這兩方面都用得著製造大型渦輪的精密材料及工程技巧。每家公司均應自問，擴大部署現有專長以增進現有市場地位的機會在哪裡。

「十年後第一」左上角也是一項重要的問題：哪些是今日應培養的核心專長，才能使公司在五或十年後被客戶視爲第一流的供應商？回答這個問題是爲了瞭解，要保有並擴大現有市場上的優越地位，必須培養哪些新專長。IBM即始終不忘努力改進其企業顧問服務的技能，因爲它深知顧客不止是要買電腦和

表10-1 佳能核心專長配置情形				
產　　品	精密機械	精密光學	微電子	電子影像
基本相機	×	×		
光碟相機	×	×		
電子相機	×	×		
EOS自動對焦相機	×	×	×	
靜態視訊相機	×	×	×	×
雷射印表機	×	×	×	×
彩色視訊印表機	×		×	×
泡沫噴墨印表機	×		×	×
基本傳真機	×		×	×
雷射傳真機	×		×	×
計算器			×	
普通紙影印機	×	×	×	×
電池PPC	×	×	×	×
彩色影印機	×	×	×	×
雷射影印機	×	×	×	×
彩色雷射影印機	×	×	×	×
靜態視訊系統	×	×	×	×
雷射影像機	×	×	×	×
細胞分析器	×	×	×	×
光罩調協器	×		×	×
跳動調協器	×		×	×
Excimer laser aligners	×	×	×	×

軟體，更想爲實際業務上的問題購買答案。如果IBM缺乏這方面的專長，那麼它身爲頂尖資訊技術供應商的地位，便會受到安達信顧問公司這一類顧問技巧一流的競爭者的威脅。不論是對是錯，新力深信，爲長久之計，如果要保護在消費電子業的優勢，就需要加強控制消費電子的「內容」，於是新力買下哥倫比亞電影公司及CBS的唱片事業。

「過氣的專長」左上角提出的另一項問題是：目前用來滿足現有顧客需要的專長，會被哪些新專長所取代或淘汰？佳能明白電子數位顯像術，有一天會部分取代目前的化學顯像術，被應用於儲存影像上。數位攝影的好處很清楚：可以任意剪輯，「底片」可重複使用，費用低廉，而且可以在不同媒體如個人電腦、電視機、印表機之間自由轉換。佳能是現今世上三十五釐米相機的第一大廠，無怪乎它也正在實驗電子攝影術。雖然早期所推出的產品並未受到青睞，但佳能知道若要保持在照相業第一的地位，遲早一定得培養數位顯像方面的專長。柯達也已意識到此種潛在的威脅，於是與蘋果電腦合力開發數位照相機；基於相同的道理，汽車公司也紛紛投資發展電動車。企業的專長建立計畫應包括瞭解可能替代其原有技能基礎的新專長。

「白色地帶」現在看右下角，白色地帶指不屬於現有事業單位管轄範圍的商機。這一格的目標是設想如何能夠把現有的核心專長應用到新產品市場上。隨身聽就是靠新力的錄音機及耳機專長而產生的白色地帶商機；另一個例子是飛利浦把光學儲存專長由聲音的應用上，延伸到資料儲存上。

以市場爲主而畫分的事業單位，常因爲狹隘的「組織章程」而掩蓋了白色地帶的大好機會。有太多的公司根本無人負責開發白色地帶的商機，也不獎勵發掘這類的商機，但想要找出這類商機，就必須以核心專長爲出發點，不要只看到產品或市場，應該想想某種專長能夠帶給顧客的利益，還有哪些有待發掘的空間。

不過，不要局限於眼前的市場，並不表示可以漫無目標地多角化經營。全錄購併保險公司（Crum and Forster），柯達購併製藥廠（Sterling），福特陷入儲貸業的泥淖，都是不足爲訓的例子，筆者主張的是以堅實核心專長爲後盾的多角化。有些就產品而言，乍似不相關聯的多角化經營（如卡吉爾、3M及本田的作法），其實自核心專長的角度看卻是關係密切。

「機不可失」右上角所代表的機會，是與公司現有市場地位或專長基礎沒有交集的商機，但假設這些機會實在太重要或太吸引人，公司還是會決定投入其中。此時的策略應是陸續進行小規模、有目標的購併成聯盟，使公司能藉機瞭解並取得進入此行必要的專長，繼而再探討其可能的應用範圍。

日本全國似乎都覺得航太工業正是一個不可失的大好商機，於是有多家公司經由與美國及歐洲的航太公司締結聯盟，並投下相當資本，現已逐漸建立起機身、衛星及火箭方面的專長。究竟日本公司是否能建造出成功的商用飛機還有待觀察，但他們始終未放棄這個目標。對這一類的機會必須審慎行事，因爲公司對其所知有限。就日本發展航太業來說，納稅人可能要爲決策者的驕傲付出很高的代價，因爲他們不肯接受美國與歐洲業者稱霸這個行業的事實。

培養新核心專長

由於要建立在核心專長的世界領導地位可能需要五年、十年甚至更久的時間，鍥而不捨是成敗的關鍵。要鍥而不捨，首先有賴對於應培養及支持何種專長建立共識；其次則取決於負責此一任務的管理小組的穩定性。對該培養哪種新核心專長，除非高階主管有一致的立場，否則各事業單位各自追求培養計畫，要不就分散力量，要不就是公司根本無法建立新專長。

高階主管的穩定性及策略性方案也很重要。RCA放棄生產錄影機的計畫，正凸顯高層人事不穩的弊病。二十多年來，RCA花費比別家公司更多的資金，研究新的錄放影技術，卻從未在市場上推出成功的產品。計畫主持人及部門經理頻頻走馬換將，連帶使錄影機研究計畫的進行時冷時熱，培養專長最需要持久累積的學習，便因此難以獲得。對某項計畫擲下大筆資金，卻在見不到立竿見影的效果後放棄，在競爭對手似乎超前時又重新開始，在新執行長上任時再被打入冷宮，這是既沒有效率又徒勞無功的專家發展秘方。

部署核心專長

要在跨事業單位間及新市場上運用核心專長，常必須在公司內部把專長重新加以配置，由甲部門移到乙部門。有些公司在這方面做得比較理想，效果自然較佳。我們有時藉用國家定義貨幣供給額的方式來界定核心專長：現貨（已發行鈔票數或身懷某種專長的人數）乘以速度（鈔票換手的速度，或懷有專長者得以分派到新商機領域的速度與難易度）。許多公司的核心專長現貨不少，即擁有眾多具真正世界級技能的人力，但專長部署的速度卻是零，即布置這些人才到新商機的能力闕如。

我們所熟悉的多角色化公司中，每一家的部門主管都同意現金是整個企業的資源，每到年底時，各事業部門的利潤也都會匯集到總公司手中。雖然不很情願，但他們也承認，總管理處的主管有權把現金作整體的重新分配。在本預算期間有貢獻現金的部門，到下一個預算期間不見得能爭取到所申請的現金。這種分配權最高當局必然極力加以維護，因爲對資金作妥善的分配被視爲是總公司主管的附加價值之一，也證明總管理處有存在的價值。然而對於公司的核心專長很可惜沒有類似的分配措施，這是十分矛盾且令人憂心的現象。

如今有愈來愈多的公司，市場價值與資產價值之比達到二比一、四比一，甚至十比一（表10—2）。資產價值與帳面價值之所以有差距不是因爲商譽，而是出於核心專長，即存在於個人身上的技能。這個比例的分子反映著投資人對公司特有專長的信心，反映他們相信善用這些專長可產生多少潛在價值。對資產負債表上看得到的資產，企業是煞費苦心地分配與管理，在數字方面務求精確，並不厭其煩地詳細分析。但對於企業其餘四分之三甚或十分之九的價值又是如何呢？

表10-2 企業市場及資產價值舉例（1993年底）			
公司名稱	市價	資產價值	市價/帳面價值
默克	40,596	19,927	2.0
微軟	23,348	4,048	5.7
家庭儲蓄	18,651	4,610	4.0
甲骨文系統	9,571	1,229	7.8
西斯科系統	9,413	802	11.7
網威	7,880	1,439	5.4
基因科技	5,612	1,469	3.8
魯柏梅	4,851	1,513	3.2

註：市價及資產價值單位（百萬美元）

是經過什麼制度或方式來分配核心專長？對人才的運用有多麼公開？如果有部門經理想獲得較好的特殊專家人才，他要遭受多少壓力以提出合理解釋的理由？人力資源經理們雖然都會大言不慚地說：「人才是我們最重要的資產。」但是企業對人才的分配絕沒有對資金的分配來得講究與徹底。西方企業中，財務主管的地位與實權多半高於人事主管，日本公司的情況正好相反。企業若真正認爲競爭的最高層次是專長上的角力，且認爲專長而非資金的掌握乃是成長最重要的契機，這才是正確的作法。

夏普公司對白色地帶的商機是由「緊急計畫小組」負責，陸續推動的緊急計畫已有一百五十多項。這些跨部門的計畫被稱爲「董事長計畫」，全公司最優秀的專長資源都集中於此。以專長而不以現金爲開創新市場最稀有的資源，夏普深諳成功之道。它藉著良好的制度，務使最好的人才能分配到最有前途的領域。新力的「金徽章」（gold badge）小組、夏普的緊急小組及另外幾家日本公司所採用的類似作法，其精神都是把企業看作一個核心專長的蓄水庫。從這個觀點來看，主管們好比公司核心專長的保管人而非所有人，這跟他們只是保管而非擁有公司的資金是一樣的道理。

我們偶爾對部門經理所做的一個練習，可以說明妥善分配專長資產重要的前提。做這個練習時，每位經理有一張產品地理區矩陣圖，請他們就此圖指出短期內公司成長機會最大的前十個區域。通常不出所料，每個人對新商機的排名很少有雷同的。但對新商機缺乏共識，即對於哪些計畫是真正「緊急」或值得貼上「金色」標籤，沒有全體一致的認識，便無從妥善分配內部的核心專長資源。

有家日本公司經常公布公司最重要的市場及最優先的產品發展計畫。參與這樣眾人矚目且重要的計畫，自然代表相當的身分地位。公司內若有某人覺得他對某項最優先計畫能有所貢獻，便可毛遂自薦。這項計畫的主持人可決定要不要此人，若覺得對方是個不可多得的人才，則可要求借調。此時原主管若不肯放人，就須證明他留在現職會對公司整體有更大的好處。可想而知，這樣的制度會讓主管們盡量設法，用最具挑戰性的工作留住手下最好的人才；也會使最優秀的人才被分配到最有潛力的計畫。

組成某一項專長的每個人若能夠經常會面交換意見與心得，也可促進專長的交流。開會或參加研討會有助於培養感情，如此相互激盪也會加速專長的建立。這麼做是希望大家把自己看成公司的資源，不要有本位主義，要忠於整個公司和他們所代表的專長，而非個別部門。地理上的距離不要太遠，同樣有助於專長的流動。如果構成某項專長的技巧是分散在十多個國家，要調兵遣將或集體交換心得就有困難，公司應避免核心專長在地理分布上過於零碎。

保衛核心專長領導地位

核心專長領導地位可能在許多狀況下喪失，或許是經費不足，或許因爲部門的畫分支離破碎，尤其若沒有主管願負責呵護這些專長，就更易分散；也可能不小心被聯盟合夥對象所取走，或從表現欠佳的事業單位撤資而被犧牲。

要保護核心專長免於被腐蝕，最高主管必須時時提高警覺。高階主管們雖長於判斷公司在業務表現、市場占有率及獲利能力方面的競爭力，卻無法很快地對公司在核心專長發展上是否領先，作出令人信服的判斷。如果最高主管看不出公司各個專長所處的地位，勢必難以保衛這些專長，企業應該讓部門主管負起照顧跨部門專長的責任，並爲個別專長的健康負責。公司要經常召開「專長檢討」會議，討論重點包括對此專長的投資水準、加強相關技能與技術的計畫、內部專長分配型態、建立聯盟及對外採購對專長的影響。

筆者並非主張核心專長觀點應取代產品市場觀點，其實兩者應當互補相乘。但以目前策略事業單位的觀點太根深柢固，高階主管需煞費苦心地建立補其不足的核心專長觀點。主管努力的目標不是透過改變組織結構「硬性」地把核心專長植入企業當中，而是要把這種觀念「軟性」地印入每位主管與員工的腦海裡。這需要：

1.建立深入參與辨識核心專長的程序。
2.讓各個事業單位共同參與訂定策略架構及設定專長取得目標的過程。
3.明定企業成長及開發新商機的優先順序。
4.為核心專長指定明確的「守護人」。
5.分配重要核心專長資源的方法。
6.與競爭對手比較培養核心專長的努力。
7.定期檢討現有及新培養的核心專長地位。
8.在企業內培養一批努力以公司核心專長「攜帶者」自居的人，使他們自成一個團體。

保住現有的專長，擺脫只看到有眼前市場的短視態度，訂下具前瞻性的專長培養方案，接下來企業便可迎向決勝未來的最後一件大事：做好刺探行銷，搶得全球先機。

第11章 把握未來

企業若想要先馳得點，
就必須先一步學會對顧客需要及產品必要的性能作正確評估。
要學得更快，就必須多上場打擊，
而不是坐等最適合打全壘打的時機出現。
想要快速累積市場經驗，
則進行一連串低成本、快步調的市場測試，
即我們所稱的刺探行銷，
是絕對必要的。
對刺探行銷而言，
最要緊的不是一箭中的，
而是能夠以最快的速度調整方向，
盡快再射出另一箭。

前面曾提到，決勝未來的主要目標之一，即以最少的投資學得最多的經驗。當未來逐漸呈現在我們面前時，最要緊的就是學得比對手快，搶先知道未來真正的需求何在。老式的說法稱之爲展望未來商機，我們則稱之爲刺探行銷（expeditionary marketing）。在同時有數家公司在追求相同的廣大商機，也致力於建立近似的專長時，重點便是如何在市場起飛時，爭取全世界總收入的最大占有率。若要達到這個目標，企業便需事先具備在全球顧客心目中的「印象占有率」（share of mind）、強勁的配銷實力與快速推出產品或服務的能力。這些都是決勝未來最後一站搶得全球先機（global preemption）的關鍵。

刺探行銷

要開創新競爭空間，通常很難預知未來的產品或服務應有哪些特色，要以什麼價格透過什麼通路出售，才能開啓潛在的市場。當然，管理階層都希望新產品多多打出全壘打。價錢與性能適當的結合，使產品迅速深入目標市場，就算是打出「安打」。企業通常都訂有種種的政策，設法提高安打率或平均打擊率，包括做徹底的市場研究，仔細分析現有的購買行爲、競爭對手及產業結構。可惜新產品或服務的市場研究準確度是低得出名，且市場研究對改良舊產品很有用，對掌握新市場卻助益甚少。

人人都想擁有四成的打擊率，可是改善打擊率的政策縱使能減少新事業失敗的機率，卻會延誤進入新市場的時機，失去搶得先機的優勢。有個很明顯但常被忽略的道理，就是打者打出的安打數是以打擊率乘以上場次數計算。儘管打擊率百分之百（碰上較差的投手或拜風速之賜），但每一季僅上場六次的球員，對球隊的貢獻就大大不如打擊率僅二成五，卻能上場三、四百次的球員。公司的情形也一樣。縱使所推出的新產品多半反應良好，但若總是慢工出細活式地打開市場，那在掌握未來上很可能不及打擊率較差但出擊次數多的對手。

企業若想要先馳得點，就必須先一步學會對顧客需要及產品必要的性能作正確的評估。要學得更快，就必須多上場打擊，而不是坐等最適合打全壘打的時機出現。想要快速累積市場經驗，則進行一連串低成本、快步調的市場測試，即我們所稱的刺探行銷，是絕對必要的。

假設有人要射箭，但箭靶被煙霧所蔽蓋。此時若要射中紅心只有兩個辦法：要不就等霧散去（等對手能夠證明市場確實存在後），要不就是盲目地多向箭靶射幾箭，每次根據傳回來的中靶情形調整瞄準方向。當箭出弦，前方傳來「偏右」、「偏高」的回報聲，再跟著調整，射出更多箭，直到聽到「正中紅心」爲止。等霧散去固然可保證一定命中，但耐心等待的結果很可能會發現對手的箭已布滿了整個箭靶。對刺探行銷而言，最要緊的不是一箭中的，而是能夠以最快的速度調整方向，盡快再射出另一箭。在實驗室裡或產品開發會議上能學到的畢竟有限，只有在產品或服務儘管還不是很完美，便試行推出，才能帶來真正的知識經驗。

當然刺探行銷必須成本不致太高，也不能曠日費時，否則也是不切實際。因此如何縮短射下一箭的時間及所費的成本便十分重要。這裡的時間是指公司研發產品並上市，然後累積市場資訊後，再調整口徑，重新出發，其間所歷經的時日。如果其他條件相等，一家公司若能在一年內完成這重新出發的週期，就比需要三年時間的公司更能把握市場。每一次的再出發都能使我們對測試的產品或服務概念產生新的認識，並把這些心得再應用到市場上去。

一九九一年ＩＢＭ推出第一部膝上型電腦，當時膝上型電腦的商機已是再明顯不過了。東芝和康百克的「箭」也已射得到處都是。東芝頻頻出擊的結果，是對市場已瞭如指掌，因此很快便取得領先地位（表11—1），葛瑞德（Grid）及增你智等早期的對手均甘拜下風。但東芝所推出的機型不是個個受歡迎，事實上在前五年裡，東芝撤回的機型比對手推出的機型還多。但很少人認爲在一九九〇年代初以前，東芝在膝上型電腦事業的經驗是失敗的。

成本與賞罰

刺探行銷並不是把根本還不成熟或不符潛在顧客需要的產品勉強推出，刺探行銷依然遵守「符合顧客的需要」這個守則，只是對於某些科技是否合適，市場可以接受什麼樣的價格與性能組合，顧客真正的需要在哪裡，都是不經過直接市場試驗便得不到答案的問題。但是刺探行銷也不能單憑盲目的信心，每一次新產品總要盡可能利用所有可能蒐集得到的相關知識。

表11-1 東芝各種膝上型電腦

推出年份	型號	磁碟機**	微處理器	顯示幕	價格
1986	T1100*	720K	80C88	LCD	$1,999
	T1100+*	620K×2	80C88	LCD	2,099
	T3100*	720K+10MB	80286	Gas plasma	4,199
1987	T1000	720K	80C88	LCD	999
	T1200F*	720K×2	80C86	LCD	2,099
	T1200EB*	720K×2	80C86	Backlit LCD	2,199
	T1200H*	720K+20MB	80C86	LCD	2,799
	T1200HB*	720K+20MB	80C86	Backlit LCD	2,499
	T3100/20*	720K+20MB	80286	Gas plasma	4,699
1988	T1600*	1.44MB+20/40MB	80C286	Backlit LCD	3,499/3,999
	T3100*	1.44MB+20MB	80286	Gas plasma	3,999
	T3200	720K+40MB	80286	Gas plasma	5,799
	T5100*	1.44MB+40MB	80386	Gas plasma	6,499
1989	T1000SE	1.44MB	80C86	Backlit LCD	1,499
	T3100SX	1.44MB+40MB	80386SX	Gas plasma	5,699
	T3100/40	1.44MB+40MB	80286	Gas plasma	3,699
	T3200	1.44MB+40MB	80286	Gas plasma	3,999
	T5100/100	1.44MB+100MB	80386	Gas plasma	6,999
1990	T1000XE	20MB	80C86	Backlit LCD	1,899
	T1000LE	1.44MB+20MB	80C86	Backlit LCD	2,499
	T1000XE	1.44MB+ 20MB/40MB	80286	Sidelit LCD	3,199/3,799
	T2000SX	1.44MB+20MB	80386SX	Sidelit LCD	4,999
	T2000SX	1.44MB+40MB	80386SX	Sidelit LCD	5,499
	T3100SX	1.44MB+80MB	80386SX	Gas plasma	5,999
	T3200SX	1.44MB+40MB	80386SX	Gas plasma	4,999
	T3200SX	1.44MB+120MB	80386SX	Gas plasma	5,499
	T3200SXC	1.44MB+120MB	80386SX	LCD active matrix color VGA	8,999
	T5200	1.44MB+40MB	80386	Gas plasma	7,199
	T5200/100	1.44MB+100MB	80386	Gas plasma	6,499
	T5200/200	1.44MB+200MB	80386	Gas plasma	7,299
	T5200C/200	1.44MB+200MB	80386	LCD color passive matrix	9,499

註：*代表在一九九一年三月前即已撤回的機型
**前面的是軟碟容量，後面是硬碟容量
價格：單位美元
資料來源：哈佛商業評論（一九九一年七一八月）第八十八頁

刺探行銷的成本跟速度同等重要，倘若每枝箭都要鍍層金，那主管當然不願向霧中射出太多箭。過去日本汽車廠之所以能對各種生活方式的利基產品進行測試，全賴產品開發及工廠開模的成本比西方對手低了許多。假設某廠商的平均產品開發成本要比對手高出一、兩倍，情況會是多麼棘手？管理階層對探索新競爭空間會持什麼態度？這種公司開拓新市場的風險將是難以承受的高，自然不會推出太多新產品。又由於成本比別人高，時間比別人久，這少數新產品也只能採用很保守的設計，以能夠吸引最大多數顧客的非個性化產品爲主，因此顧客便會覺得這家公司保守，進步太慢。這種情況下，或許有些年長的忠實顧客還保得住，但幾乎很難吸引新顧客上門，其結果勢必是，願意發掘消費者意願的少數業者，可以榮登領先的寶座。這正是一九七〇、八〇年代，福特及通用汽車與日本對手競相爭取年輕消費者的當時的下場。

許多大公司對產品成敗的衡量與賞罰方式，是刺探行銷的一大阻礙。它們裁定產品失敗時，極少是因爲瞄錯了目標，或只是未射中正確的目標，再加上失敗都被歸咎於人爲因素，所以新產品表現一旦不符合內部的期望，就一定要找個人來頂罪。於是就產品目標未達成時，大家多忙著找替罪羔羊，反而忽視自其中得到什麼教訓。更糟的是，自市場經驗中獲得某個教訓後，主其事的主管反而會被怪罪未能事先想到這一點。既然過錯都要個人承擔，無怪乎一旦有事，大家忙著埋葬失敗都來不及，遑論檢討分析了。結果是白白斷送學習的大好機會。

如果個人必須爲實驗付出很高的代價，經理人自然多抱著多做多錯、少做少錯的心態，保守因循便在所難免，這種保守作風往往導致更重大但較不明顯的失敗。不願爲刺探行銷冒個人風險的經理人，大好商機可能就自他們的指縫間溜走。通常產品的失敗均以虧損的金額，而不以浪費的金額來計算，這是不對的。有哪一家傳統的美國電腦公司的高階主管，會爲了公司在膝上型電腦市場喪失領先地位而被開除去職或無法晉升？經理人很少因爲不肯嘗試而受罰，反而常因爲嘗試不成功而受罰。難怪大家過分重視打擊率，而不是安打次數。

失敗的原因不止是經理人無能，也可能是不切實際。奇異電器在一九八〇年代看出一片令人炫目的商機：在「明日工廠」的市場上取得領先地位。這是結合電腦輔助設計與製造（CAD／CAM）、電腦整合製造、機器人及自動化材料輸送的大工程，而奇異很樂意面對如此大規模的挑戰。可惜對於市場成長的速度期待過高，再加上不留餘地全力進攻，結果敗得很慘，留下大筆虧損。再舉一例：IBM在一九八三年底，首次希望以小PC（PC jr.）進入家用電腦市場，也慘遭敗績。小PC被批評鍵盤像玩具，價格又太高，不論內行或外行人均排斥這項產品。可是在當時，廠商很難預測對電腦的認識只限於玩電視遊樂器的家庭用戶，要什麼樣的產品才能吸引他們。真正的失敗不是IBM的首批產品未曾瞄對目標，而是IBM太大張旗鼓，以致找不到臺階下，以便改良產品後再次出發。

不以單一成敗論英雄

職棒名將貝比．魯斯（Babe Ruth）常手指外野看臺，然後便擊出全壘打。但技遜一籌的人如果也那麼驕傲，等於是自取其辱。ＩＢＭ的情形便是公司的期待有如天高，小ＰＣ的銷售卻落入谷底，逼得ＩＢＭ就此退出家用市場，直到七年後，一九九○年，才再次以ＰＳ１捲土重來。這兩個例子的教訓不是奇異或ＩＢＭ的野心太大，而是對於成功的難易度及速度估計錯誤，太早判定失則。刺探行銷是有嚴格條件的實驗，不是靠好高騖遠的目標和億萬的行銷預算便可以達成的。

如果對商機過於樂觀，對可能的風險認識不清，那便注定會失敗，會過早放棄機會；這也是蘋果電腦早期實驗牛頓手寫辨識系統（Newton Message Pad）無疾而終的原因。這雖代表蘋果的錯誤估計，但在開創個人數位助理器市場的長期競爭中，不見得是失敗的。回想十年前，蘋果第一批「容易好用」的電腦麗莎在一九八三年推出後，也慘遭滑鐵盧，只是沒有小ＰＣ那麼慘。但蘋果不像ＩＢＭ，它在一年後又推出第一批麥金塔，速度更快，價格也更公道。新力也不乏著名的失敗紀錄，如貝塔（Betamax）錄影機及數位錄影機。新力有時被三振出局也不足爲奇，開路先鋒就不免要付出這種代價；其實以其出場打擊的次數之多，被三振的機會應該更大才是。新力平均每年要推出一千種新產品或改良產品，相當於每個工作天就有四項新產品，通常其中有兩百項是爲了開創新市場而開發的，因爲我們不能以單一產品的成敗來論英雄。一九九〇年它在日本推出隨身光碟機（Data Discman），使用者可以隨身攜帶及閱讀儲存在光碟上的大量參考資料、教科書或小說，一九九三年則打算進一步推出電子書（Bookman）。顯然我們無法憑這些初步的產品就評斷新力是否能開創個人數位資料機的市場，但這就像兩軍開戰時，我們無法根據第一天誰死傷較多，就斷定哪一邊可獲最後勝利一樣。

同樣的，富士通是首家利用非同步傳輸模式的交換技術，推出新一代超高速電話交換機的公司。雖然同業們並不都認爲這種技術已可以上市，但美國各地區貝爾公司的聯合研究中心（Bellcore）有位研究員表示，他瞭解富士通的動機：「他們彷彿不在乎最完美的答案是什麼，先做出來再說。這是很好的策略，因爲大家都想先占下市場。」於是富士通搶先進入市場，再從顧客身上學習哪些有用、哪些要改進，而競爭對手們還停留在實驗室猜謎階段。

在開創新競爭空間時，應該有評斷經理人表現的新標準。財務原理告訴我們，在計算財務報酬時要作風險及時間的調整，但對開創新事業時，如何爲管理階層打考績，是否也應做類似的調整呢？因爲積極追求前途看好的新市場而損失二千萬美元的主管，跟在公司獲利主力的核心事業上，因經營不善而虧損二千萬美元的主管，是否應有不同待遇？在開創新商機的早期，管理人才比資金更重要，因爲他們對新市場必須投注比追求短期獲利能力更多的心力。如果把失敗的緣由簡化，使力爭上游的經理人爲新商機擔負太高的個人風險，或管理人才的分配是依據現有單位的規模及重要性，則新市場將無從產生，公司最好的人才也會集中在守成即已足夠的事業部門裡。有太多的公司最好的主管只在最安全的部門之間調動，結果自然是守成有餘，開創不足。

請別誤會，刺探行銷並不是一張保單，只是希望自不可避免的失誤中汲取教訓。針對新市場推出的產品失敗時，管理當局務必檢討幾個重要問題：

1.我們是否能適當地控制風險？
2.對市場發展的快慢是否持合理的期待？
3.是否因此得到任何心得，有助於下一次出擊成功？
4.調整口徑再出發需要多久時間？
5.這個商機是否依然存在，其規模是否值得我們再次嘗試？
6.如果不再嘗試，是否白白便宜了對手，讓他們學得珍貴的教訓，反而跑在我們前面？

如果以上問題的答案均是否定的，我們才能宣布失敗。否則一次挫敗就覺得顏面無光，豈能發掘真正的商機。刺探行銷的原則很簡單：加快學習速度，降低學習成本。

全球先機的理論基礎

培養新專長，探測新市場，都是長期的努力。但是醞釀期雖長，在終點線前的最後衝刺階段，可能就要精銳盡出，迅速決一死戰。尤其在同時有好幾個對手都朝平行方向發展專長時，經過累積市場知識及一、兩個回合的刺探行銷後，大家都會認爲市場終於「成熟」了。此時，這最後一段拚個你死我活的競賽，就看誰能夠在最後關頭領先羣倫，在規模最大及成長最快的國家掌握市場領導地位，囊括開路先鋒所有的報償。

寶鹼公司在歐洲紙尿褲市場的經驗，正顯示出搶得全球先機的能耐有多麼重要。幫寶適紙尿褲於一九七三年首度在德國上市，但到七八年才在法國推出，但其間高露潔公司搶先於七六年在法國推出自有品牌Calline（幫寶適的法文名稱）的紙尿褲，很快便席捲當地市場；這「晚了一步」也讓幫寶適在英國失去領先的機會。一九八一年幫寶適來到英國後，經過長期且耗費不貲的奮鬥後，才奪回被腳程更快的對手搶走的地位。寶鹼的衣物柔軟精Lenor，更是一大教訓。Lenor在一九六三年進入德國，反應奇佳，開創出全新的產品類別，可是遲至十九年後才到法國，結果淪落到衣物柔軟精的第三名競爭者。

爲逆轉這種不幸，在另一場超吸收力紙尿褲的全球爭先賽中，寶鹼設法搶在日本對手花王（Kao）之前，但在一九八五年花王在日本推出技術上領先的超吸收力紙尿褲，並迅速取代幫寶適成爲第一品牌，令寶鹼措手不及。但由於花王在亞洲以外地區的行銷能力與知名度均不足，無法在全球市場利用此技術獲利，於是寶鹼得以在全世界推出其超吸收力紙尿褲，不必擔心花王的競爭。最後是寶鹼自這項新技術上大發利市。單靠全球配銷實力固然不足以彌補其他專長之欠缺，但想要自創新技術上獲利必然少不了它。

再舉一個例子。在美國，克萊斯勒是首先推出家用廂型車的廠商，推出時間是一九八三年。十年後，雖有來自美、日的多家廠商的激烈競爭，它仍占有美國約五〇%的家用廂型車市場，年營業額達一百三十億美元。但因克萊斯勒在歐洲幾近交白卷，所以這個市場由雷諾所取代。雷諾在一九八四年推出類似的車型，九年後已售出三十六萬輛家用廂型車。好不容易克萊斯勒在一九八九年把這種車賣到歐洲，但第一年全年只賣出一萬一千八百輛。

從構想到全球市場

由於像半導體、藥品及電信業的研發費用都是天文數字，全球先機更是無比重要。假設如德國西門子這類電信公司，打算角逐大型電話交換機市場，在一九六〇年代，開發電動機械式交換機需要約二億美元的經費（以一九九二年幣值計），要賺回這些投資大概需要拿下半個德國市場。到一九七〇及八〇年代，研發新機種的費用增至十億美元，須席捲整個的德國市場，再加上整個歐洲電信市場不算小的一部分，才能回收成本。展望一九九〇年代以降，下一代交換機可能要花費二十億美元之多。投下如此龐大的資金後，業者至少要占有五分之一的全球市場才能收支相抵，這無可避免的趨勢促使一波又一波的產業整合，並造成許多產業爲了世上任何一個角落的市場激烈競爭。電信業過去的競爭都屬地區性，如Alcatel與西門子在歐洲，北方電訊與美國電話電報公司在美國，NEC與富士通在日本，現在則是全球性的。

經理人對縮短產品開發週期這項重要的工作可說相當重視，快速的產品發展是制敵先機的重要因素之一，但需要縮短的不僅是「由構想到上市」的時間，而是由「構想到全球市場」的時間。產品開發週期雖比對手快百分之五十，但若無強勁的全球配銷實力加以配合，也是徒然。搶第一固然重要，但真正的利益是屬於在「全球」市場跑第一的公司。

但全球先機並非匆促推出設計不良或試驗不足產品的藉口，早期市場實驗必須小規模地進行，也要有地域上的限制（不過爲瞭解不同的顧客需要，累積不止一國的經驗有時也很重要），但一旦市場眼看就要起飛，提供創新產品或服務的業者，不論獨家或與人合作，都必須盡快把其產品或服務「吹向」世界各地。吉利（Gillette）在耗費十多年時間及一億以上的經費，開發出革命性的感應刮鬍刀（Sensor），並完成初步顧客研究後，同時在十九國推出這項新產品。而隨後跟進的舒適牌（Schick）等業者，很快便在吉利全球的促銷攻勢中被埋葬。吉利不會讓對手有第二次進擊的餘地。

這一場全球爭先賽雖然是市場地位與占有率之爭，但發動全球閃電戰的準備功夫，早在產品可以上市之前便應展開。正如公司在新商機的輪廓尚不明確前，就必須先投資培養新的核心專長，在預期將來會有一連串產品及服務要透過自身的銷售管道銷往全球時，就應該著手建立全球品牌及配銷網。如果上市前全球配銷能力不足，只會把大好市場拱手讓人，但這並不是指單憑對新產品線滿懷希望就可以胡亂投資。前面也曾提到，有進入各地市場及領先競爭對手的低成本作法，主要是透過配銷合夥關係。葛蘭素就是用這種方式，在美國治潰瘍藥的市場上超前了貝坎公司。善胃得（Zantac）剛上市時，葛蘭素在美國的行銷能力單薄，便與羅氏藥廠（Hoffman-LaRoche）合夥，立即獲得一千一百多名業務人員的支援。許多亞洲公司則利用與下游廠商合夥，廉價取得邁向全球市場的管道。佳能生產的影印機以柯達的產品出售；三星生產的微波爐掛奇異的牌子賣給消費者；東芝最早進入美國電視機市場則是藉著賣私品牌產品給施樂百。

大家都知道行銷的4P定律：產品（product）、價格（price）、促銷（promotion）及定位（position）。筆者也要提出全球先機的4P：第一自然是上面談到的先發制人（preemption），其餘3P則是先發制人的先決條件：管道暢通（proximity）、先入為主（predisposition）、溝通宣傳（propagation）。

管道暢通

管道競爭的目標是打進關鍵國家的市場及配銷通路。市場關鍵與否取決於幾項因素：有些市場可提供具「參考」價值的顧客羣（如購買消費電子品的日本青少年或加州內行的汽車買主）；企業只有在有把握滿足世上最挑剔的顧客後，才可說是已準備好可向全球的市場全面出擊了。第二，還有些市場因為規模及商機大，有助於回收研發成本，因此具策略性價值。就這一點而言，美國市場是任何想建立全球競爭力的歐洲公司絕對無法忽視的。歐洲許多電腦公司之所以在財務困境中掙扎多年，原因之一便是未能在美國建立一席之地，所以享受不到對電腦業不可或缺的全球規模經濟。

第三，有些市場成長率高或具有成長潛力，在領先對手的競爭中居關鍵地位，因此也具策略性價值。以東南亞多數地區超快的成長速度，任何公司若來自東南亞（不包括日本）的營收低於總收入的二〇%，就代表它的全球市場占有率在流失中。歐美汽車、消費電子及多種工業產品的廠商，必須努力確保快速成長的亞洲市場不要落入日本對手的手中，奇異就是不願讓日本對手獨霸亞洲各市場的美國公司之一。一九九〇年代初，奇異已成爲中國蓬勃發展的航空業噴射引擎的主要供應商，其他事業部門如電力系統及醫療系統，也預期未來有五〇%的成長會來自亞洲。奇異一位高階主管說：「我們的確很希望在亞洲能享有與在美國一樣的市場占有率。」

有鑑於要弄清楚某國市場的政治環境，尋找當地合夥人，培訓實力堅強的本土經理階層，建立所有必要的製造設施，對顧客特殊需要做必要的瞭解，及設置適當的運銷管道，均需要相當的時日，因此如果現在還未積極在亞洲建立基礎的公司，很可能就要落入敗部，停留在成長緩慢的市場裡。

市場重不重要的第四項標準是，它是否是競爭對手「獲利的大本營」。在對手的本國市場取得一席之地，可吸走對手一部分的利潤，使對手到海外發動攻勢的實力受損。IBM早早便進入日本，並奠定有利的競爭地位，顯然已使日本電腦業者較難以國內市場來「交叉補貼」其國際競爭。

要超越對手或阻止對手超前，不是在「策略性」市場占有一席之地就大功告成了，企業還需要在每個重要市場均具有最有效率的配銷管道。雖然日本配銷通路的障礙重重已成眾矢之的，也成爲美日「結構性」貿易談判的攻擊目標，但筆者以爲，企業內部的政治與政策妨礙企業取得先機危害更大，因爲它使業者無法充分運用潛在的配銷管道。有些公司不公開地偏好某些行銷管道（如直銷、郵購、獨家代理或量販店），這或許是基於正確的商業理由，但同樣可能因爲既得利益者不肯放棄把持某條管道的龐大利益，使陳腐的觀念難以革除。蘋果電腦就是一個例子，由於長期依賴獨家代理，使麥金塔無法迅速打入用直銷較有效的企業用戶；對行銷管道的短視，大大有礙企業在未來的決戰中占得先機。管道使用不當，必將損失不貲。

先入為主

想先手制伏對手，就必須能吸引各地的顧客購買或試用我們的新產品。以一九八二年可口可樂在美國推出健怡可樂爲例，兩年內健怡便成爲美國排名第三的軟性飲料。健怡藉著可口可樂的商譽在其他市場上也頻頻告捷。雖然健怡本身的品質或新奇度沒有話說，但誰也不能否認單靠這些特點它無法一飛沖天。是消費者心目中對可口可樂的厚愛，經無所不在且深深打動人心的廣告不斷鼓吹，才能有此成績，否則健怡也會跟可口可樂的競爭對手一樣，要經歷漫長辛苦的奮鬥才能爬上零售商的貨架。先建立全球顧客的「印象占有率」，對搶先贏得市場極有幫助。

再舉一例。近年來美國父母在超市爲孩子買冰淇淋冰棒時會發現，都是本地或本國的廠牌，但是買糖果時卻會看到許多全球性的品牌如火星、雀巢及卡貝利（Cadbury's）。火星公司在這種差異中看出商機，爲什麼不利用本身爲人熟悉且良好的聲譽，向冰淇淋領域去發展呢？結果火星推出的新產品是冰淇淋業有史以來最成功的嘗試，並開創了全新的產品類別。火星公司更乘勝追擊，把品牌借給一系列以巧克力奶爲主的飲料產品。以上兩家公司的經驗給我們上了一課，即先入爲主的好印象容易使人接納新產品。

協和（Concorde）的噴射引擎後燃機也是舉世知名，聲譽卓著且備受客戶歡迎，這固然也可以幫助某些新產品起飛，但若是扶不起的阿斗，知名品牌的助力反而會使不良的產品摔得更慘。不論有多好的信譽，可口可樂還是傳統口味好，新配方（New Coke）就是不及。不良的產品也可能損及原有的品牌印象，因此新產品的推出可能強化原本品牌的商譽，也可能造成原品牌的破壞。

然而當可口可樂、蘋果電腦、新力、本田或其他具全球知名度的公司推出新產品時，必然會引起消費者的矚目。擁有如此令人羨慕的品牌優勢，在決勝未來的競賽中剛起跑便聲勢不凡。行銷專家說過，要在北美、亞洲及歐洲建立相當的知名度，通常需要花下十億美元的廣告費。但新力推出帶有「新力牌」的新產品時又需額外花多少錢來打響品牌？只要打上新力兩個字，立刻就能獲得顧客的信任。究竟產品重要還是品牌重要，這是類似雞生蛋、蛋生雞的問題。不過像新力與其他全球領導級的企業，總是會刻意建立跨越多種產品及事業部門的「標幟品牌」，把顧客使用今日產品的良好經驗，轉換爲對明日產品的高度興趣與熱忱。

受信任的品牌對顧客而言，是新產品或服務高品質的「保證」。在開創全新產品類別，創造新競爭空間的過程中，這種保證尤其重要。產品愈新穎，顧客需要廠牌保證的意向愈高。ＩＢＭ早期在個人電腦業上的成功，便要歸功於ＩＢＭ這個牌子，對不清楚個人電腦的顧客是最好的保單，這一點是其他個人電腦業者，甚至蘋果牌都難以企及的。品牌對產品品質及性能的保證，往往比產品保證書來得重要，有保證的產品壞了送修仍是件麻煩事。顧客選購新力、佳能或豐田的產品，在意的不是保證期限的長短，而是這個牌子所代表的高品質保證。

建立標幟品牌的用意很簡單：讓顧客把對甲產品的良好印象，轉移到同一公司的其他產品或未來產品上。筆者之一，除了家裡有一部佳能影印機外，還有兩架佳能三十五釐米照相機、一架八釐米手提攝錄機、一架小型佳能電子打字機、一架佳能傳真機。他當初並非有意要弄成一個佳能之家，可是結果就變成如此。每當選購東西時，如果看到佳能的產品，心中自然而然便會想起別的佳能產品是如何性能優越可靠耐用，值回票價。這麼一來，再次光顧佳能不但是「穩當」的決定，更是「聰明」的決定。隨著生活的步調不斷加快，人們購買的物品日益複雜，佳能及新力等廠牌已成爲匆忙、不知如何選擇的顧客心目中，代表品質與價值的標竿。

標幟品牌張大傘

許多公司把品牌打散，以進攻不同「顧客區隔」的占有率，通用汽車就是用這種策略。自平民化的雪佛蘭到貴族化的凱迪拉克，每種牌子都是針對不同收入及生活品味水準的顧客層而設計。同樣的道理使得飛利浦的主管，對於他們在英國多頭馬車、自相殘殺式的多品牌作法自有一番辯解；派依牌（Pye）是最價廉的品牌，飛利浦牌是中上等級，葛蘭汀（Grunding）牌則是最好最高級的品牌。日本公司建立標幟品牌的作法卻是基於截然不同的想法：不論用什麼價格購買，一定是要以最少的價錢買到可能範圍內最好的性能（即物超所值）。因此不論是花一萬多美元（一九九三年價格）買豐田冠樂拉（Corolla）或四萬多美元買豐田Supra，一定都是同級車中最好的汽車。不論是二百美元的新力迷你電視，或六千美元的寬螢幕大電視，一定都是令人賞心悅目的新穎產品。這些日本公司競爭的不是不同顧客層的占有率，而是每位顧客口袋的占有率。在一系列產品上使用同一標幟品牌，可使某家公司在每一個選購商品的決定中都打出「安打」。

我們以爲，支持產品領先的核心專長是企業的地基，標幟品牌是屋頂。地基與屋頂之間則是各個事業部門，共同分享相同的基礎，共同支撐相同的屋頂（圖11—1），當然有些公司避用標

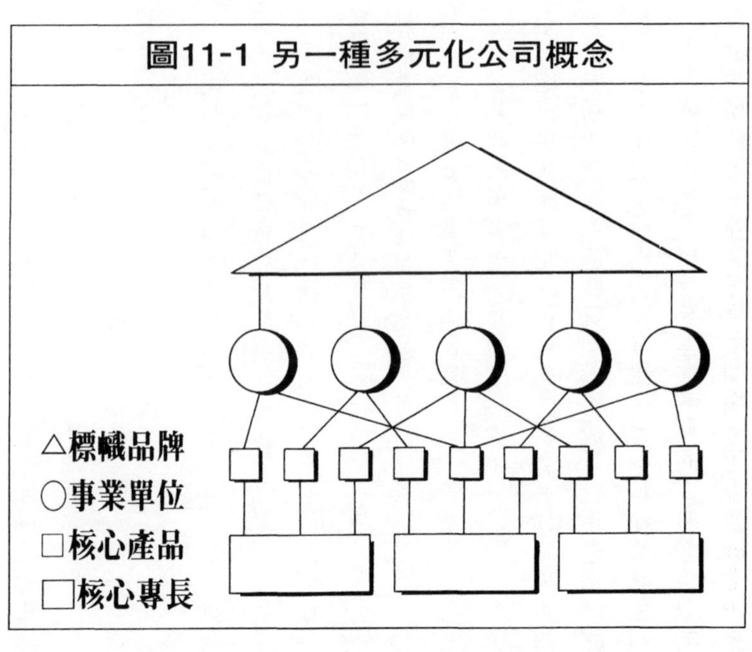

圖11-1 另一種多元化公司概念

幟品牌。每個美國家庭的廚房、浴室和洗衣間裡可能都放著十多種寶鹼的產品，但牌子都不同。因此不論是對哪個產品的印象良好，是汰漬洗衣粉（Tide）、幫寶適或象牙（Ivory）、佳美（Camay）香皂，都不會因此而使顧客想要購買另一種寶鹼產品。雖然世界各地的顧客很少說得出來，寶鹼是護髮用品大廠家，但大家聽到萊雅（L'Oreal）就會想到護髮用品，因爲萊雅的許多產品均用相同的牌子。這並不表示，應該以無意義的集體品牌來取代家喻戶曉且歷久不衰的個別產品品牌。誰也不會想要購買寶鹼牌花生醬或Unilever牌面霜！但我們認爲不懂善用全球標誌品牌的公司，久而久之就會在競爭力上失利。

標幟品牌不見得要涵蓋公司所有的產品。雖然通用汽車的諸多廠牌[包括歐寶

（Opel）、雪佛蘭（Chevrolet）、別克（Buick）、釷星（Saturn）、凱迪拉克（Cadillac）、奧斯摩比（Oldsmobile）等〕，徒增顧客混淆，且無法享受規模經濟的好處，但豐田汽車在推出Lexus車系時，也知道豐田這個牌子不足以涵蓋以賓士汽車級顧客爲對象的豪華車。有趣的是，Lexus推出時享受到兩方面的優勢：一方面它享有獨特高級「物超所值」的形象，另一方面顧客也都知道它是豐田的產品，有豐田一貫的世界級品質水準。本田的豪華車系Acura也有類似的效果，即使豐田不獨尊單一品牌，也比通用品牌組合簡單扼要且合理多了，比克萊斯勒〔包括吉普（Jeep）、老鷹（Eagle）、道奇（Dodge）、普茅斯（Plymouth）、克萊斯勒〕也要高明。

標幟品牌不一定要用公司名稱，用不用是戰術的運用。很少美國人聽過松下（Matsushita）這家公司，能正確唸出來的人更少，可是要買電器的都知道其標幟品牌，其中以Panasonic及JVC最著名。這些牌子每個均橫跨多種產品類別。

因此標幟品牌不需是公司名稱，也可以有不止一個，甚至不一定要按產品類別區分。新力所有的產品都用新力牌，但在其下又分幾個副標幟品牌，隨身聽（Walkman）便是一例，推出後大受歡迎，使原本的特殊品牌變成了泛指這類產品的普通名詞。後來新力將「隨身」（man）這個名稱發揚光大，陸續推出一系列的隨身產品，包括隨身雷射唱機（Discman）及隨身看（Watchman）。以藍黃色作爲共同標記的新力「運動」（Sports）系列也是副標幟品牌，這個副品牌所傳達的訊息是堅固耐用，可以帶著上山下海也不必擔心沾到水或摔到地上就報銷了。新力的品牌是多層的，每一層分別向顧客傳達不同的產品特色訊息。

在美國，寶鹼的顧客多半是跟著汰漬、幫寶適、象牙、佳美及寶鹼其他的老牌產品一起長大的。這每一類產品幾乎都有數十年的歷史，因此每一代的新顧客透過父母而認識這些牌子的人，絕不下於被公司行銷攻勢所吸引而來者。由於寶鹼在美國建立品牌信譽的投資早已回收，因此可以負擔得起多品牌所需多支出的廣告開支。但一九七○年代初，寶鹼打算進攻龐大但極端競爭的日本市場時，因難重重，一切都得從零開始，消費者對那些在美國鼎鼎大名的產品一無所知。於是公司面臨一個抉擇：要像在美國一樣，分開各個品牌各自建立知名度，還是在每個品牌上再加上「公司的標記」，以縮短建立知名度及顧客忠誠度所需的時間，避免使日本消費者無所適從。結果寶鹼選擇與美國截然不同的路線，也就是第二種作法。這也是日本廠商愛用的方式，兼顧公司與品牌的促銷。寶鹼的想法不難理解：想要在最短的時間內，以最高的效率建立知名度與信譽，分散火力毫無意義。所以它採用了新力的策略，用產品品牌傳達個別的產品特色，再以公司品牌傳達整體的品質與信譽訊息。

多年來，雀巢對其公司品牌作了充分的運用，例如煉乳、巧克力、即溶咖啡或是後來的早餐麥片。雀巢董事長海摩．梅謝（Helmut Maucher）對此種全球性標幟品牌策略有一番說明：

> 我們所有的牌子，不論Maggi或Findus，現在都冠上雀巢兩個字，所有雀巢產品的包裝也都打上雀巢的商標。各地有針對不同需要的產品，但仍保有全球性企業共同品牌

的好處，如富豪（Volvo）或可口可樂。

S型曲線效應

全球規模的規模經濟對全球競爭的好處早已眾所週知。像電信設備、噴射機及半導體等工業，若沒有全球各地市場的支持，研發及資本投資根本無法回收。但在爭取印象或知名度占有率的競爭上，卻是範疇經濟（economies of scope）當道。山葉以同一品牌產銷多種樂器（有吉他、鋼琴、小提琴、小喇叭、電子琴等），先天上就比只作一種樂器的廠家容易打開知名度，例如只生產銅管木管樂器的塞梅（Selmer）與國王牌（King），後者便無法自多種產品上回收其在品牌宣傳上的投資。本田把品牌擴及割草機範疇經濟，便不是產品領域較狹窄的對手，如史耐普（Snapper）或畢斯（Briggs &Stratton Corp.）所能企及的。

由於建立品牌知名度有所謂的「S型曲線效應」（顧客必須不斷接觸到某個品牌才能印象深刻），把廣告費分散在十個不同的品牌上，還比不上集中所有預算於一個牌子所得的效果的十分之一。倫敦一家顧問公司OC&C曾作過有系統的研究，發現要打動顧客嘗試新產品所需花費的廣告及促銷費用，「延伸」品牌平均比全新品牌要低三六%。這家公司也研究了一家跨國企業所產銷的各種產品，結果發現，推出六年後僅有三成新品牌的產品仍在銷售中，但利用既有品牌的產品，卻有一半能夠持續下去。

同樣的道理也適用於跨部門的品牌宣傳工作，個別事業部門可能既無資源也無意願建立全球性的品牌地位。可是一旦建立成功，同公司所有的部門想打入某個市場的費用便會大大降低。想要爭得全球競爭先機的公司，一定得採取整體努力的方式，打響全球標幟品牌。這項工作跟建立核心專長一樣，絕不是某個部門單獨的責任。

走過國際機場，或在世界任何地方的摩天大旅館裡向窗外看去，你看到了哪些廠牌的廣告看板或霓虹燈？不論是亞洲、歐洲或拉丁美洲，先別管香菸、飲料或酒類，看看有哪些「企業」品牌？想來多半是日本或韓國的公司：日立、ＮＥＣ、小松、新力、富士通、東芝、三星、現代、三菱，偶爾會看到艾波比、西門子、飛利浦或ＩＢＭ。但西屋、奇異、聯合科技（United Technologies）或英國的通用電氣（或英國奇異）哪裡去了？在紐約的拉加底亞機場（LaGuardia），一幅典型炫目的日立廣告提醒著顧客，日立「爲家庭、辦公室、工廠及未來提供多達兩萬種以上的電子產品」。

ＮＥＣ、佳能及本田一類的公司經常向顧客強調，它們的產品種類繁多。這些公司不但在每個產品上都印有公司的品牌，而且所有的廣告即使是針對個別產品而來，均不忘強調其產品的範圍有多廣。本田有個吸引人的廣告裡問道：「如何把五部本田塞進只有兩個車位的車庫？」答案是有兩部汽車，一部割草機，一部手提式發電機，還有一部本田汽船引擎或其他本田產品。本田不但有心建立機動引擎專長的領導地位，同樣也著力於培養全球品牌的地位。當然，必須是想要

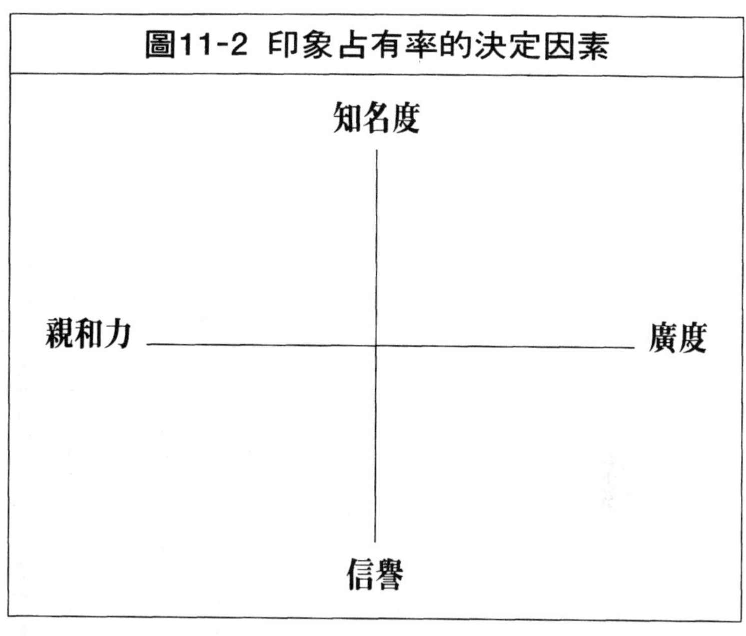

圖11-2 印象占有率的決定因素

全球化的公司才需要有標幟品牌，有全球知名度。如果已打算退出某個市場，或突然沒有新產品可以上市，則原有品牌的剩餘價值就非常有限。

顯然有些品牌比較能激發顧客的購買慾。一個標幟品牌能影響顧客建立偏好的特性包括：

1. 知名度，即顧客對品牌的認知程度。
2. 信譽，即顧客對某個牌子的產品，有多少信心。
3. 親和力，即品牌融入顧客自我意識的程度。
4. 廣度，即某一品牌可提供的優良產品範圍有多廣。這四者結合在一起便構成知名度占有率（圖11—2）。

知名度（品牌記憶程度）與信譽（品牌評價）之重要是人人皆知，但親和力與廣度需要一番解釋。品牌親和力指顧客與品牌之間的情感聯繫有多強，它是否已成爲個人生活風格中的一部分？是否不乎期望？是否融入消費者美好的回憶裡？親和力高，吸引顧客購買同品牌新產品的力量就愈強。

親和力不同於知名度或信譽。全錄、波音及勞斯萊斯噴射引擎，都享有高度的知名度與商譽，但親和力卻低；哈雷機車（Harley-Davidson）則是知名度及親和力均高。機車騎士對哈雷的產品愛護有加，使得哈雷的七十五週年慶，便吸引了七萬五千名騎士參加，也使哈雷推出的成衣系列，及在曼哈頓開設的時髦小餐廳均十分成功。迪士尼也極具親和力，其善用公司信譽資源的妙方是，在世界各地的大購物中心及市中心區，開設迪士尼零售店。產銷瑞士刀（Swiss Army Knife）的維多利諾公司（Victorinox），也發掘出善用親和力的新招。雖然青少年都很喜歡瑞士刀，大人卻很少覺得有必要隨身帶一套小刀組。那麼對成人要如何利用瑞士刀的親和力呢？很簡單，生產實實在在、不是給小孩當玩具的瑞士刀手錶（Swiss Army Watch），結果也獲得非常成功的成效。哈雷與瑞士刀還通過了顧客親和力的最終考驗：兩者均有愛用者自組歷史悠久的俱樂部。

擴張專長的印象

品牌的吸引力與其廣度也關係密切。新力與３M等便是涵蓋面極廣的廠牌。但也有些產品只限於某一類別，如李維牛仔裝、赫西（Hershey）巧克力或可口可樂飲料，可口可樂的知名度、信譽及親和力都夠，但這個牌子只能讓人想到一罐罐的湯或近似的產品，多年來它都未走出這個領域。高露潔的範圍就大一點，有牙膏牙刷及漱口水，但我們很難想像它可以擴大到食品或家用清潔用品上。由此可知，一個品牌固守單一產品類別的年代愈久，就愈不容易跨足其他產品領域。

品牌可發展的空間愈大，吸引顧客購買的價值便愈高。不過品牌範圍仍有一定的限度，如果拉得太長，反而無法讓顧客留下完整的印象。幾年前李維宣傳其新產品「大衛獵人」（David Hunter）牌休閒服的廣告詞是「李維新貢獻，傳統精工縫製」，給人一種兩相矛盾的感覺，後來李維悄悄地收回這一系列的服飾。標幟品牌用得太廣或許也有欠妥當，或根本沒有意義。在喜來登（Sheraton）連鎖大飯店的廣告中，常出現「ITT喜來登」的字樣。其實誰在乎這些旅館的所有權屬ITT？這三個字母對旅客沒有確切的意義，因爲：1、大多數人可能對喜來登比較熟悉，對ITT反而沒印象；2、ITT涉足的事業自汽車零件到保險業，範圍太廣。

品牌的伸縮性有多大，全看品牌所表達的訊息可到什麼限度。範圍愈廣，品牌所代表的意義多少會有些模糊，但對顧客仍具有相當的影響力。範圍最廣的標幟品牌，傳達的往往是可靠與品質等全面的訊息。

標幟品牌成績卓著則可加速某一專長印象的擴張。「新力」代表成羣的與手提式娛樂設備、數位音響及影像顯示有關的專長，也代表品質與創新。當它高唱「獨一無二的新力」，顧客不會表示異議。夏普說「夏普（敏銳）的產品來自敏銳（夏普）的心思」，顧客會認同。要不是本田，誰也想不到一個品牌可以延伸到（與施樂百等業者競爭的）刈草機、[與水星牌（Mercury）競爭的]船用引擎、（與山葉競爭的）機車及（與豐田競爭的）汽車。不過這樣的擴張顧客可以接受，因爲大家都知道本田在汽油引擎上的功力，且這類技術對本田的各項產品極爲重要。的確，在本田的廣告中，不論產品類別，強調的都是引擎。

品牌應延伸到如何的範圍完全存乎一心，Unilever當年便想把在英國的主要人造奶油品牌Flora應用到新的沙拉醬產品上。公司心想，這兩類產品都用得到其所擅長的油脂處理技術，可惜顧客卻看不出這其間的關聯。顧客不會把沙拉醬與奶油想在一起，反而認爲沙拉醬跟調味品比較有關。

雖然品牌範圍究竟能延伸到多遠很難說，但重點在於品牌所涵蓋的專長印象是否專屬於某一產品。赫西強調的「專做美味的巧克力」，就比雀巢的「生產第一流產品」來得較產品專屬。有趣的是，世上快速流通消費品（fast-moving consumer goods; FMCG）種類最繁多的品牌之一，是來自英國屢創新猷的零售連鎖店聖斯倍利（Sainsbury）。美國零售業的作風是把商店產品視爲次級貨，只能以折扣價賣，強調價廉物美。聖斯倍利反其道而行，其品牌涵蓋的產品可謂一網打盡，上自香檳酒、高級巧克力，下到迴紋針都有，而且價格比起名牌來毫不遜色。其品牌的威力在一九九三年，聖斯倍利推出自家的洗衣粉時顯露無遺。產品一推出，很快便搶下三〇%的市場，超前Unilever的佩希爾牌（Persil），緊追跑第一的寶鹼艾瑞爾（Ariel）牌。聖斯倍利是靠商品價值而非價格建立在零售業的品牌地位，基於其強大的採購力，且品牌投資回收可由數百種產品分擔，使聖斯倍利得以在任何價格水準上，均能提供顧客物超所值的商品，因此它眾多的產品均能獲消費者青睞。聖斯倍利的標幟品牌如此之成功，對寶鹼等昂貴且有時「毫無價值」的品牌分散策略，是直接的挑戰。

內部溝通宣傳

制敵機先不僅要能迅速地將實際的產品送到世界各地的配銷通路，還要能夠透過組織運作很快地把新產品的優點傳達給各國分支機構的主管，使他們務必投入充分的人力與物力來推廣這項產品，總部還必須能夠盡快找出新產品無法生根的地區，趕緊加以糾正。

許多跨國企業各地分公司的經理，向來都是獨當一面，可自行決定本地的營運組合應包括公司的哪些事業部門或產品。通常他們對其他分公司或總公司開發的新產品，有權決定採不採用。鑑於每個市場的顧客品味與偏好的確有相當差異，就跟競爭環境一樣，總公司很少議論各地經理的決定。尤其在向國際擴張的早年，總部的主管自知國際經驗不多，因此授予地區主管相當大的產品線自主權；當時的確也沒有協調全球產品上市的誘因與必要。在關稅、政府管制差異及顧客特殊偏好的隔離下，各國市場均各自獨立，以全球爲整體，發揮規模經濟的機會微乎其微。當時也沒有國際性的媒體，自然也無必要建立全球的共同品牌或國際一致的產品定位，再加上競爭對手的想法也大同小異，所以無須擔憂全球競爭的問題。在這種環境裡，各地自主是提高企業全球收益的最佳途徑，但現在情況不同了。

經濟整合的程度愈來愈高，歐洲尤其如此，關稅與非關稅障礙紛紛解除，國際媒體日益發達，而突破國界四處移動且深具國際觀的顧客愈來愈多，新產品開發的投資愈來愈大，競爭對手愈來愈能夠研發符合全球市場需要的產品，而且亟需在全球回收其投資，因此新事業觀念及新產品跨各國分支機構的迅速傳播，已成爲每個跨國企業的必要課題。

這個課題自然直指各分公司經理傳統的自主權範圍。地區主管通常缺乏國際觀，難免愛強調地方的獨特性。總公司的主管很難判斷，分公司經理所以不願接受某項新產品，的確是因爲市場差異，還是不想很辛苦地爲公司建立新產品類別的市場地位，或只是沒有能力。不過飛利浦、寶鹼、福特、Unilever、花旗銀行、IBM等諸多跨國企業都很清楚，組織界線常有礙於廣爲傳布新的事業及產品觀念。

爲鼓勵分公司主管提升國際觀，許多跨國企業紛紛讓分公司主管負責某一事業部門的全球或地區性業務，讓他們與副手參與跨國界的推廣小組，這些小組的目的在盡可能地擴大某一產品在全球市場的滲透率。或是把極具潛力的主管調任國際職務，去除其本位主義，以期放眼更開闊的市場天空。正如一位美籍企業主管對筆者說的：

> 過去是事業部門的全球總管，要負責證明某項新產品適合各地的市場；現在則是分公司主管要證明某項產品在當地無法被接受。我們的期望是每項新產品都能在全球市場暢銷。

雀巢一位高階經理說得更簡單：「我們愈來愈常對公司的人說，先求同，再論異。」這不是高壓式的中央集權，而是有鑑於競爭愈來愈趨於全球化，各地的需求也趨於一致，使得競爭者抓住先機的風險愈來愈大。

加速溝通宣傳的回報則相當可觀。前面說過，吉利在各地僅做過局部市場測試，就幾乎同時成功的把新產品感應刮鬍刀推銷到十九個國家。寶鹼最新的紙尿褲產品之一幫寶適Phases，也是在不到一年的時間就銷往九十國，而前一次推出幫寶適新系列時還花了兩年三個月時間。結合洗髮與潤絲的飛柔（Pert）洗髮精在一九八六年於美國上市，隨後很快便行銷三十國。寶鹼迅速推廣的能力反映出董事長艾德．亞茲特（Ed Artzt）的觀點：「我們若不搶先向全球出擊，別人就會取而代之。」

全球通行的品牌有助於產品的推廣，共同的品牌可使各自爲政的分公司主管們感覺到，各地市場的差異或許不如想像中來得大，在別個市場告捷的產品概念也應可移植到本地市場來。如此則全球品牌就有如軸心，可促進新的產品概念由一個市場轉向另一市場。百事國際食品飲料公司

（Pepsico International Food and Beverage）前董事長，現任西屋公司執行長的麥可．喬登（Michael Jordon），解釋百事採用全球品牌[如百事可樂、Taco Bell，百勝客（Pizza Hut）]的理由就反映了此種著眼點：

> 全球品牌正逐漸抬頭，因為產銷這些品牌的公司愈來愈全球化……品牌是企業經驗及組織體系的產物（是真正對企業有用的，而不只是一些動聽的名稱）……那為什麼公司行號包括我服務的公司在內，拚命要建立全球品牌呢？我認為品牌是企業的象徵或向心力的樞紐，也代表著在飲料、啤酒、香菸等的行銷上所累積的經驗與知識。

取得全球先機的最終目的當然不在於全球品牌的建立。究竟要不要有全球品牌是次要問題，重要的是盡快把新產品或新行銷概念推廣到世界各地。Unilever因對產品的全球競爭力及其全球行銷訴求深具信心，便使盡全力想在全世界一砲打響史納格牌（Snuggles; 台灣爲熊寶寶）衣物柔軟精。這個英文產品名稱雖經翻譯改編成適合當地的文字，但基本的促銷訴求柔軟舒適，及產品的象徵物一隻玩具熊，卻是全球一致不變。

至此決勝未來這一仗終於進入最後衝刺階段。擁有標幟品牌能吸引顧客嘗試新產品，在全球已建立暢通的行銷管道，內部具備迅速傳遞新產品的能力，這類公司在其他條件相等的情況下，將可占盡上風。

第12章 換一種想法

競爭力挑戰不是美國對抗歐洲或日本之戰，
亦非貿易集團間的對立。
全球經濟目前已十分緊密地結合在一起，
很多時候區分「美國」公司、「歐洲」公司或「日本」公司已無多大意義。
誰也不能說，
歐美日某一區的成功就一定會犧牲另一區。
亞洲經濟迅速的發展，
爲美國與歐洲公司帶來前所未有的商機，
美國經濟的繁榮與歐洲公司息息相關，
日本經濟的榮枯也會影響到美國公司，
彼此都脫不了關係。

如果要爭取產業領導地位，僅靠企業重整與改造工程是不夠的。公司必須能爲產業開創新天地，必須能爲本身的核心策略賦予新意。由此看來，精簡規模和提高效率並非成功的保障，公司還必須能與衆不同。可是要「變得」不同，必得先「想得」不同，因此本書談該「怎麼想」的篇幅不下於該「怎麼做」。要想在未來的爭戰中分一杯羹，就得對三件事有不同凡響的想法，此即競爭力、策略及組織的意義。

對競爭力不同的看法

「競爭力」講究的是成長；各國政府領袖都誓言要改進它，民意代表熱烈地討論它，經濟學家測量它，新聞媒體則長篇累牘地報導它。在這些情況下，大家都是自國家對國家或貿易集團對集團的角度來看競爭力，所在意的問題也是甲國的競爭力是否已落後乙國。如果以公司爲對象，競爭力被討論的則是相對競爭定位與競爭優勢；能夠「保衛」市場地位，「維持」競爭優勢，就算具競爭力。筆者認爲，從國對國的競爭來認識競爭挑戰不十分正確，但從公司「定位與優勢」的觀念則又不夠完整。

如何正確看待國家競爭力

民意代表、教授及專家們，靠著高唱美國競爭力衰弱，爭取到不少選票、版稅及頭條新聞報導，我們認爲這都是言過其實而且文不對題。國與國之間「短兵相接」的競爭即使存在也很有限，若歐洲景氣轉佳，美國的景氣也不會下降，或許還會上升。同理，日本經濟成長，美國的國民生產毛額也不會呈等比例地衰退。競爭力之戰是屬於公司與公司之間的爭鬥，不是國與國之間的角力。克萊斯勒的確會「搶走」通用汽車的市場，西南航空公司的成長的確會造成大美、聯美、達美航空的損失。認爲企業的成敗繫於政府貿易及產業政策的主管，如歐洲電子業、美國汽車業及日本航太業的經理人，就應該戒除的這種危險觀念。

競爭力挑戰不是美國對抗歐洲或日本之戰，亦非貿易集團間的對立。全球經濟目前已十分緊密地結合在一起，很多時候區分「美國」公司、「歐洲」公司或「日本」公司已無多大意義。不論是道氏化學（Dow Chemical）或高露潔棕欖公司（Colgate–Palmolive），有不在少數的美國大企業，其收入有半數以上是來自美國以外的地區，以美國本國市場規模之大，這是不容忽視的現象。美國人若擔憂美國製的電視機、攝錄機或雷射唱盤不如日本人多，請別忘了美國的娛樂業者、微處理器廠商及投資銀行，仍雄踞全球市場的霸主地位。同樣的Unilever、殼牌石油（Shell）、易利信（Ericsson）、葛蘭素、諾基亞及寶馬，也不把歐洲當作祖國，只看成是另一個市場。日本公司有時雖然不是很能擺脫狹隘的種族觀念，但新一代的經理人已有意把設在世界各地的日本企業「本土化」。誰也不能說，歐美日某一區的成功就一定會犧牲另一區。亞洲經濟迅速的發展，爲美國與歐洲公司帶來前所未有的商機，美國經濟的繁榮與歐洲公司息息相關，日本經濟的榮枯也會影響到美國公司，彼此都脫不了關係。

但沒有單一的經濟體，無論美國、歐洲或亞洲，都無一能夠免於技術革命、管制放寬及企業變革所造成的劇烈衝擊。可是如果一定要以國家爲單位來分析競爭力，則美國的問題絕不比歐洲或日本來得嚴重。本書寫作時，歐洲的失業率幾乎是美國的兩倍。一九六〇年代中到八〇年代末，歐洲創造的就業機會僅及美國的五分之一。日本的農業、金融、運銷、零售、電腦及電信業，依舊遠落在美國之後。我們偶爾受到「策略貿易商」、產業政策專家或以美國競爭力守護者自居者質問時，一定會反問對方：「你願意把美國的競爭問題跟誰交換？要跟工作機會不增加且缺乏遠見的歐洲交換嗎？還是跟有待面對龐大的結構調整問題的日本交換？」沒有人答得出來。

令眾多大師們擔心的不是美國的絕對競爭力已開始衰落，因爲美國人現今的物質生活比上一輩好多了，他們憂慮的是美國獨霸世界的相對競爭力已減弱。很簡單，因爲其他國家已積極趕上。在資金、技術及管理人才可自由移動的世界裡，這是正常的現象。台灣、香港及中國大陸南部這一帶華人圈，開放的資本主義所製造的經濟奇蹟絲毫不遜於日本。傾向保護主義的政界人士及與他們同吹一把號的學界人士眼中的競爭「問題」，在世界其他地方卻被視爲經濟發展。美國政治立場偏左且最支持國內財富重分配的人，也是對其他國家拉近與美國消費差距最憂心的一批人，這真是很矛盾的現象。

打通外國市場、爭取保護智慧財產權及開放資本市場，以建立公平競爭的環境，固然是值得追求的目標，但終究是次要的。更「開明」更「密切協調」的貿易政策，或是日本改過遷善實行自由貿易，對美國的榮景仍難有助益。反之，美國工人及企業若能設法協助極力想趕上美國生活水準的國家與地區，則美國本身的繁榮必能大大躍進。波音、奇異、寶鹼、可口可樂及美林證券等正積極打入亞洲蒸蒸日上的經濟，這些公司將來對美國繁榮的貢獻，會遠大於保護主義的貿易政策。由於當前大多數的貿易均發生於企業內部，由母公司賣到遠方的國外分公司，因此美國企業增加在海外的投資，對開創本國的就業機會具極大的激勵作用。

當然這並不表示美國公司的競爭力不應受到重視，只是競爭力涉及整個產業政策的成分小，與個別企業的政策關係較大。歐市投下無數的經費，動員布魯塞爾最精明的官員，仍無法訂出高畫質電視的標準。同樣巨額的投資，加上極度的保護主義，也使日本的電腦業長期處於世界潮流之外。促使美國汽車業者重視品質的，不是保護主義所能帶來的額外利潤有多少，而是害怕被日本對手打得潰不成軍。

拚命設法重振競爭力的美國公司，雖然有些成功，有些失敗，但它們所要克服的障礙，不是不開明沒有用的政府貿易政策，更不是外交決策者自以爲是的征服策略，它們要擊敗的是惰性、自滿與短視。它們的敵人不是日本或亞洲的企業戰士，而是不按牌理出牌的本國對手。ＩＢＭ的問題不是富士通，而是惠普、ＥＤＳ及康百克引起的；施樂百不是敗於日本三越，是敗於威名百貨及諾斯壯（Nordstrom）；西屋並非受害於三菱，而是受害於奇異；ＣＢＳ不是被ＮＨＫ所取代，是被維康（Viacom）和透納傳播所超越。

真正的競爭力問題不在於美國的貿易夥伴太聰明，把競爭環境扭曲得對它們比較有利。真正的癥結是太多的美國大公司（歐洲與日本也一樣），對於產業的新遊戲規則沒有心理準備，更不用說發明新規則了。從這一點來說，作怪的不是來自外國的競爭，而是偏離傳統的競爭。在決勝未來的戰爭中，怠惰、因循、短視、孤芳自賞，比追求商業利益的貿易夥伴的「不公平」行爲，更是不容忽視的真正敵人。對熱中於提升競爭力的人，實際的挑戰不是打開日本的運銷制度，或去除歐洲政府採購制度的國別歧視，反而應該是協助ＩＢＭ對電腦業看得更遠，協助通用汽車改變企業文化，恢復飛利浦的活力，幫助英代爾避開成功的陷阱，改善大學教育，修正醫療衛生體制，對了，還有幫助商學院校明白，應如何對維持產業競爭力作更多的貢獻。

大即是美

我們對競爭力的第一個意見是大即是美，公司「規模大」很重要是基於以下幾個理由。

一則擁有與大規模競爭對手並駕齊驅的資源及全球配銷系統，可占不少便宜。英代爾和微軟獨步全球的地位，便多虧ＩＢＭ行銷全球之賜。當年這兩家公司創設不久，便搭著ＩＢＭ的便車，打入世界各個市場。許許多多的小包商、工程公司及軟體廠商則是隨著波音公司走進全球市場。日本也不例外，東芝、新力和佳能紛紛把小公司的創意及發明引進世界市場，大小公司之間是共存共容的共生關係。剛起步的小公司必須把本身的創新與大公司相輔相成的技能相結合，並向全世界的市場推出，才能創造財富。矽谷若沒有ＡＴ＆Ｔ、ＩＢＭ、柯達及摩托羅拉之助，不可能有今天的財富。

再者大公司比較肯花較多的錢在員工教育與訓練上。這種人力投資對社會極有價值，許多創業家就是在大企業裡練就十八般武藝。ＩＢＭ培養出吉恩·安戴爾（Gene Amdahl）與羅斯·裴洛（Ross Perot）等數十位自立門戶的創業家。員工創業、投資新興公司、全球行銷網路及培訓未來的創業人才，都是大企業才能作出的貢獻。它對新公司的助力不下於創業投資人。

第三，豐富的資源是明日大好商機的敲門磚。我們很難想像中小企業有本事建立互動電視所需要的基礎，或承擔製造下一代超級巨無霸客機，或建立全天候二十四小時全球金融交易網。史帝夫·賈布斯（Steve Jobs）固然是在車庫裡發動了個人電腦革命，但徒有創業熱忱不見得就能打下天下，當然還要有勉爲其難的精神，能把公司資源作最具創意的運用，能夠這樣，大才是優勢。

第四個理由是大公司員工眾多。到這一波ＩＢＭ穩住陣腳時，可能已裁員多達二十萬人。自大環境角度來看，這表示必須再創立約十五個相當於微軟的新公司，才能吸收ＩＢＭ裁員所損失的就業機會。或許ＩＢＭ是最突出的例子，但只要翻開財經報紙一看，總會看到又有某公司裁了一萬或兩萬人。當然虛胖的公司應該減肥，資訊技術及流程改造對生產力的好處也要善加利用。但我們看過的大企業裁員的原因，既不是爲了「全球」競爭，也不是爲了使生產力大幅改善，反而多半是企業不能應付未來變局，最高主管掉以輕心的結果，飛利浦、迪吉多、西屋都是如此。在上位者對其未能洞燭產業先機以致造成的損傷，不得逃避責任。有社會良心的人，對企業失策造成個人必須付出慘痛代價的悲劇，亦不可無動於衷。

在此筆者不是呼籲訂定偏袒大企業的公共政策，不是要不惜一切代價挽救應遭淘汰的恐龍。然而，人才及資源豐厚的公司因管理階層瀆職而自毀前程，社會是要付出極大代價的。我們不祈求透過補貼、保護主義及類似歐洲政府的優先採購政策，來延續經不起考驗的企業，我們希望一開始時就不要讓大企業變成恐龍。

本書的觀點是大小並重。我們鼓吹大企業的同時，也主張協助小企業成長爲大企業，但不是爲擴大而擴大。企業成長可帶來就業機會與財富，工作與財富又能提供個人與社會成長的空間。小沒有什麼値得驕傲的，大而不懂得勉爲其難、善用資源，固然成了癡肥，小而不懂得勉爲其難、善用資源，就是無能。許多看似無法解決的資源障礙，終能克服而建立全球領導地位的成功先例，相信對中小企業負責人是極大的鼓舞。

解開競爭力之謎

產、官、學各界一直在設法解開競爭力之謎：爲什麼有些公司成長，有些停滯不前？爲什麼有些企業大賺其錢，有些卻虧老本？爲什麼有些市場占有率會增加，有些卻減少？在尋找解答的過程中，我們獲得不少心得，對累積產量與成本的關係，對占有率及獲利率如何相關，對哪些事可能構成進入某行業的障礙，對競爭行爲的動態研究等，我們漸漸有所瞭解。有關這方面的研究雖然都相當科學，但也流於狹隘淺薄。

先說狹隘的。對競爭力的研究往往失於：

1.時段的選擇過短，僅數月、數年而非數十年。

2.分析的單位過小，以產品或事業單位為研究對象，不是自整個公司甚至幾家公司的結盟著手。

3.涵蓋的競爭範圍太小，只談市場競爭，不談其他競爭。

不論是商學院策略行銷個案研究所選的期間，或以部門主管一般平均的任期，或愈來愈短的產品開發週期爲準，經理人或學者討論競爭策略的時段少有超過三、四年的。但除此之外，還有很多值得探討的：長達二十年的企業策略企圖心、十五年的核心專長培養計畫或十年的市場塑造工程。支離破碎的動態競爭觀點，會模糊有關一致性、持續性、資源維護及專長累積等重要的策略課題。

前面已強調過，競爭不是個別產品或服務之間在一別高下，而是公司或企業聯盟之間的角力。最高層主管競爭的是對基因工程製藥等新興商機的先見之明，公司競爭的是培養超越個別事業部門界線的核心專長，企業聯盟競爭的是如何開創新競爭空間，經濟學家、策略專家及經理人總以爲，競爭僅限於銷售產品與服務的市場。但在先見之明，在核心專長，在結盟共同推動產業革命上一較長短，均是不屬於市場或市場外競爭的好例子。它們雖發生於市場之外，但並不表示這種競爭便不存在。如果對這更廣大的競爭領域不聞不問，企業將難以面對未來的競爭世界。

追究競爭力之謎的研究也流於淺薄。有些公司成長，有些萎縮；有些企業大賺其錢，有些虧本連連；有些市場占有率擴大，有些縮小。看企業競爭有點像醫生在爲病人量血壓、脈搏或體溫：只能判斷病人健康與否。要進一步加以診斷，醫生也需要進一步的資訊。例如病人有哪些症狀？哪些症狀是一起出現的？有多頻繁多嚴重？

最初步的競爭力病症診斷，通常是利用產業結構分析工具。瞭解某公司的競爭地位（即對所處的市場有多少先天的「吸引力」），可對其相對的潛在獲利能力有粗淺的認識。這是基於不同產業及同一產業內不同的區隔各有其不同的平均獲利水準的理論，而且此種差異不會隨時間改變。由於影響競爭的因素各個產業不同，某一產業的某個部門可能在先天上就比較容易賺錢。比方，一般來說作處方藥就比作零售成藥利潤高；生產大汽車或小汽車，或是對航空業來說，吸引商務旅客或精打細算的觀光客，也是前者較有利可圖。在產業整體的獲利大環境之下，個別公司的真正獲利能力則取決於相對的成本及差異（即價格）優勢。但在先天「不利」的產業中也有成功的公司，這不過就是證明，公司的相對優勢可能比整個產業的大勢更重要。

改寫產業地圖

競爭策略的基本要訣不外：尋找具吸引力的產業部門，低價買進，高價賣出。說得容易，實行起來卻非如此。所謂具吸引力的產業即獲利率高於一般的產業，它之所以容易獲利，是因為有相當大的進入障礙（如規模經濟與範疇經濟、政府管制、研發密度等問題），使外來者不得其門而入。同理，在本行中比別人賺錢的公司想當然耳，也應具有對手不易模仿的優勢。面對難以超越的進入障礙，公司唯一的出路便是重新畫定產業疆界，把具吸引力的部分畫出舊有障礙之外。其作法有大幅變更競爭優勢基礎（如CNN之於電視新聞），或開創適合本身專長的全新競爭空間（如夏普之於口袋型電子記事簿）。在這兩種情況下，公司是否能因此而繁榮，端賴其能否建立獨特而難以模仿的競爭優勢。可惜產業結構分析無法深入探討，產業改造及建立全新優勢這兩大重要課題。

產業結構分析很適於用來描述競爭力的內涵（what：即某公司或某產業比別人易獲利的長處何在），這種分析的心得包括建議公司要「在時間上求快」，要「顧客導向」，致力於「六個標準差」的品質，採取「同步工程」（simultaneous engineering），或是追求其他多種必要的優勢。但由於這種分析全部的注意力都放在探討成本、品質、顧客服務與及時行銷等優勢上，對爲什麼（why）的問題反而多半忽略不談：爲什麼有些公司能夠不斷開創新的競爭優勢，有些卻只能旁觀和追隨？爲什麼有些公司是創新多於模仿，有些卻相反？我們不但應該找出現有的競爭優勢是什麼，以及哪些公司擁有這些優勢，更要發掘帶動公司創造優勢的「動力」在哪裡。產業分析工具較適於前一種工作，對後面這種便無能爲力。企管教授及顧問靠這些工具，就只能把某公司創造優勢的作法原封不動地教給另一家公司模仿。

若診斷只重視知其然，不重視知其所以然，那競爭優勢落後的公司便永難翻身。更危險的是，落後公司的策略往往在進步較快的競爭對手意料之中。它們可以預測落後者下一步必須著手培養哪些優勢，及需要多少時間才能完成。若說全球領導地位的競爭，主要是搶先開拓新競爭空間與新優勢之爭，則對競爭力內涵的認識落後對手長達十年以上的公司就別想獲勝。對競爭力內涵的認識是迎頭趕上的先決條件，瞭解競爭力的緣由才是領先羣倫的先決條件。

探討競爭力的緣由不止是追究某公司爲什麼能創造優勢，也牽涉到研究產業改造與變遷的緣由。正如我們不能只以趕上對手的優勢爲滿足，僅瞭解產業現有的結構（即想進入此一產業的障礙、市場如何區隔及目前的競爭型態）仍不足以讓我們洞悉競爭力的關鍵。通常現有的產業結構只對領先的業者有利，對其他業者尤其是對有意進入的業者均不利。因此企業要有改變產業結構的能力，如威名百貨之於商品量販及佳能之於影印機。但值得注意的仍非產業結構如何變的問題，而是改變的原因。爲什麼有些公司總是接受產業現狀，有些卻能夠善用全球化、管制放寬、科技或人口變化等力量，把產業結構依據本身的優勢加以轉型？

產業不會「演變」，而是亟於改變現狀的公司會挑戰「既有的常規」，重畫區隔的界線，提升顧客對價格與性能的期待，創新產品服務概念。史瓦布與其他證券交易商的競爭，及西南航空公司對美國各大航空公司展現的作爲均顯示出，新進者若能成功地改寫產業地圖，原先似乎難以突破的進入障礙，反會成爲使原有業者無法報復或調整策略的障礙。

「新策略國師」

對產業的轉變做「事後」的解釋分析，這是商學院個案研究及經濟學家產業研究的主題，但它不同於在「事前」改造產業的能力。爲尋找源源不斷的競爭力泉源，僅是在事後解釋競爭結果，對產業演變作後見之明的理解，或只是記錄某一特定時刻的相對競爭優勢如何，都是隔靴搔癢。後見之明的解釋與先見之明的能力完全是兩回事。瞭解產業結構不同於改造產業結構；記錄競爭優勢不同於開創競爭優勢。先見之明、勉爲其難及善用資源，才是主動培養優勢及進行產業改造的利器與基礎。

近年來美國各大顧問公司的流程改造工程師，已取代產業分析師成爲策略王國的國師。企業知道本身有問題，但不必外人再來重述已知的病徵。企業需要的是解決之道，但所得到的解答往往是治標不治本。這是因爲企業病人多半有多重症狀，無怪乎過胖、喘不過氣來的企業會成爲饑渴的顧問公司競相爭取的對象，因爲有太多的生意可做了！產品研發過程硬化，企業官僚體系腫瘤，管理階層脂肪過多，還有各種令顧客不滿的病狀，全都需要加以處理。

流程改造工程師多喜歡動手術而不用治療的方法。固然簡化工作流程，消除不必要的活動及瓦解管理層級，都有無比的好處，但是很少能指出新優勢或改變產業結構的方向。充其量這只能幫助企業迎頭趕上對手，但更進一步的問題：爲什麼會染上這種病？爲什麼這個病人這麼容易生病？要如何加強其抵抗力？還是沒有答案。

如果我們志在預防重於治療，就必須知其所以然。醫學研究人員必須瞭解爲什麼有些人比較容易得癌症，生活方式不同是可能的原因之一，職業、飲食與運動健身的影響類似於體制因素對競爭力的影響。體制因素指企業所處的大環境，雖然體制因素對競爭力的影響常遭誇大，但政府貨幣及財政政策、貿易及產業政策、國民教育程度、企業所有權結構及主流的社會規範與價值觀，的確會對置身其間的企業產生影響。但公司主管卻常用這個理由來推諉競爭力低落的責任。

且舉一例：眾所週知是日本「封閉」的汽車市場，美國汽車業高階主管一向指責日本汽車市場的進口障礙，使美國汽車公司在日本市場表現欠佳（還記得布希總統一九九二年運氣欠佳的日本之行，在底特律三大的董事長陪同之下，他要求日本政界人士對美國汽車開放市場）。但日本的進口障礙又如何解釋，美國汽車在亞洲其他地區低落的業績？美國汽車業者不止在日本，在亞洲各地均屈居第二，而且比日本落後許多。就連在澳洲，通用及福特已有數十年的基礎，日本公司在當地市場的占有率也遠超過「合理」的程度。一九九三年本田自美國回銷汽車到日本的數量，超過底特律三大對日本的外銷。美國「商業週刊」（Business Week）卻讚譽福特公司，是首家打造駕駛座在右邊車型以便外銷日本的美國公司。不論美國車銷往日本有多少障礙，對於底特律似乎要三十、四十年才能覺悟日本交通是靠左走的事實，任何人都無法同情。

求根治本

企業若只怪體制因素使競爭力生病，便會忽略競爭對手其實也有體制上的不利因素。美國市場固然相當開放，但其規模之大及與日本在文化與地理上的距離，都使規模小、資源欠缺的日本公司想要打進美國市場，困難重重。不知道如果換到二十年前，美國這些財大氣粗的汽車廠願意放棄多少資源，以換取進入理論上享有「不公平」優勢的日本市場。也就是說，美國汽車公司享有相當大的優勢：已優先進入的大規模市場，世上餘錢最多的顧客就在身邊，廉價汽油，擁有世上最優秀的工科畢業生。其實各國的體制環境都不相同，但沒有任何企業所處的大環境是一無可取的。經理人總是很快就能指出外國對手所占的體制優勢，卻對本身享有的體制優勢渾然不覺。通常被說成是「不公平」的優勢，其實只是「不同」的優勢而已。

生活方式對健康的影響已是醫學研究的焦點，但事情並非到此爲止。爲什麼有些常運動的人卻早逝？爲什麼領先的業者（如火石公司、ＩＢＭ、通用汽車）實力雄厚，到後來卻在自己開創的行業裡落於人後？ＩＢＭ身爲世上首屈一指的電腦公司，還會缺少什麼樣的體制優勢？別的公司爲何能夠克服種種不利條件，成功地向領先者挑戰？山葉努力成爲世上一流樂器製造商的過程中，又可能享有哪些體制優勢？因爲日本畢竟不是西方古典音樂的發源地。

在生活方式之外還有基因，這才是競爭力之謎的謎底。有個簡單的事實：對即使不是大多數也是很多的疾病而言，有些人因先天遺傳較易罹患某些疾病，但跟因爲生活習慣而易得病的不會是同一羣人。有些病幾乎完全可歸咎於基因，如鐮狀細胞貧血症、肌肉退化、唐氏症候羣及男性禿頭。有些如乳癌、結腸癌、高血壓及老人癡呆症，現在也已知道有相當的基因「觸發因子」。分辨是生活不正常或基因因素造成疾病，是醫學研究最大的挑戰之一，對研究競爭力者同樣是重要的課題。

因此我們主張重振競爭力的第一步，應該是瞭解一家公司的「基因密碼」。在管理學上，基因不是一個生物學名詞，而是跟經理人對產業、對公司、對自己的觀感，及這些觀感如何左右他們的應變行爲有關。我們探討的是，經理人的想法如何受先天基因（先入爲主的成見）所左右。產業結構分析注重的是戰場上的地形，及自管理程序角度來看兵力的組織與部署。一旦單兵（通用汽車）或團隊（除固特異之外的美國各大輪胎業者）身陷一場又一場的苦戰，被迫在各種地形（高價品、低價品、國內或國際市場）上，以各種（組織重組、結構調整）隊形應戰時，就不免令人懷疑問題可能不出在戰場上，而是出在指揮軍隊的將領腦袋裡。將領們是否帶著對策略、組織、動機與競爭戰術截然不同的假設、價值觀與信念上戰場？亦即他們是否根據基本上相異的管理參考架構來經營其事業？

欲重振競爭力卻不自根本上解決基因問題，可能只能暫時紓緩病情。本書旨在提供高階經理人「基因更換治療法」的指南。凸顯產業與公司的成規，瞭解這些成規如何危及公司的未來，深入挖掘產業的特殊現象，建立拓展產業先見之明的程序，齊心協力建構未來的策略架構，均是大規模基因改造工程的一部分。

重新思考策略問題

本書從頭至尾都在強調，公司要有自己的未來觀點（對產業有先見之明），且必須建立邁向未來的藍圖（策略架構）。全書重點尤其是本章，則著重於建構未來導向的企業策略，但筆者承認，「策略」正面臨信心危機。在很多公司策略（Strategy）這個觀念（而且S要大寫）已經貶值。我們不免要問，爲什麼許多公司的策略規畫部門被解散，或大幅精簡人事？高階經理人爲什麼對很少花時間在思考策略、擘畫未來方向上，似乎不太在乎？爲什麼眾多的顧問公司棄訂定策略的重責大任於不顧，專在改進平日作業上下功夫？是否因爲許多公司對未來的方向已有清晰富創意的看法，剩下只是如何執行的問題？不太可能。還是「策略」其實根本沒有什麼作用，從來沒有發生過效用？這比較可能，但爲什麼會這樣？

我們總爲問題不是出在「策略」本身，而是出在大多數公司對策略所持的觀念。不受歡迎的不是我們觀念中的策略，而是形式化虛應故事的策略規畫，或投機式缺乏明確目標的投資承諾。許多公司把策略當作步步爲營的戰術規畫，並摻雜著好大喜功與隨興所至的「策略性」投資。因此造成策略的貶值，其後果是使企業航行在狂風暴雨的大海中，卻沒有掌握方向的舵。要避免這種危險就必須揚棄把策略當作填寫表格或開支票的觀念。

把策略當作填寫表格

每年把策略規畫這部機器發動一次，是相當普遍的作法。但此種週期性的規畫，還有主管書架上一册册厚厚的策略企畫書，並不能告訴我們某家公司是否對未來有獨特且志向遠大的看法。通常所謂的規畫不過是數字上的加加減減，如「今年必須達成多少多少的收益及利潤成長，我們應該如何達成目標？」很少有公司是發表對未來的看法。一般策略規畫的基本假設則唯華爾街馬首是瞻，卻不在意明日的顧客對企業有何期待。這種「策略」規畫往往偏重功能性及戰術性規畫，與真正的策略問題相較只是皮毛。它把重點放在行銷「策略」、業務「策略」及生產「策略」上，分析的對象是現有的事業單位，各有各的產品與市場責任，「企業」策略則不過是把個別部門的計畫合在一起。至於對競爭對手的分析，也限於直接的對手，即根據相同遊戲規則角逐市場的同業。難怪策略規畫都是循序漸進的，所追求的不外乎把市場占有率增加百分之幾，把成本降低一點點，或在某處又發現些許的利基。

在筆者的經驗中，策略規畫通常都不能對公司整體或對未來走向等問題作更深入的探討，也很少能對打破現有事業部門的界線，發掘新的白色地帶商機，發掘顧客潛在未知的需要，或改寫產業遊戲規則，有任何創見。同時策略規畫未能考慮到非傳統競爭者可能帶來的威脅，或迫使經理人面對他們可能已不合時宜的慣例。策略規畫的前提幾乎必然是「現狀」如何，很少會以「未來」如何為出發點。

在此千變萬化的世界裡，這種保守規畫的附加價值不大。因為它對於「產業」、「經營的事業」、競爭對手、顧客及顧客需要等規畫的基本假設並未改變。但許多產業的這些基本假設現在已經受到挑戰，挑戰來自沒有過去包袱的新競爭者，來自科技、人口及法規環境的劇烈變化。傳統策略規畫適合延續既有的領導地位，在舊有的基礎上更上一層樓，但並不適於重新建立領導地位或建立新基礎，無怪乎策略規畫已失去其魅力。

公司若想擴大眼光，發展支援的策略架構，就必須以新的角度來看待「策略」兩字。企業必須回答新的策略問題：不止是如何增加個別部門今日的占有率及利潤，還要問一問十年後我們希望成為什麼樣的公司，應該如何改造產業使之對我們有利，我們希望為顧客創造哪些新利益，我們應該培養哪些新核心專長？這種策略規畫需要新的過程，需要更多的探索，更少的形式主義。企業應在策略規畫上應用不同的資源，並且匯集眾多主管的智慧，不可只局限於少數規畫人員。

傳統策略決策與本書提倡的策略決策有明顯的差異，請看以下比較：

	策略規畫	建構策略架構
規畫目標	□局部改進市場占有率與地位 □公式化、形式化	□改寫產業規則開創競爭空間 □具實驗性、自由發揮
規畫過程	□以現有產業與市場架構爲基礎 □產業架構分析（區隔分析、價值鏈分析、成本結構分析、以競爭對手爲標準等） □考慮資源與計畫是否配合 □以多項計畫同時爭取一定的預算與資源 □以個別事業部門爲分析單位	□以對產業特殊現象及專長的瞭解爲基礎 □開創新的性能或以新方式提供傳統性能 □擴大機會視野 □測試新商機的重要性與時機 □研擬取得與移植專長的計畫 □研擬商機取向的計畫 □以企業爲分析單位
規畫資源	□事業部門主管 □少數專家 □由辦公室職員主導	□各級主管 □公司全體智慧 □線上工人與職員合作

花大錢的策略

有些時候公司所採的策略或許並非局部，而是真正企業整體的策略，但那多半是爲進行重大的購併，要不便是縮減投資，希望畢其功於一役，一次完成調整公司之事業組合。全錄轉進金融業鎩羽而歸；奇異先購併後又出售猶他國際公司（Utah International）；通用汽車購併休斯公司（Hughes）；大都會（Grand Met）購併漢堡王（Burger King）；可口可樂進軍好萊塢，都是最佳例證。有時這類「策略性」投資可以使公司脫胎換骨，轉虧爲盈；但大部分都只是白忙一場，並未能帶來預期中的利潤。

讀者不妨做個實驗，對公司裡某位高階財務主管表示，你需要資金進行重要的「策略性」投資。財務主管聽到「策略」與「投資」兩個詞放在一起後，對「策略」是作何解釋？我們問過不少財務主管同樣的問題，所得到的答案幾乎都是：「這個計畫一定會賠錢！」有一位財務長甚至說：「如果是『全球化』策略，虧的錢還要加三個零。」接著再告訴這位主管你需要錢來推行「長期」策略，那對方又如何詮釋「長期」呢？答案很可能是獲利遙不可及，要很多年甚而一、二十年才能回收。那麼「雄心勃勃」的策略又會被保守的財務人員看成什麼呢？一定是風險極高的策略。如果你主張公司必須「全力以赴」這個策略，財務人員會怎麼想？對大部分公司而言全力以赴的意義爲何？就是比對手花費更多，投下大筆的賭注且回收無望。的確，有些公司直到虧損數字後面已加了九個零，才意識到本身有多「全力以赴」。

也就是說，在小心謹慎的財務人員心目中，作「策略性投資」無異於在「拉斯維加斯」的一場豪賭。不錯，賭注大贏的也多，但要輸也輸得更慘，有太多「策略性投資」失敗的例子了。當然，落後者始終無法超前的原因並非欠缺「策略性投資」，無怪乎財務主管會對其存疑。在此對預算要求嚴苛，營運講究超效率的時代，誰也不願聽到「策略」投資這幾個字。老經驗的經理人都知道，所謂長期就是永遠不會實現。他們也深知，一旦爲「策略性」投資爭取到資源，聰明的就該在「長期」眼看著就要變爲近程時，趕快調個職位。有位高階主管就告訴我們：「在這裡任職的秘訣便是把握時機調職，好讓你在四年前的長期計畫預算中保證能獲得的利潤，落在接手的人手中變成短期內需要達成的目標。」

財務自殺？

然而本書始終強調，策略應該是「長期」、「雄心勃勃」且能促使企業「全力以赴」的。這行得通嗎？唯一的方法就是建立新的策略管理框架。受傳統策略框架束縛的人是難以構築新策略框架的。必須要讓全公司的主管都瞭解，「長期」並不代表花大錢。雖然筆者並不主張每項計畫自第一天開始便不可有赤字，但理想的策略目標應當是邊走邊花。所謂長期指的不是遙遠的回收，而是對產業的演變及如何塑造這個未來有一定的定見。

「雄心勃勃」並非指大膽冒險，而是指設定更上一層樓的目標，然後透過善用資源來「化解」風險。許多公司把創新成長與冒險畫上等號。當然，企業應該冒可估計的風險，但決勝未來並非決勝於肯冒更多風險，也不在於投資的手筆有多大，而是決勝於如何化解大手筆的風險。

除非打破雄心與風險之間的關聯，否則經理人不會有勇氣致力於追求全球領導地位。十分保守的經理人在股東的包圍之下，若未能努力於追求全球領導地位也無可厚非，因爲經驗告訴他們，「講求策略」等於財務自殺。但目標太高與風險之間不是呈一對一的正比，唯有墨守成規，目標太高才會有風險。如果福特汽車的主管們根據過去的經驗推論未來，那他們很可能認爲，要研發有雅士（Escort）五倍好，可與Lexus-beater媲美的汽車，就需要投入五倍的資源。但是，凡不能擺脫過去的公司，通常也沒有足夠的膽識追求無人能比的世界領導地位。

當短視掩蓋了長期的領導目標時，目標太高就會帶來風險。缺乏耐心會使公司在未充分瞭解狀況下草率進入市場，或太快投入大筆研發經費以致計畫失控，或購併不易消化的公司，或搶著與動機及能力不明的合夥人結盟。企業常以投資的多寡來衡量邁向未來的進展，卻忽略了累積對選擇科技與瞭解顧客需求的知識對未來有多麼重要。最高管理階層的責任不在於勇敢地「衝向」未來，而在於以不會使企業暴露在沒必要的市場及競爭風險中的方式，加速市場及產業知識的取得。知識愈豐富，風險便愈小，決勝未來的實力便愈大。

同樣的，比別人投入更多並不代表要比別人賭得更大，而是要更有決心毅力。在我們看來，投入（commitment）不是指某一事業部門對某項特定計畫的金錢輸贏，而是全公司對某個未來觀點的智慧輸贏。投入的程度不是由投資的水準來衡量，而視高階主管有多麼關注與多麼感興趣而定。最高當局往往依目前的收益或投資金額的直接比例，來決定應對某個事業單位或商機投注多少心力，這種方法只能維持現狀。企業需要的是，最高主管願對新商機，投入跟現有營收及投資不成比例的時間與精力。

因此，舊有的策略框架是：

長期等於回收無期

雄心等於冒險

投入等於大筆投資

本書建議的新策略框架是：

長期等於對產業演變及如何塑造它有定見

雄心等於更上一層樓的目標，並透過善用資源化解其風險

投入等於擁有決心毅力，貢獻智慧熱忱

唯有公司上上下下全都對後面這種架構形成共識，策略一詞才能恢復往日的信譽。

對組織的另一種看法

要建立對策略不同的信念，就必須建立對組織不同的觀感。針對任何策略企圖心全體動員，跨越組織界線善用資源，尋覓及利用「白色地帶」商機，重新配置核心專長，不斷給予顧客驚喜，以刺探行銷發掘新競爭空間，或建立標幟品牌，都需要以全新的觀點看待組織。正如現有的策略定義及作法無法因應未來的競爭挑戰，現有的組織改造定義與作法也無助於決勝未來。

過去幾年來企業都忙於組織轉型，公司紛紛把傳統屬於整個總公司的職掌如企畫及人力資源管理分散到各個事業單位；設法擴大各級員工的自主權；縮減不相干的業務，專注於核心事業；鼓勵個人冒險；強調個人責任；扭轉組織圖，把顧客擺在最上層。未來想成爲現代企業工程師的人應注意的口號包括：分散權力、權力下授、掌握重點、創業精神、個人負責及顧客至上。

這是針對一九六〇、七〇年代，高度集權、過分官僚、縛手縛腳、「大即是美」、技術導向的組織型態所產生的反動。奇異電器、3M、惠普電腦及幾家採同樣分權授權路線的企業，是嘗試建立後現代組織形式的代表。但有許多證據顯示，對解決官僚及過度集權所產生的問題可能不下於原先想要解決的問題。

我們認爲，組織的問題常被簡化爲非對即錯，非黑即白，非正即反的二分法是非題。經理人均習於把組織形式當作是勢不兩立的抉擇：

反方	正方
事業單位	總公司
分權	集權
授權	官僚
各說各話	唯唯諾諾
顧客導向	技術導向
核心事業	多角化

這種壁壘分明的傾向更受到過分依賴金錢賞罰制度，以誘導個別經理行爲的推波助瀾。企業的金錢獎懲制度通常都是獎勵經理追求「甲」或「乙」目標，而不會獎勵在「甲」與「乙」之間善加取捨集大成。但企業若要創造未來，就必須在這些對立的選擇之間尋得中庸之道。

超越總公司與事業單位的對立

很多公司無法提出有意義的「企業整體策略」，是因爲企業整體策略不過是個別事業單位策略的集合。隨著企業的職掌紛紛下放各個單位，總公司主管的職責就只剩下維持投資人關係，進行事業購併及出售，決定各個單位的資源分配。這樣一來，大家不免要問，最高主管創造的價值到底何在？何不讓部門經理直接向華爾街報告盈虧？最高主管若把企業看成是各個不相聯屬的事業部門的組合，則實力無法充分發揮幾乎是必然的後果。「白色地帶」商機會白白溜走，現有的核心專長會四散消失，新的核心專長無法建立，各部門自行其是，造成研發及品牌推廣也難以集中力量。

筆者不是主張以市場畫分的事業單位不適合作爲企業的組織形式，也不是建議讓遠在天邊的總公司幕僚替各部門決定策略。我們要強調的是，不是把企業看成個別單位的集合就等於有整體觀，這種看法應該捨棄；高階主管應當找出部門之間的聯繫與關係，善加運用，以提高企業整體的價值。

我們相信，在事業單位之間有不少「隱藏的價值」有待發掘。當各單位聯手尋找及開發白色地帶商機，交換專長或打破單位界線重新組合專長，或針對多單位顧客建立有力的標幟品牌共同合作時，才能實現這種價值。在進行分權與授權的同時，跨單位羣策羣力的好處很可能會被犧牲。

超越集權與分權的對立

羣策羣力所能發揮的好處，只有在部門主管集體參與水平式策略發展過程時，才能顯現出來。但是，發掘部門間的關聯並善加利用，不能單靠紙上談兵，必須要各部門的主管都能體認到集體行動的好處。因此我們在本書中所提倡的不是絕對的分權（decentralization），也不是高壓式的企業整體策略，而是或可稱之爲開明（enlightened）的集體策略的東西。由於跨部門聯繫的好處難以用數字量化，所以不會有高階主管肯以此爲己任，其價值遭到忽視也不會有人難過。然而即使如奇異這樣的公司，其部門經理的本位主義可能超過別家企業，但現在也已覺悟到「無疆界」組織可能有意想不到的優點。因個人創業精神而發達的惠普公司，現在也發覺有些跨部門的商機實在是機不可失，不應成爲絕對單位自治的犧牲品。

當然，集體策略的發展需要經理人採取彼此較合作、少對立的態度。他們必須瞭解，資源分享、跨單位支援、犧牲小我完成大我等作爲，不見得會立即收效。但是大家應該有信心，相信互助合作會得到回報，而且個人事業發展不但要靠達成本身的目標，也要靠肯爲集體的成就負起責任。

超越官僚與授權的對立

ＩＢＭ、通用汽車、飛利浦及其他很多公司都有這樣的經驗：官僚體系及嚴格的層級意識會戕害創造力及主動精神。有鑑於此，企業紛紛設法縮減管理層級。根據我們的經驗，主管常常誤以爲，減少層級就等於消除層層節制所造成的功能不彰。層級節制使不同階層之間，沒有機會對重要的問題積極交換意見，並且是用權力來解決問題，不是作廣泛的討論與深入的分析。保守、壓抑、浪費時間的「向上管理」（managing upward）現象，不論在三層或十幾層的組織形式中都很常見。

企業改造的目標不應只是縮減層級或消弭官僚作風，而應該是讓個人有權決定自己的工作內容，訂定工作流程，採取一切必要的步驟，以滿足顧客的需要。但授權是否有其限度？筆者以爲缺乏共同目標方向的授權有可能造成無政府狀態。官僚固然會扼殺創意與進步，但權限大卻各自爲政的人一多，也會導致同樣的後果。每位員工當然都應該獲得授權，但授權的目的何在？授權代表有對某個目標貢獻所長的機會，也代表一種義務。共同目標方向即我們所說的「策略企圖心」，可以調和個人自由與集體合作這兩方面的需要。雖然高階主管可能很贊同授權，但他們切不可推卸掌握方向的責任；員工們需要方向感的程度不下於需要自主權。

超越一成不變與唱反調的對立

在官僚化層層節制的組織裡，員工就像羊羣，只會四處遊蕩，沒有明確的方向感。可是大家常說，企業需要的是野雁。但野雁如果飛離隊形太遠，無法再享受成隊飛行抗風阻的好處，很快就會落後。我們寧願以狼羣來作比喻，在狼羣中首領的地位總是非常明確，但經常遭到挑戰，必須靠智慧與體力來決定。每隻狼都不一樣，也有聰明愚劣之分，牠們保有各自的一片天，卻又同屬於一個團體，獵食時也是集體出動，大夥兒都接受彼此相依爲命的事實。美國職籃芝加哥公牛隊（Bulls）的重心邁可．喬登（Michael Jordan）就不同於野雁，他有強烈的團體榮譽心，知道在何時應為團體的勝利而犧牲個人的榮耀。他就彷彿狼羣的首領，的確，所有成功的組織都比較接近狼羣，比較不像羊羣或成隊飛行的野雁。

前面說過公司裡充斥著高度合羣、心思相近、唯唯諾諾的員工，則未來將遙不可及；反之，公司內全是自私自利、各自為政的員工，也難以開創未來。企業需要的是熱心公益的激進之士（community activists）不怕向現狀挑戰，不怕表達己見，但對團體富責任感，也有心於不僅是改善個人的命運，還要關心別人的福祉。個人自由與集體目標之間乍似存在的衝突，因為公益而激進的觀念而得以化解。

超越科技導向與顧客導向的對立

最近企業界流行強調以顧客導向取代科技或產品導向，這種二分法同樣很危險。當然，不理會顧客需要而一味追求科技領先，只是浪費資源，但唯顧客馬首是瞻也無法贏得未來的勝利。

企業不可根據顧客已表現出來的需求而畫地自限，被動地回應是不夠的。企業應該在顧客還未明確感受到以前，便發掘出他們的需要並加以滿足，讓顧客驚喜不已。為此，公司必須對可能提供給顧客的各種好處有深入的體認。這些好處不限定於個別產品，例如控制時間是一種好處，但可以以多種方式提供給顧客。航空公司在營運上的某個核心專長，可以使進班機起降更準時；但改良視訊會議技術，更可使開會的人節省浪費在旅途上的時間。錄影機增加個人運用時間的彈性，答錄機也有相同的功效。能夠創造未來的，一定是不斷尋找以新方式應用本身專長以滿足顧客基本需要的公司。

注重科技還是顧客，這又是兩極化的二分法，但筆者以爲，再怎麼辯論也不會有結果。今天沒有一種產業不是技術密集的，航空或金融業技術密集的程度不下於電腦或消費電子業。有些產業的技術可能與資訊管理有關，有些產業則可能牽涉到一枚晶片上可擠進多少電路。如果對顧客未來的需要缺乏認識，就會有只投資於與今日顧客需要有關技術的危險，這是短視的作法。科技與顧客的關係不限於目前已知的顧客需要，更包括可以滿足未來需要的產品及服務。企業不該狹隘的自限於科技或顧客取向，應該著眼於範圍更廣的顧客利益取向，不斷地尋找、投資及精通能夠帶給人類意外好處的科技。

超越多角化與核心事業的對立

不相關的多角化經營橫掃一九七〇年代直到一九八〇年代初。公司多以資產負債表的數字（是否能再借錢），而不以產品開發能力，來評斷其成長能力。有些公司的經理人藉購併來掩飾核心事業的成長不足，如柯達、全錄、西屋等多家企業，現在卻有不少正設法解除這些購併。陸續有學術研究證實，購併破壞股東財富的機率大於增加財富。缺乏遠見與想像力來帶領核心事業成長的經理人，也不太可能帶領所購併的事業成長。多角化經營若進入陌生且能力不足的領域，更會帶來不堪設想的後果。

若「核心」是著重在特定的產品或市場，則企業縮減到只剩下核心事業雖可減少經理人的難題，卻可能犧牲成長。並非所有的市場都會不斷成長，所有的產品或服務都會無止境地擴張。若佳能必須靠三十五釐米照相機才能成長，那在多年前它的成長即已到達極限。若摩托羅拉必須仰賴計程車上用的雙向無線電對講機，則成長早也已停滯不前了。堅守核心事業會限制企業的機會、視野及開創新競爭空間的潛力。「不相關多角化」與「核心事業」的論戰，跟此處提到的其他幾個二分法爭議都一樣，不會有任何結論的。

筆者主張的是，環繞著核心專長的企業成長與多角化經營。核心專長是結合一羣乍似歧異的事業單位的聯結組織，是經理人將見識與經驗由某部門移植到另一部門的橋樑。以核心專長爲基礎的多角化經營，可減少投資風險，增加事業單位之間交換心得與良策的機會。

以下是有關組織何去何從常見的辯論議題，以及在筆者心目中層次高出這些正反概念的中庸之道。

中庸
單位聯繫
集體作業
指引
積極主動
利益導向
核心專長

正方意見	反方意見
總公司	事業單位
集權	分權
官僚	授權
唯唯諾諾	各說各話
技術導向	顧客導向
多角化	核心事業

今日有許多公司求新求變的方向，簡言之就是想由「正方意見」轉向「反方意見」。但是解決一堆問題（官僚、壓制創意、表現欠佳的「不相干」事業及忽略顧客需要）卻換來另一堆問題（實力無法充分發揮、本位主義、四分五裂及有限的成長），這不能算是進步。所以有關管理壓力、取捨、矛盾及衝突的著作雖汗牛充棟，卻都未觸及問題的核心。

企業的目標不在於把兩個極端畫上明顯的分界，也並非維持兩方面令人不舒服的平衡。簡而言之，企業需要的不是妥協，而是能集各家之長的中庸之道。本書從頭至尾都極力避免簡單直率的二分法。我們希望恢復長期與短程，雄心與風險，好大喜功的策略與具實驗性的策略之間的友好關係，也盼望化解不同組織型態間的對立。我們所提出的不是另一種不同的角度，而是更開闊的角度。

尾聲

本書一開始時，曾提出一連串的問題，請讀者自許多層面來衡量自己的企業。我們鼓勵讀者，如果對答案不滿意，就繼續讀下去。現在本書已接近尾聲，我們要再提出一些問題。請各位再檢討一下自己的企業。這倒不是爲了貴公司在你閱讀本書這段期間，已發生什麼基本的變化，而是這麼做或許能讓各位，對於應從何著手幫助你的公司，及如何發掘有待實現的潛能，多一分認識。

決勝未來二十問

1.高階主管對未來會有或可能有什麼變化，是否有清晰的集體觀點？
2.高階主管是否自視為產業革命家，還是安於現狀？
3.公司對於建立核心專長、配置新功能及改進與顧客溝通管道，是否有明確的整體計畫？
4.最高層主管分配於市場前競爭的時間與腦力，是否不下於市場競爭？
5.公司對產業演進所能發揮的影響力，以其資源而言是否高得不成比例？
6.全體員工對企業的未來是否有共同的期待，對他們正努力創造的企業傳奇是否有明確概念？

7. 這期待是否有相當程度的勉為其難，是否超出現有資源頗多？

8. 高階主管是否能將此期待，化作一套清楚的企業挑戰？

9. 是否每位員工都知道，個人的貢獻與公司整體的企圖心有何關聯？

10. 主管們是否已明確地指出，企業與產業中的因襲觀念，並對這些觀念仔細加以審視？

11. 對於公司現有的獲利引擎可能出現動力枯竭的各種情況，全體主管是否知之甚詳？

12. 各級員工是否對維持公司成功於不墜的挑戰，都有戒慎恐懼之感？

13. 公司的機會視野是否超越現有產品市場界限到夠遠的地方？

14. 公司是否明定程序，對跨事業單位或超事業單位的機會加以辨別與利用？

15. 對核心專長的分配與管理，是否與較具體資源的分配管理同樣明顯受到重視？

16. 公司是否持續從事很多市場試驗，以保證在掌握明日商機上，能比競爭對手學得更快？

17. 公司是否具備全球性先發制人的能力（或利用本身的基礎開發，或搭合作夥伴的便車）？

18. 所有資源善用的潛在機會是否均經充分的探究？

19. 高階主管是否有信心，能留下超越前輩的傳統給後進經理人與員工繼往開來？

20. 是否樂在其中？

（如果在決勝未來的挑戰中體會不到樂趣，那前面十九題的答案就無關緊要了。）

以上這些問題是我們對競爭、策略、組織及高階主管附加價值看法的精髓所在。我們的觀點強調，建設更甚於精簡規模，有機體式的成長更甚於購併成長，產業革新更甚於企業改造，長期的可能性更甚於短期的可行性，資源的善用更甚於資源的分配，奮鬥的過程更甚於成果。

本書的主旨在於如何開創新境界，超越最荒誕的想像，創造出人意表的產品及服務，把未來真實而實在地呈現在世界各地的顧客面前，帶顧客進入新境界，這是其一。其次是爲追求崇高的理想創造高昂的士氣及深刻的意義，提供企業重組後的未來新希望，廣開每一條能讓個人貢獻所長的門路，爲員工的生涯開創新境界。最後是開創新競爭空間，創造新財富，建立比個人事業更久遠的經營傳奇，以開創經理人的新境界。

國家圖書館出版品預行編目CIP資料

競爭大未來：掌控產業、創造未來的突破策略
/ 蓋瑞.哈默爾, 普哈拉著；顧淑馨譯.
-- 初版. -- 臺北市：足智文化, 2020.10
面； 公分
譯自：Competing for the future
ISBN 978-957-8393-98-1(平裝)
1.決策管理 2.競爭

494.1 109014488

競爭大未來：掌控產業、創造未來的突破策略

作　　者　蓋瑞・哈默爾，普哈拉
譯　　者　顧淑馨
發 行 人　王煥榮
執行董事　王昭武
編　　輯　陳翠蘭
封面設計　王煥榮
出 版 者　足智文化有限公司
地　　址　(105)台北市松山區新中街12-4號4樓
電　　話　(02) 2756-5995 (代表號)
傳　　真　(02) 2756-5995
電子信箱　fullwisdom.co@gmail.com
網　　址　https://www.facebook.com/FullWisdom27565995
郵政帳號　50405160
郵政帳戶　足智文化有限公司
製版印刷　百通科技股份有限公司
總 經 銷　貿騰發賣股份有限公司
電　　話　(02) 82275988

本書獲獨家授權全球繁體中文版
版權所有・翻印必究
2020年10月初版1刷

定價：420元

※本書如有缺頁、破損、裝訂錯誤，請寄回本公司更換。
ISBN：978-957-8393-98-1